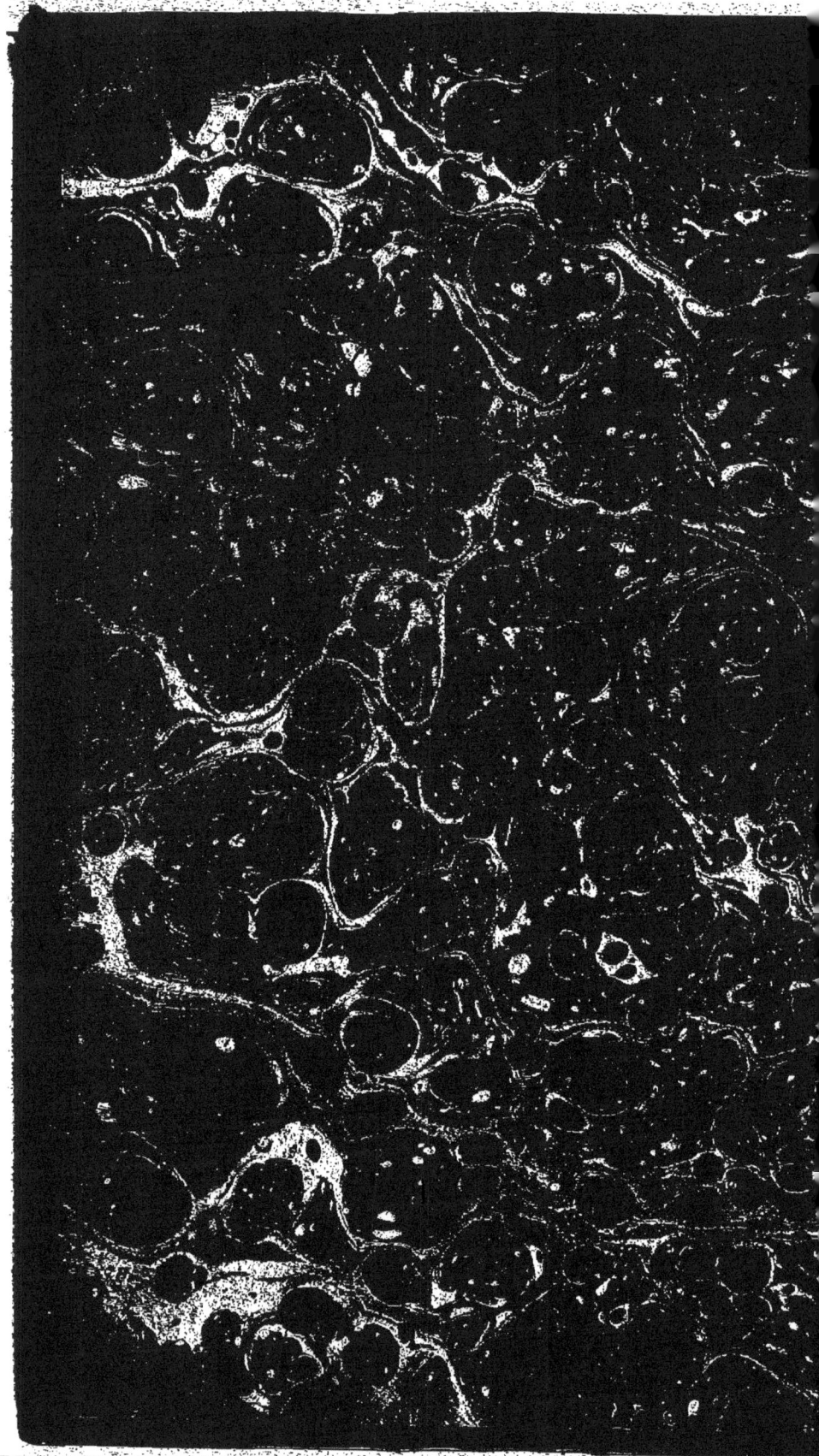

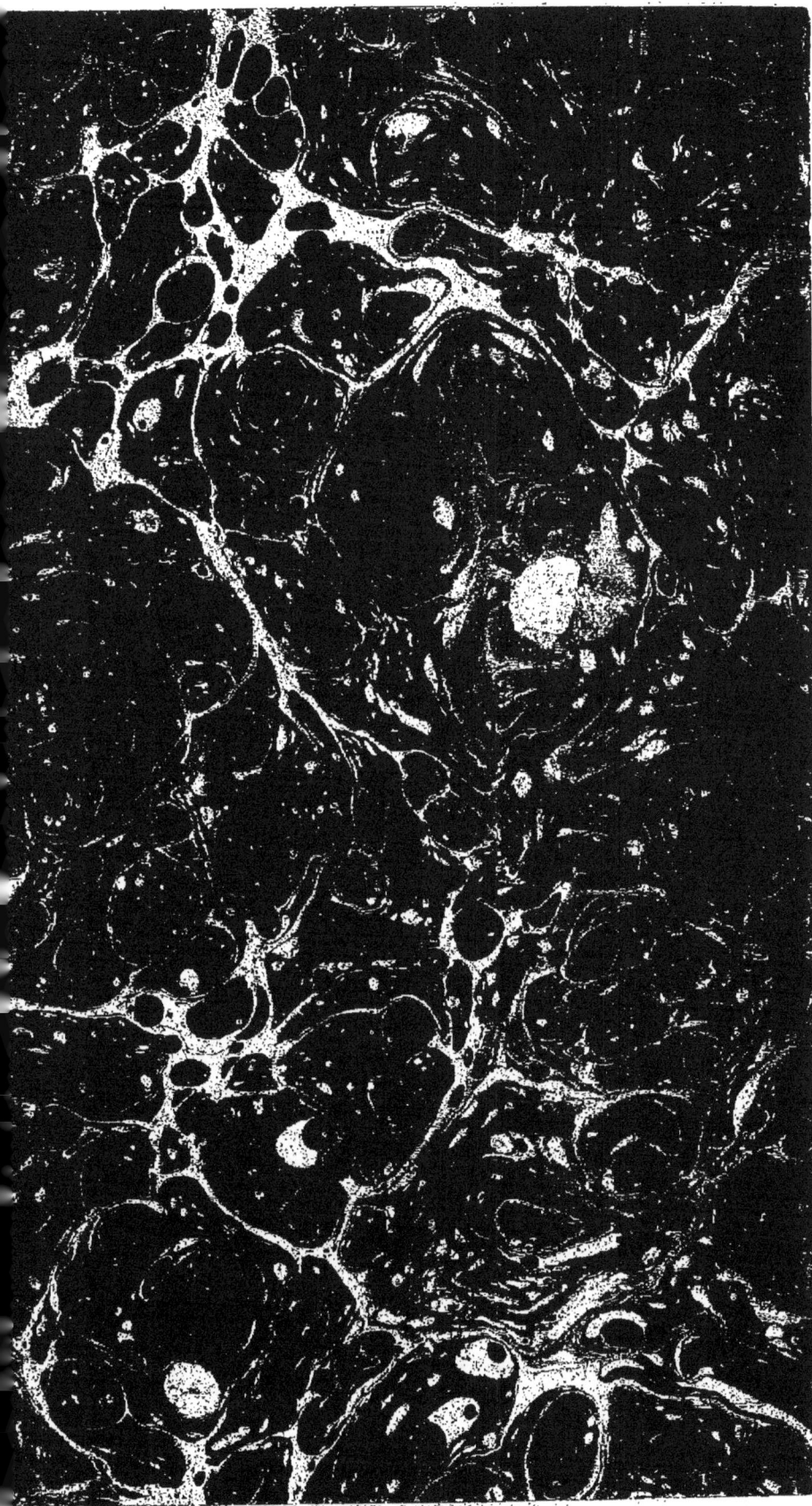

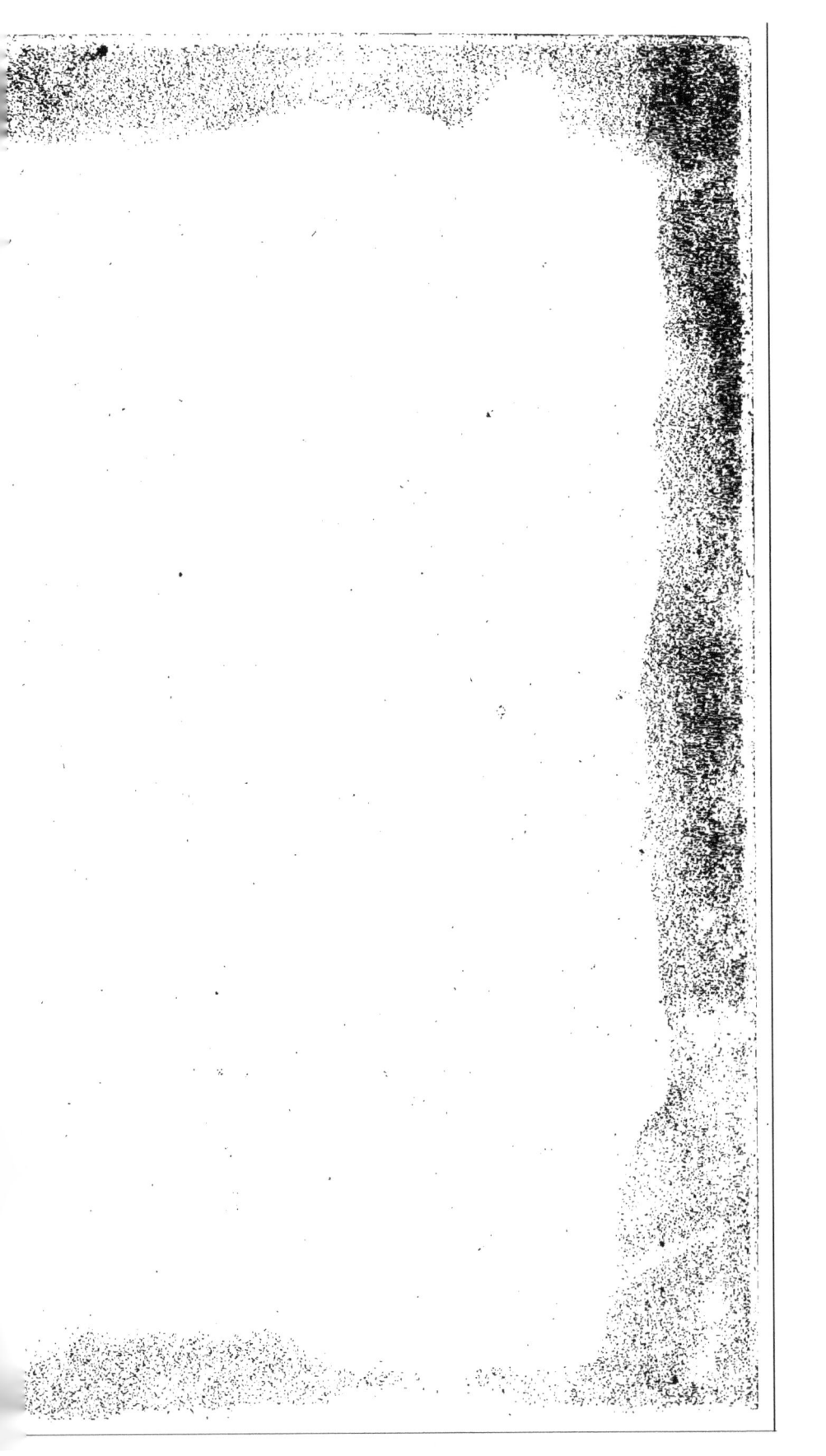

CHIMIE

APPLIQUÉE AUX ARTS.

TOME TROISIÈME.

OUVRAGES DE M. CHAPTAL,

Qui se trouvent chez le même Libraire.

Elémens de Chimie , 4ᵉ édition. *Paris* , 1803 , 3 vol. *in-8º*. br.   15 fr.
Essai sur le Perfectionnement des Arts chimiques en France. *Paris*, 1800, *in-8º*. br.   1 fr. 50 c.

Sous presse, pour paroître dans peu.

Art de la Teinture du Coton en rouge, 1 vol. *in-8º*. fig.
Art du Dégraisseur, 1 vol. *in-8º*.
Art de faire le Vin, nouv. édition, entièrement refondue et augmentée de moitié, 1 gros vol. *in-8º*.

CHIMIE
APPLIQUÉE AUX ARTS,

Par M. J. A. CHAPTAL,

Membre et Trésorier du Sénat, Grand-Officier de la
Légion d'Honneur, Membre de l'Institut de France,
Professeur honoraire de l'Ecole de Médecine de
Montpellier, etc. etc. etc.

TOME TROISIÈME.

DE L'IMPRIMERIE DE CRAPELET.

A PARIS,

Chez DETERVILLE, Libraire, rue Hautefeuille, n° 8,
au coin de celle des Poitevins.

1807.

TABLE GÉNÉRALE

DE LA CHIMIE APPLIQUÉE AUX ARTS.

TOME III.

CHAPITRE V.

ɪɪɪ.   a

TITRE III.

CHAPITRE PREMIER.

CHAPITRE II.

CHAPITRE III.

DE LA COMBINAISON DES MÉTAUX ENTR'EUX, OU DES ALLIAGES MÉTALLIQUES,　288

CHAPITRE IV.

CHAPITRE V.

DES COMBINAISONS DE L'OXIGÈNE AVEC LES MÉTAUX, OU DES OXIDES MÉTALLIQUES, 350

CHAPITRE VI.

CHAPITRE VII.

CHAPITRE VIII.

FIN DE LA TABLE.

CHIMIE
APPLIQUÉE AUX ARTS.

CHAPITRE V.

Des Acides.

QUOIQUE l'analyse nous ait découvert les
principes constituans de la plupart des acides, et que, d'après cela, nous pussions les
ranger parmi les corps composés, nous
croyons devoir les placer ici, par la raison
qu'ils sont les agens les plus puissans et les
mieux connus de nos opérations chimiques;
que quelques-uns d'entr'eux n'ont pas pu
être encore décomposés, et que presque tous
se comportent, dans leurs combinaisons avec
les autres corps, comme des substances simples.

On est généralement convenu d'appeler
acides, les corps qui jouissent des propriétés
suivantes :

1°. Ce qu'on caractérise par le mot *aigre*, dans le langage ordinaire, est connu sous le nom d'*acide*, dans la langue chimique : ainsi *aigreur* et *acidité*, *aigre* et *acide* sont des mots synonymes.

2°. L'affinité de l'eau avec les acides est très-marquée : la dissolution de la plupart d'entr'eux s'y fait avec chaleur et tous acquièrent de la fixité par ce moyen : ceux même qui sont très-élastiques par leur nature, tels que le fluorique, le muriatique, le carbonique, perdent leur élasticité dès qu'on les met en contact avec l'eau, et opposent ensuite une résistance notable à leur volatilisation.

3°. Les acides rougissent quelques couleurs bleues végétales, telles que celles du tournesol, de la mauve, de la violette, etc.

On peut employer la fleur de la violette, ou son infusion ; mais, dans ce dernier cas, il faut rejeter la base des pétales qui est jaune; car, sans cela, le bleu de leurs sommités et le jaune de la base formeroient du vert.

On emploie encore ce qu'on appelle le *sirop de violettes ;* et on a soin de le délayer lorsqu'on veut s'en servir; car, sans cela, les acides concentrés le réduisent en un char-

bon spongieux sans le rougir sensiblement.

Le bleu du tournesol est encore plus sensible que celui de la violette : on se sert de
son infusion , ou l'on emploie le papier qui
en est coloré. L'infusion doit être foible et
légère ; elle paroît rouge ou violette quand
elle est trop forte (1).

---

(1) On avoit cru, jusqu'à ce moment, que le tournesol
du commerce étoit la partie colorante des *drapeaux de
tournesol*, préparés au *Grand - Gallangues*, près de
Montpellier, et expédiés en Hollande. On croyoit que
les seuls Hollandais avoient le secret d'extraire ce principe colorant, et de le porter sur une terre pour en
former les *pains de tournesol*.

J'ai été le premier à détruire cette erreur.

1°. Le bleu des drapeaux de tournesol me paroissoit
si fugace et si peu abondant, que je ne pouvois pas
concevoir que les Hollandais pussent l'extraire avec
avantage.

2°. L'infusion la plus saturée du principe colorant de
ces drapeaux, ne coloroit pas sensiblement les matières
terreuses sur lesquelles j'ai essayé de le précipiter.

3°. Je savois, en outre, que ces drapeaux étoient
adressés à des marchands de fromages, qui les em-
ployoient aux usages de leurs fabriques.

4°. L'analyse m'avoit démontré l'existence de la potasse et du carbonate de chaux dans les pains de tournesol, en même temps qu'un principe colorant bien plus
abondant que celui que contiennent les drapeaux.

Je me sers avec avantage de l'infusion des fleurs bleues de *l'iris ;* elle rougit avec les acides et verdit avec les alkalis. On emploie

---

D'après toutes ces données, je conclus que le bleu des pains de tournesol n'étoit pas extrait des drapeaux du Grand-Gallangues ; et je m'occupai de les fabriquer par le moyen des *lichens* employés à la composition de l'orseille. J'ai été conduit à essayer ce végétal d'après le raisonnement suivant :

Le *lichen parellus ,* ou *parelle* d'Auvergne, qui croît abondamment sur les rochers des départemens du Puy-de-Dôme, du Cantal, de la Lozère, de l'Aveyron, de l'Ardéche, de l'Isère, de la Drôme, etc. et que les Anglais viennent de trouver sur toute la côte d'Italie, est employé à la fabrication de l'orseille : c'est sur-tout dans le département du Puy-de-Dôme, et à Lyon, que s'étoit établie cette branche précieuse d'industrie. On y forme cette pâte violette, en faisant macérer le lichen avec l'urine et la chaux. Comme la couleur de l'orseille me paroissoit fort analogue à celle du tournesol, et qu'elle n'en différoit que par le rouge, qui, combiné avec le bleu, forme le violet ; comme, d'un autre côté, je retrouvois, par l'analyse du tournesol, un peu de potasse qui n'existoit pas dans l'orseille, je conclus que la potasse pouvoit être employée pour s'opposer au développement de la couleur rouge. Il falloit justifier mes soupçons par l'expérience ; et j'y parvins en bien peu de temps.

Je fis fermenter le *lichen parellus* avec l'urine et les cendres gravelées, dans diverses proportions ; je vis bientôt, par mes premiers essais, que, pour avoir des résultats très-sensibles, il falloit employer le lichen en cette infusion dans le Midi pour colorer en bleu le sirop de violettes.

4°. Ce qui caractérise sur-tout les acides,

---

assez grande quantité ; et chacune de mes expériences fut faite sur 6 livres de *lichen* (3 kilogrammes).

J'ai d'abord mêlé l'alkali, l'urine, le lichen et la craie ; et j'ai travaillé à les faire fermenter ensemble : mais je n'ai pu obtenir, par ce moyen, qu'une pâte d'un violet brun, et assez désagréable.

J'ai alors mêlé le lichen pulvérisé avec l'alkali des cendres gravelées : j'ai facilité la fermentation par le moyen de l'urine, et je suis parvenu à obtenir une pâte d'un bleu tirant un peu sur le violet, mais dont je me suis servi avec avantage pour toutes les expériences de mon laboratoire : car la couleur devient d'un bleu agréable quand elle est bien délayée dans l'eau.

J'ai observé, 1°. qu'il falloit choisir avec soin, trier et broyer convenablement le lichen. 2°. Que l'alkali doit être mêlé, à parties égales, avec le lichen, et que les cendres gravelées doivent être préférées. 3°. Que l'urine doit être ajoutée peu à peu, et selon le besoin ; trop ou trop peu nuit à la réussite de l'expérience. 4°. Que la température la plus convenable est entre 15 et 25 degrés de Réaumur. 5°. Que la pâte prend ordinairement une couleur rouge qui disparoît d'elle-même, ou qu'on corrige, en y ajoutant une nouvelle quantité d'alkali ou de l'urine bien putréfiée.

J'avoue que le tournesol que j'ai fabriqué a été toujours inférieur à celui du commerce ; il m'a toujours été impossible de lui ôter le ton rougeâtre qui, à la vérité, disparoissoit dans les dissolutions, mais qui ne permettoit point de comparer mes produits à ceux de c'est l'action puissante qu'ils exercent sur presque tous les corps : ils tendent , sans cesse , à se combiner , ils perdent leurs propriétés acides dans les combinaisons ; ils forment des sels neutres avec les alkalis , les

---

Hollande. C'est ce qui m'a engagé à faire les détails de mon procédé, jusqu'à ce que de nouvelles expériences , ou le hasard , me présentassent des résultats plus satisfaisans. Je me suis contenté de consigner mes travaux dans mes *Elémens de Chimie*, à l'article *Acides*.

L'invasion de la Hollande nous a ouvert les ateliers de cette nation industrieuse; et nous avons pu y voir, par nous-mêmes, tous les procédés dont le secret avoit enrichi jusqu'ici ce pays. Celui du tournesol a été du nombre ; et les détails qu'on nous en a donnés se réduisent à ce qui suit : ils confirment mes idées sur les principes constituans du tournesol et sur les moyens de le fabriquer. La seule différence est dans la nature du lichen employé. C'est du *lichen roccella* des Canaries ou du Cap-Vert, ou de la *mousse de Suède*, que se servent les Hollandais. C'est ce même *lichen* des Canaries qu'ils emploient à la fabrication de l'*orseille d'herbe* ou *des Canaries*. Linné l'a décrit ainsi , *lichen fruticulosus , solidus , aphyllus , subramosus , tuberculis alternis*.

On dessèche et on émonde ces plantes.

On les pulvérise sous une meule.

On passe cette poudre dans un tamis, et on reporte sous la meule ce qui n'est pas suffisamment broyé.

On met cette poudre dans une auge de 12 pieds (4 mètres) de long , haute de 3 (un mètre) et large de 2 ($\frac{1}{3}$ de mètre) par le fond ; elle est évasée par le haut.

terres, les métaux, etc. ; ils s'unissent aux huiles ; ils se décomposent en agissant sur les végétaux, etc. etc. C'est cette grande affinité des acides qui les a fait appeler, par le célèbre Newton, *des corps qui attirent et sont fortement attirés.* C'est cette grande

---

On mêle moitié de cendres gravelées, bien pilées, avec la poudre de lichen. Le mélange se fait avec des spatules de bois.

On humecte ce mélange avec l'urine d'homme (celle des autres animaux ne contient pas assez d'ammoniaque).

La fermentation s'excite, et on ajoute de l'urine pour remplacer celle qui s'évapore.

Dès que la masse a pris une teinte rouge, on la transvase dans une seconde auge pareille à la première. Alors on y jette encore de l'urine, on remue ; et, quelques jours après, elle prend une teinte bleue.

On divise cette pâte dans des baquets qui ressemblent à des tonneaux coupés par le milieu ; on y mêle, avec soin, au moins un tiers d'excellente potasse, et on y jette de l'urine.

Cette division modère la fermentation, tempère la chaleur, qui, devenue trop forte, altéreroit la qualité de la pâte. Ce période demande beaucoup de soin.

La pâte prend alors un bleu magnifique.

On la mêle avec de la craie pour en diminuer le prix.

On la porte dans de petites cases oblongues disposées sur une plaque de fer ; on dispose celles-ci sur des planches de sapin, et on les met à sécher dans un grenier très-aéré.

affinité qui fait que les acides se trouvent rarement à nu. C'est cette même affinité qui les a fait employer par les chimistes, à titre de réactifs ou d'agens de composition et de décomposition, d'union et de désunion, etc.

A l'exception de la saveur aigre, il est des corps qui possèdent toutes les propriétés acides : par exemple, l'hydrogène sulfuré dissous dans l'eau, rougit la teinture de tournesol ; il se combine avec les bases alkalines et terreuses ; il décompose le savon et prend la place de l'huile auprès des alkalis ; il précipite, en grande partie, le soufre des dissolutions des sulfures de potasse ou de chaux, et il tend à former avec le reste une combinaison triple.

Les acides paroissent n'être, en général, que des corps brûlés : Scheele avoit pressenti cette vérité avant 1775, lorsqu'il dit, dans la deuxième édition de son Traité chimique de l'air et du feu : *Il me paroît vraisemblable que tous les acides doivent leur origine à l'air du feu.* Lavoisier n'a plus laissé de doutes sur cette assertion ; il a prouvé l'existence de *l'air du feu* ou *gaz oxigène* dans tous les acides qu'il a pu parvenir à analyser.

C'est d'après le résultat de l'analyse de quelques acides, qui tous ont présenté pour base l'*oxigène*, qu'on l'a regardé comme le seul principe *acidifiant*. M. Berthollet n'a pas cru devoir admettre une doctrine aussi absolue : 1°. parce que l'analyse de l'acide prussique ne lui a pas fourni de l'oxigène ; 2°. parce que l'hydrogène sulfuré réunit les propriétés acides sans qu'il ait pour base l'oxigène ; 3°. parce que c'est trop présumer que de croire que tous les acides qu'on n'a pas encore décomposés, doivent nécessairement avoir la même base que ceux qu'on a analysés.

La substance à laquelle l'oxigène est uni dans les acides connus, est appelée le *radical de l'acide*. Ainsi le carbone, le soufre, le phosphore, sont les radicaux des acides qui portent leur nom.

L'oxigène n'est pas constamment uni à un seul radical : les acides en ont quelquefois deux, comme on le voit dans les acides végétaux ; quelquefois trois, comme dans ceux qui appartiennent au règne animal.

Il s'ensuit que les acides varient , non-seulement par le nombre et la nature des radicaux , mais encore par les proportions qui existent entre tous leurs principes.

Il y a cependant un point de saturation entre le principe acidifiant et le radical, qui forme le véritable état de l'*acide ;* et c'est dans cet état qu'on le connoît le plus ordinairement dans le commerce et les laboratoires. On est même convenu , en posant les bases de la nouvelle langue chimique , qu'en variant la terminaison du nom de l'acide , on exprimeroit les proportions qui existent entre les principes : ainsi la terminaison en *ique* annonce une combinaison exacte : de là , acide *sulfurique , nitrique , phosphorique ,* etc. La terminaison en *eux* exprime la prédominance du radical sur l'oxigène ; *sulfureux , nitreux , phosphoreux ,* etc. On accompagne la dénomination de l'acide , de l'épithète *suroxigéné ,* lorsque l'oxigène est en excès.

Par une suite de ces premières loix de la nomenclature chimique , on a affecté des dénominations particulières et génériques à chacune des combinaisons que forment les acides, à ces divers degrés de saturation ; et les mots *sulfates*, *sulfites* et *sulfates suroxigénés* ; *nitrates*, *nitrites* et *nitrates suroxigénés*, expriment les composés qui sont formés par les acides *sulfurique* et *nitrique*, *sulfureux* et *nitreux*, *sulfurique suroxigéné* et *nitrique suroxigéné*.

Il arrive souvent qu'un acide change la proportion de ses élémens, et passe par ces divers états en agissant sur les substances qu'on lui présente ; de telle sorte que les combinaisons qui en résultent ne présentent plus l'acide dans son état primitif. Sa décomposition est quelquefois si complète, que le radical est mis à nu, et que l'oxigène entre lui-même dans de nouvelles combinaisons.

Le principal caractère d'un acide est de saturer complètement un alkali, de manière que le composé qui en résulte ne présente plus ni les propriétés acides, ni les propriétés alkalines.

Tous les acides ne possèdent pas cette vertu au même degré : et c'est par cette variété de puissance sur une même quantité de base alkaline, qu'on peut mesurer l'affinité des différens acides. Un acide est donc d'autant plus puissant, qu'un poids égal peut saturer une plus grande quantité d'alkali.

Il faut bien distinguer la puissance d'un acide d'avec son énergie : l'acide peut être étendu d'une quantité plus ou moins considérable d'eau; et, par conséquent, la quantité d'acide qui se trouve dans la sphère d'activité peut être plus ou moins grande et l'action plus ou moins affoiblie, ce qui peut faire varier l'énergie de l'acide sans altérer en rien sa puissance, qui se calcule sur l'effet total de la masse.

SECTION PREMIÈRE.

De l'Acide carbonique.

L'ACIDE carbonique est le plus répandu de tous les acides. Il est dans l'air atmosphérique, dont il paroît inséparable, puisqu'on l'y trouve mélangé, et, à-peu-près dans les mêmes proportions, à toutes les hauteurs; il forme un des principes de la pierre à chaux et de la masse calcaire qui couvre une grande partie du globe : il est produit journellement par la décomposition des matières animales et végétales, par la respiration, par la combustion, par la fermentation, etc.

On trouve cet acide sous trois états : à l'état de gaz; en dissolution dans l'eau; en combinaison avec les terres, les alkalis, etc.

L'acide carbonique gazeux existe dans l'atmosphère, où l'analyse l'a trouvé dans la proportion de 2,00, et dans tous les lieux où se décomposent des couches abondantes de matières végétales : il s'échappe assez souvent de l'intérieur de la terre, où il est produit par de semblables causes, et donne lieu à des phénomènes qui ont été, pour les physiciens et le peuple, un sujet d'étonnement, jusqu'au moment où la chimie est venue y porter sa lumière : c'est ainsi que la Grotte-du-Chien, près de Naples; le Puy-de-la-Poule, à Neyrac, dans le Vivarais, ont excité l'étonnement et l'admiration, par la propriété qu'ils ont d'éteindre les corps allumés qu'on y plonge, de suffoquer les animaux qu'on y descend.

Souvent les bulles d'acide carbonique, en sortant de la terre, passent à travers des masses d'eau, et y déterminent un bouillonnement continuel : l'eau s'imprègne alors d'acide, et l'excédent se mêle à l'air atmosphérique, auquel il donne des qualités nuisibles : les pays marécageux offrent beaucoup d'exemples de cette nature : le lac Averne, où Virgile a placé l'entrée des enfers et au-dessus duquel les oiseaux ne peuvent pas voler impunément, l'étang de Massillargues, connu sous le nom des *Bouillens*, le Boulidou-de-Pérols, près de Montpellier, et autres lieux qu'il est assez inutile de faire connoître, présentent des phénomènes de cette nature.

L'acide carbonique gazeux, plus pesant que l'air atmosphérique, avide de se dissoudre dans l'eau, de se combiner avec le carbone, la chaux, les alkalis, etc. se précipite naturellement du sein de l'atmosphère, et se dépose, se dissout, ou se combine avec les corps qui sont à la surface de notre globe : c'est ainsi qu'on peut le soutirer du sein de l'atmosphère, pour le séparer ensuite et le mettre à nu par les procédés que la chimie nous fournit.

Lorsque l'acide carbonique se trouve exempt de tout mélange ou à-peu-près, on peut aisément le puiser, et en remplir des vases qu'on transporte dans un laboratoire pour procéder à un examen plus parfait : il suffit, à cet effet, de porter dans son atmosphère une bouteille pleine d'eau, et de l'y déboucher pour faire couler le liquide qu'elle contient : il est évident qu'à mesure que l'eau s'échappera, l'acide carbonique en prendra la place ; et, en bouchant le vase avec soin, on peut le transporter au loin. La chaux, l'eau de chaux, les alkalis purs, mis dans des vases et exposés dans une atmosphère d'acide carbonique, se combinent promptement avec lui, et forment des carbonates qu'on peut décomposer aisément ; ce qui donne encore un moyen, non-seulement de purger un endroit mal-sain de l'acide qui l'infecte, mais d'analyser et de déterminer les proportions et la nature des mélanges gazeux.

Lorsque l'acide carbonique est dissous dans l'eau, et constitue cette classe nombreuse d'eaux minérales qu'on appelle *acidules*, on peut l'en séparer, 1°. par l'agitation du liquide dans une bouteille qu'on en remplit aux deux tiers, et au goulot de laquelle on adapte une vessie mouillée pour recevoir le gaz à mesure qu'il se dégage. Ce procédé, proposé et exécuté d'abord par M. Venel, est très-imparfait. 2°. Par la distillation d'une quantité connue de cette même eau, dans l'appareil pneumato-chimique, comme le conseille Bergmann. 3°. En combinant l'acide avec l'eau de chaux ou avec des alkalis purs, et les décomposant ensuite par des acides fixes, tels que le sulfurique. Ce dernier procédé est le seul rigoureux; les deux premiers ne fournissent que des proportions approximatives.

Il suit déjà des principes et des moyens d'analyse que nous venons de proposer, que lorsque l'acide carbonique est naturellement combiné avec une base avec laquelle il forme un *composé fixe*, la distillation, et sur-tout l'action des autres acides, peuvent l'en séparer et le mettre à nu.

L'acide carbonique possède toutes les propriétés caractéristiques des acides : 1°. il rougit la teinture de tournesol; 2°. il sature les bases alkalines.

C'est à Bergmann que nous devons nos premières connoissances sur l'acidité de cette substance, qu'il appela *acide aérien :* après lui, on l'a successivement désignée par les noms d'*acide crayeux, acide méphitique, acide carbonique ,* dénominations toutes déduites de la nature de ses combinaisons, de ses effets ou de son radical.

Cet acide gazeux éteint promptement la vie des animaux qu'on plonge dans son atmosphère. Bergmann a observé que les animaux morts de ce poison n'offroient plus aucun signe d'irritabilité, du moment qu'ils sont asphixiés. Déjà, avant lui, on avoit observé que les membres qu'on plonge dans cet acide s'y engourdissoient ; et, peut-être, pourroit-on rapporter à cette cause les effets des boissons fermentées prises en trop grande abondance, et la stupeur qui en est la suite, de même que la vertu calmante d'une potion anti-spasmodique dont l'effet n'est dû qu'au dégagement de l'acide carbonique produit par le mélange subit du jus de citron et du sel d'absynthe.

Cet acide n'est pas plus propre à la combustion qu'à la respiration : il éteint tous les corps embrasés qu'on y plonge ; et son effet sur les corps allumés est plus prompt que celui qu'il

III.   2

produit sur la respiration des êtres vivans; ce qui fournit un moyen sûr de se préserver de ses funestes effets; car, dès qu'on soupçonne les qualités nuisibles d'un air quelconque par sa combinaison avec une trop grande quantité d'acide carbonique, on peut s'éclairer sur le fait en y portant une bougie allumée : lorsqu'elle y brûle, il n'y a aucune sorte de danger pour l'individu.

La propriété qu'a cet acide de se combiner promptement avec la chaux et les alkalis purs, fournit le moyen d'en purger les lieux qui en sont infectés : il suffit d'arroser et d'asperger le sol et les murs avec ces liquides, ou de les déposer dans l'enceinte. L'effet de l'ammoniaque, de la potasse et de la soude pures, est si prompt, qu'on peut ne pas ralentir sa marche dans un souterrain rempli de ce gaz, lorsqu'on répand ces liqueurs à mesure qu'on avance.

Cet acide gazeux est plus pesant que l'air atmosphérique, ce qui fait qu'il se précipite dans les bas-fonds : cet excès de pesanteur fait qu'il déplace l'air atmosphérique, qu'on peut le verser d'un vase dans un autre, et produire des effets d'autant plus surprenans pour des yeux peu accoutumés à ces phénomènes, que ce fluide est invisible.

M. Kirwan a trouvé sa pesanteur, comparée à celle de l'air atmosphérique, dans le rapport de 68,74 à 45,69 ; et Lavoisier, dans le rapport de 69,50 à 48,81. Un pouce cube de ce gaz pèse à-peu-près $\frac{7}{10}$ de grain, sous 10 degrés de température, et à la pression de 28 pouces du baromètre.

Il est aujourd'hui hors de doute que l'acide carbonique est une combinaison d'oxigène et de carbone : on le forme, de toutes pièces, par la combustion du carbone.

Sa décomposition n'est pas appuyée sur un aussi grand nombre de preuves ; cependant, nous avons plusieurs expériences directes à ce sujet : M. Tennant a lu, en mars 1791, un mémoire à la société royale de Londres, dans lequel il dit qu'ayant tenu au rouge du phosphore dans une cornue avec du marbre, il a retiré du carbone et de l'acide phosphorique ; M. Georges Pearson a communiqué à la même société, le 24 mai 1792, les faits suivans : 200 grains de phosphore et 800 grains de carbonate de soude, chauffés dans un tube de verre, donnent 32,4 de carbone et du phosphate de soude : le carbonate de potasse et les carbonates terreux fournissent des résultats de même nature ; les alkalis et les terres pures ne donnent point de carbone. M. Clouet, en traitant le fer avec le carbonate de chaux, obtient de l'acier dont un des principes est le carbone. Si, de ces preuves positives, nous passions aux phénomènes que la nature nous présente, nous verrions que les végétaux absorbent l'acide carbonique lorsqu'on le leur présente en petite quantité, qu'ils le décomposent, et que le carbone devient un de leurs principes nutritifs, tandis que l'oxigène se dégage.

On a estimé la proportion du carbone par rapport à l'oxigène, dans le rapport de 12 à 56.

A peine cet acide a-t-il été connu, que les médecins en ont proclamé les vertus avec enthousiasme, et on en a fait un vrai polychreste. On l'a successivement proposé comme un dissolvant du calcul de la vessie, comme un spécifique contre le cancer, etc. et il est arrivé ce qui se voit chaque jour,

c'est qu'après avoir porté au-delà du terme
les propriétés d'un remède que l'expérience
ne confirme pas, on l'a ensuite abandonné
sans s'arrêter à ce qu'il peut avoir d'effica-
cité dans quelques cas bien spécifiés. Aujourd'hui, pour se former une idée saine
et très-exacte des vertus médicales de cet
acide, on peut le considérer dans deux états:
à l'état de gaz et dans son état de dissolution
dans l'eau. Dans le premier cas, il éteint
l'irritabilité, et, sagement administré, on
peut en former un calmant très-efficacé:
dans le second cas, il rentre dans la classe
des acides foibles, et on peut l'employer
comme anti-putride.

SECTION II.

De l'Acide sulfurique.

L'ACIDE sulfurique est connu depuis le
quinzième siècle : Basile Valentin en a parlé
sous le nom d'*huile de vitriol*, et il nous
apprend qu'on le retiroit de la couperose
verte.

Les propriétés caractéristiques de cet
acide sont les suivantes :

1°. Il rougit fortement les couleurs bleues végétales, à l'exception de l'indigo, qu'il dissout sans altérer sa couleur.

2°. Il est sans odeur, transparent comme l'eau, et onctueux au toucher, comme l'huile ; c'est cette dernière qualité qui lui a fait donner le nom très-impropre d'*huile de vitriol*.

3°. Il a une saveur fortement acide et très-corrosive.

4°. Il exige, suivant Bergmann, trois fois plus de chaleur que l'eau pour être porté à l'ébullition : Erxleben a évalué ce degré de chaleur au 546 de Farenheit, et 228,44 de Réaumur. A ce degré de chaleur, il s'élève en vapeurs blanches, faciles à condenser dans un récipient où elles forment un liquide très-blanc et très-pur.

5°. Il noircit et charbonne les substances animales et végétales.

6°. Sa pesanteur spécifique est presque double de celle de l'eau pure, lorsqu'il est fortement concentré. Il marque 66 degrés au pèse-liqueur de Baumé.

7°. Il se mêle à l'eau avec chaleur : cette chaleur peut être portée jusqu'au 95ᵉ degré

de Réaumur, en versant une livre ($\frac{1}{2}$ kilogramme) d'acide, sur 3 onces (environ
un hectogramme) d'eau. Le mélange de ces
deux liquides n'entre pas en ébullition,
quoique porté à un degré de chaleur supérieur à celui de l'eau bouillante, parce
qu'il est plus épais, et conséquemment
moins évaporable. Mais, si on plonge un
tube recourbé dans l'eau sur laquelle on
verse l'acide, la chaleur qui s'excite est en
état de porter à l'ébullition l'eau contenue
dans le tube, laquelle s'échappe alors en
fumée par les deux ouvertures du tube.

MM. Lavoisier et Laplace ont observé
que, pendant le mélange de deux livres
acide sulfurique à 1,87058 de pesanteur
spécifique, avec 1 livre $\frac{1}{2}$ d'eau, l'un et
l'autre à 0, la chaleur résultant de la combinaison fondoit 3 livres 2 onces 2 gros de
glace, c'est-à-dire autant de glace que 2 livres
5 onces 7 gros 43 grains d'eau bouillante.

Les propriétés de l'acide sulfurique l'ont
rendu précieux dans les arts et dans nos
opérations de laboratoire : d'un côté, il a
des affinités très-marquées avec les diverses
bases; et, sous ce rapport, on l'emploie avec

succès pour séparer et dégager de leurs
combinaisons les autres acides. D'un autre
côté, c'est un des acides les plus fixes que
nous connoissions, et cette qualité le fait
préférer, parce que, dans son action, il ne
mêle aucun produit étranger à la substance
qu'on déplace ou qu'on volatilise par son
secours.

Cet acide est très-abondant; l'art peut
l'extraire de ses combinaisons naturelles
ou le composer, de toutes pièces, avec une
grande économie: comme il est connu depuis long-temps, ses propriétés et ses combinaisons sont bien constatées; de sorte que
le chimiste en a fait un de ses agens les
plus employés.

ARTICLE PREMIER.

Procédés pour fabriquer ou extraire l'Acide sulfurique.

QUOIQUE l'acide sulfurique se forme
chaque jour dans les diverses opérations
qui s'exécutent à la surface ou dans l'intérieur du globe, puisque, chaque jour, nous
voyons les sulfures métalliques, alkalins et

terreux, passer à l'état de sulfate, cet acide se présente rarement à nu, attendu que l'énergie de ses affinités l'engage dans de nouvelles bases pour former des sels neutres à mesure qu'il se développe.

Jusqu'ici, ce n'est qu'auprès des volcans qu'on le trouve libre de toute combinaison, ou si foiblement engagé dans des bases, que les propriétés acides prédominent : Baldassari l'a observé dans une grotte du mont Saint-Amiato, près des bains de Saint-Philippe, à Saint-Albino et aux lacs de Travalle. Il ajoute qu'il y existe sous forme d'efflorescences ou de filets déliés. Vandelli rapporte que, dans les environs de Viterbe et de Sienne, on trouve l'acide sulfurique dissous dans l'eau. Dolomieu l'a observé dans une grotte de l'Etna.

Il paroît, d'après les observations des naturalistes, que presque dans tous les cas où l'on a trouvé cet acide dans un état d'efflorescence, ce n'étoit que du soufre fortement oxidé, tel qu'on en trouve de sublimé dans les appareils où l'on produit cet acide par la combustion. Lorsqu'on sublime le soufre pour former ce qu'on appelle *fleurs de soufre* dans le commerce, on l'acidule légèrement, mais cependant à tel point, que le lavage à l'eau ne peut pas en effacer les caractères acides.

Ainsi l'existence de l'acide sulfurique, près des volcans et dans tous les lieux d'où s'élèvent continuellement des vapeurs sulfureuses, n'a rien qui doive surprendre.

L'acide sulfurique employé dans le commerce, est, en entier, le produit de l'art.

Nous pouvons réduire à deux procédés tous ceux qui sont usités pour fabriquer cet acide : ou bien on l'extrait des composés qui le présentent tout formé ; ou bien, on le forme de toutes pièces par la combinaison du soufre avec l'oxigène.

§. Ier.

Extraction de l'Acide sulfurique par la distillation des Sulfates.

La nature nous offre abondamment, et à bas prix, les sulfates de fer, de cuivre, de chaux, de magnésie, d'alumine et de soude.

Tous ces divers sels contiennent l'acide sulfurique dans différentes proportions: mais la force d'affinité qui unit l'acide à sa base, est telle, qu'on ne peut le déplacer, sans intermède, qu'avec la plus grande peine, sur-tout lorsqu'on veut l'obtenir pur et sans altération.

La distillation est le seul moyen qu'on ait employé jusqu'ici pour séparer l'acide de ses bases; et c'est même le seul procédé par lequel on a fourni le commerce de cet acide pendant long-temps.

Le sulfate de fer a été généralement préféré pour cette opération, parce qu'il est très-commun, peu cher, et qu'il cède plus facilement son acide que les sulfates alkalins ou terreux.

On commence par dessécher ce sel et le priver, par un feu violent, de toute son eau de cristallisation : après cela, on le pulvérise, et on l'introduit dans une cornue de grès qu'on place à un bon fourneau de réverbère à laquelle on adapte un grand récipient. On donne le feu par degrés; il passe d'abord des vapeurs blanches qui ne sont qu'un reste d'eau de cristallisation acidulée par un peu d'acide ; on change de récipient, lorsqu'on veut recueillir l'acide plus concentré. L'acide qui passe s'épaissit de plus en plus par la distillation ; les dernières portions sont sous forme congelée, ce qui lui a mérité le nom d'*huile de vitriol glaciale*. Ce qui reste dans la cornue, après l'opération, est de l'oxide rouge de fer qu'on appelle, dans le commerce, *colchotar*.

Pour que cette opération réussisse dans les laboratoires, il faut employer un feu très-vif et soutenu pendant plusieurs jours.

Glauber assure que l'acide sulfurique obtenu par la distillation du sulfate de zinc, est plus pur et moins coloré, et qu'on l'en extrait plus facilement que du sulfate de fer.

Les sulfates terreux livrent très-difficilement leur acide : l'alun distillé ne donne qu'une eau acidule, et ne se décompose pas complètement par la chaleur. Neumann, Baumé s'en étoient assurés, et je m'en suis convaincu moi-même.

Le sulfate de chaux retient encore son acide avec plus de force : et Margraaf a vu par lui-même qu'il falloit le contact de quelque matière inflammable pour opérer la décomposition de ce sel; mais alors l'acide est en partie décomposé et réduit à l'état d'acide sulfureux.

§. I I.

Formation de l'Acide sulfurique par la combustion du Soufre.

O N peut présenter l'oxigène au soufre sous deux états : à l'état de gaz , ou à l'état concret.

Personne n'ignore que si on brûle le soufre dans l'air atmosphérique , il en résulte une substance très-volatile, piquante, d'une odeur suffocante , acide et susceptible de combinaison avec les bases alkalines.

Sthal qui nous a fait connoître , non-seulement le moyen d'obtenir cet acide , mais la nature de ses principales combinaisons, l'a appelé *acide sulfureux, spiritus sulfuris per campanam.*

On fait de l'acide sulfureux par la combustion pure et simple du soufre , ou par la désoxigénation de l'acide sulfurique sur les métaux, le phosphore et le carbone.

Mais, par ces derniers procédés, on a rarement l'acide sulfureux très-pur, attendu que les métaux décomposent l'eau, et qu'il se dégage du gaz hydrogène mêlé à l'acide sulfureux.

MM. Fourcroy et Vauquelin, à qui nous devons un beau travail sur l'acide sulfureux, distillent une partie de mercure avec une partie d'acide sulfurique : on reçoit l'acide sulfurique qui s'échappe en nature dans l'eau du premier flacon, tandis que le gaz sulfureux va se rendre dans un vase renversé sur le mercure ou dans l'eau d'un second flacon, selon qu'on veut l'avoir à l'état de gaz ou à l'état liquide.

Lorsqu'il s'agit de préparer l'acide sulfureux pour les arts, comme ce degré de pureté n'est pas nécessaire, on distille l'acide sulfurique sur de la sciure de bois ou sur des pailles hachées.

L'acide sulfureux a une odeur vive et pénétrante.

Il n'est propre ni à la respiration ni à la combustion.

Sa pesanteur spécifique, suivant Bergmann, est de 0,00246; et de 0,00251, selon Lavoisier.

Le pouce cube pèse 1,508 grains (19,83638 centim. cubes). Sa saveur est vive, chaude, piquante, acide, désagréable, picotant le gosier et provoquant la toux.

L'acide sulfureux décompose l'acide nitrique, de même que l'acide muriatique oxigéné, et passe à l'état d'acide sulfurique.

L'acide sulfureux se combine avec les alkalis et les terres. MM. Berthollet, Fourcroy et Vauquelin ont fait connoître ces combinaisons.

En général les sulfites ont une saveur piquante, analogue à celle de leur acide. Ils sont décomposés par le feu; ils se changent en sulfate par le contact de l'air ou par l'action de quelques acides.

L'acide sulfureux est employé dans les arts pour blanchir les soies et quelques étoffes de laine : on se contente de les exposer mouillées, dans des chambres closes, à la vapeur du soufre en combustion. Il paroît que, dans cette opération, l'acide sulfureux se décompose, et que son oxigène dévore le principe colorant, tandis que le soufre devient libre.

Il est connu aujourd'hui que plusieurs corps qu'on fait digérer sur des substances combustibles, leur abandonnent l'oxigène qui est un de leurs principes, pour en opérer une véritable combustion. L'acide nitrique digéré à chaud sur le soufre, s'y décompose en partie; et il en résulte formation d'une petite quantité d'acide sulfurique.

Scheele avoit annoncé que l'acide muriatique oxigéné ne pouvoit pas acidifier le soufre. Hageman a vu qu'en dirigeant la vapeur de cet acide sur demi-gros de soufre, le soufre devient fluide et forme une dissolution claire qui acquiert le double du poids primitif; mais il ajoute que le soufre n'est que dissous et non décomposé, car l'addition d'un peu d'eau le précipite sur-le-champ.

D'un autre côté, M. Guyton-Morveau s'est assuré que le soufre se convertit en acide sulfurique par la décomposition de l'acide muriatique oxigéné, sans le secours de la chaleur.

D'après cette différence dans les résultats,

j'ai eu recours moi-même à l'expérience, et voici ce qu'elle m'a présenté.

1°. L'acide muriatique oxigéné versé en vapeur sur du soufre très-divisé, le dissout peu à peu et s'envole avec lui, dans l'état d'une vapeur blanche, dont l'odeur, res-pirée à une certaine distance, se rapproche de celle de quelques plantes en putréfaction; tandis que, de près, elle paroît tenir le mi-lieu entre celle du soufre qui brûle et celle de l'acide muriatique oxigéné. Cette vapeur se condense difficilement; elle acidule l'eau dans laquelle on la fait passer; l'analyse m'y a fait voir beaucoup d'acide muriatique et quelques atomes d'acide sulfurique. J'ai sou-vent répété cette expérience, en faisant pas-ser l'acide dans un récipient à deux orifices dont les parois humides étoient tapissées de soufre; je recevois le produit dans un second récipient très-vaste, à la tubulure duquel s'adaptoit un tube recourbé que je faisois plonger dans l'eau.

2°. L'acide muriatique oxigéné qu'on fait passer à travers l'eau dans laquelle on a délayé du soufre sublimé, ne produit au-cun changement dans le soufre.

3°. L'acide muriatique oxigéné précipite en jaune le soufre du sulfure d'alkali liquide.

L'oxigène engagé dans les oxides de quelques métaux, peut faciliter la combustion du soufre sans le convertir en acide sulfurique, du moins en proportion de l'oxigène qui y est contenu.

Comme, parmi tous les oxides métalliques, celui de manganèse est celui qu'on peut employer avec le plus d'économie, en même temps qu'il est un de ceux qui cède son oxigène avec le plus de facilité, j'ai cru devoir essayer son action sur le soufre.

1°. Parties égales de soufre et d'oxide de manganèse (de Saint-Jean-de-Gardonenque, département du Gard), distillées dans une cornue à laquelle j'avois adapté un récipient dont les parois étoient humectées d'eau, ont donné beaucoup de vapeurs blanches sulfureuses, dont une partie s'est condensée dans le récipient, et m'a fourni 3 onces (environ un hectogramme) d'acide à 22 degrés, sur 3 livres (un kilogramme et demi) de mélange. Cet acide concentré n'a laissé que quelques grains de véritable acide sul-

furique ; ce qui restoit dans la cornue étoit
blanc , friable , sale , et m'a fourni du sulfure et du sulfate de manganèse mêlés de
soufre en nature.

Green avoit obtenu des résultats à-peu-
près semblables d'une expérience pareille.

2°. L'oxide de manganèse mêlé avec le
soufre dans le foyer des chambres de plomb,
facilite la combustion : mais , pour que l'effet
en soit sensible, il faut que la proportion
du manganèse soit au moins la moitié de
celle du soufre. Il m'a paru que la forme la
plus convenable qu'on pouvoit donner à ce
mélange , pour en opérer la combustion ,
étoit celle de boules qu'on fabrique en
humectant les deux substances avec une
quantité d'eau suffisante pour donner la
consistance d'une pâte. On n'emploie les
boules que lorsqu'elles sont sèches : mais ,
quoique le manganèse se décolore et cède
son oxigène dans la combustion , on n'obtient presque que de l'acide sulfureux.

On peut conclure des nombreux essais
que j'ai faits , pour faire servir les oxides
métalliques à la combustion du soufre dans
la fabrication de l'acide sulfurique , qu'au-

cun ne peut être employé utilement à cet usage ; et que, quoiqu'ils puissent hâter la combustion, ils ne concourent point à produire l'acide sulfurique.

Quelques faits connus, et la nature des principes constituans de l'eau, m'ont déterminé à tenter l'effet de ce liquide dans la combustion du soufre ; et j'ai fait, à ce sujet, les expériences suivantes :

1°. J'ai pétri le soufre avec l'eau et ai brûlé cette pâte dans des foyers de chambre de plomb : la flamme est plus blanche et plus longue que celle du soufre seul ; la condensation des vapeurs est plus facile, et le produit plus considérable en volume ; l'eau s'acidule foiblement ; mais je n'ai pas cru devoir employer cet intermède avec avantage, attendu que le produit de la concentration de l'eau acidule est presque nul.

2°. J'ai fondu du soufre dans des vases à goulot très-étroit, pour éviter l'inflammation ; j'ai versé de l'eau sur la surface du soufre liquide et bien chaud, tantôt goutte à goutte, tantôt en vapeurs ; et j'ai vu que, du moment que l'eau s'applique à la surface du soufre en fusion, il en résulte dégagement d'une vapeur blanche et épaisse qui, recueillie et condensée dans des récipiens, ne m'a jamais présenté que de l'eau presque insipide et du soufre sublimé.

3°. Si l'on projette de l'eau goutte à goutte sur une masse de soufre embrasé, la flamme s'agrandit et devient blanche; mais cependant le produit de la combustion ne donne pas plus d'acide concentré que lorsqu'on a brûlé le soufre sans mélange.

J'avois cru qu'en employant du gaz oxigène pur pour la combustion du soufre, on produiroit de l'acide sulfurique sans le secours d'aucune autre substance; mais j'ai été facilement détrompé par l'expérience: et, soit que j'aye brûlé le soufre dans le gaz, soit que j'en aye dirigé le courant sur une surface de soufre en combustion, le résultat a été constamment le même, c'est-à-dire qu'on peut accélérer, par ce moyen, la combustion, mais qu'on ne peut pas former sensiblement de l'acide sulfurique.

De toutes les expériences que j'ai faites pour opérer la combustion du soufre, on peut conclure :

1°. Que les proportions très-variables du gaz oxigène qu'on peut employer à la combustion d'une portion déterminée de soufre, peuvent, plus ou moins, accélérer la combustion, sans toutefois augmenter sensiblement la production d'acide sulfurique.

2°. Que les corps qui ont pour base l'oxigène et qui le cèdent à une chaleur modérée, tels que quelques-uns des oxides métalliques, aident plus ou moins à la combustion sans produire de l'acide sulfurique.

3°. Que les substances qui, mises en contact avec le soufre en combustion, lui cèdent leur oxigène en produisant une chaleur violente, sont les seules qui puissent convertir le soufre en acide sulfurique.

D'après ces principes, on doit placer, à la tête des substances qu'on peut mêler avec le soufre, le nitrate et le muriate oxigéné de potasse.

Et l'on peut déjà conclure, des résultats ci-dessus, ou que la combinaison du soufre avec l'oxigène exige une température très-élevée pour former de l'acide sulfurique, ou que l'acide sulfurique admet une très-grande dose de calorique, comme principe nécessaire à sa constitution.

Je ne doute pas qu'on ne parvienne à former l'acide sulfurique en employant une moindre dose de nitrate de potasse, lorsqu'on opérera la combustion du mélange sur des corps ou dans des fourneaux ou tuyaux fortement chauffés. Dans ce cas, la chaleur du foyer concourra avec avantage avec celle que produit la décomposition du salpêtre pour opérer la combinaison de l'oxigène avec le soufre, et composer l'acide sulfurique.

Le nitrate est préféré aux muriates oxigénés de potasse, parce qu'il est plus commun et que sa décomposition mêle peu de principes étrangers à l'acide sulfurique qui est le produit de la combustion.

Mais néanmoins, il y a un choix à faire dans les nitrates du commerce; car ils sont plus ou moins mêlés de matières étrangères. Lorsqu'on emploie, par exemple, le salpêtre brut, il y en a une grande partie qui ne sert pas à la combustion, ni par conséquent à la formation de l'acide sulfurique.

On ne peut même pas regarder les matières étrangères au nitrate, comme indifférentes dans la composition du mélange; car si cela étoit, il suffiroit d'en tenir compte pour employer dans des proportions convenables le nitrate réel. Il suffit de savoir que ces matières étrangères sont des muriates qui absorbent dans leur décomposition une portion d'acide sulfurique, tandis que l'acide muriatique s'élève en vapeurs pour se mêler à l'eau des chambres. Il y a donc de l'avantage à employer le nitrate purifié.

J'ai vu mêler le nitrate au soufre, à diverses proportions, dans différentes fabriques: on l'emploie depuis un cinquième jusqu'à un dixième du poids du soufre. Cependant le dosage n'est pas indifférent: plus la proportion du salpêtre est forte, plus la combustion est facile, plus la chaleur est considérable, plus la vapeur est aisée à condenser, et moins piquante est l'odeur de l'acide qui se dégage: mais lorsque la proportion du salpêtre est trop forte, outre que la chaleur extrême qui se produit volatilise une portion du soufre en nature, et que le résidu plus considérable retient, à pure perte, une plus grande quantité de l'acide qui se produit, la portion de salpêtre excédante au besoin renchérit considérablement l'acide sulfurique qu'on obtient. Mais aussi, lorsque la proportion de salpêtre n'est pas suffisante, presque tout le soufre s'élève à l'état d'acide sulfureux.

Il y a donc un terme où il faut s'arrêter ; il y a d'exactes proportions qu'il faut connoître ; et je me suis assuré que la proportion la plus convenable étoit entre un septième et un huitième de salpêtre sur le poids du soufre employé.

Lorsqu'on a abandonné l'usage de distiller les sulfates pour en extraire l'acide, on a brûlé le mélange de salpêtre et de soufre dans d'énormes ballons de verre dans lesquels on disposoit une couche d'eau pour condenser et dissoudre les vapeurs ; et on bouchoit soigneusement l'ouverture dès que le mélange y étoit embrasé, pour éviter la déperdition d'une partie des vapeurs.

Ce premier procédé a été remplacé par un autre qui consiste à opérer la combustion dans des chambres revêtues de plomb. Ces derniers établissemens, quoique plus dispendieux à former, sont néanmoins préférables , parce qu'ils permettent d'opérer plus en grand ; et qu'une fois formés , ils entraînent peu de dépense pour l'entretien et les réparations.

On donne ordinairement à ces chambres de plomb, la forme d'un carré oblong qu'on recouvre d'un toit à deux pentes. La grandeur varie selon le but du fabricant, et souvent selon l'espace donné dans lequel on veut les construire. En général, les chambres qui présentent 20 à 25 pieds (7 à 8 mètres) sur chaque côté, et 15 pieds d'élévation, m'ont paru présenter les proportions les plus avantageuses.

Comme ces chambres sont sujettes à laisser perdre ou transpirer les vapeurs ou le liquide qu'elles contiennent , il faut les isoler de manière qu'on puisse en parcourir tous les côtés , le dessus et le dessous, et , en conséquence, les établir, au milieu d'une grande enceinte , sur des dés de pierre, à 5 ou 6 pieds (2 mètres) du sol , des murailles et du toit : il faut que toutes les soudures soient apparentes pour pouvoir les réparer plus facilement, et que la charpente présente assez de solidité pour que le poids constant des planches de plomb ne la fasse pas fléchir. On fixe les lames de plomb sur la surface intérieure de la charpente, en y soudant des agrafes de même métal, qu'on assujétit aux montans de la charpente par le moyen de clous de fer.

Le plomb formant un objet de dépense considérable, on s'est occupé, de tout temps, de remplacer ce métal par une substance qui fût inattaquable à l'acide, et qui résistât à la chaleur que produit la combustion du mélange.

On a proposé successivement des lames de verre, des briques vernissées, des pierres vitrifiables. On a même construit plusieurs appareils de combustion avec ces matériaux; mais on en est revenu constamment à l'usage du plomb, parce qu'on n'a trouvé dans ces divers moyens, ni la solidité, ni la durée, ni les facilités d'exécution que présentent de grandes lames de plomb.

J'ai moi-même construit avec soin une chambre de 80 pieds (26 à 27 mètres) de long, sur 40 (13 à 14 mètres) de large et 50 (16 à 17 mètres) de haut. J'en ai revêtu les parois d'une couche de plâtre, sur laquelle j'ai appliqué plusieurs couches d'un enduit bouillant, formé par un mélange, à parties égales, de térébenthine, de résine et de cire jaune. J'ai brûlé dans cette chambre pendant dix-huit mois sans interruption; mais le toit de cet énorme édifice ayant croulé subitement, je n'eus pas le courage de rétablir un appareil qui m'avoit coûté six mois d'un travail opiniâtre, et qui avoit considérablement altéré ma santé.

La manière de brûler le mélange de salpêtre et de soufre varie encore dans les différens ateliers : dans les uns, on allume le mélange au-dehors, et on l'introduit dans l'intérieur dès qu'il est embrasé, à l'aide d'un chariot qui supporte les vases où on l'a déposé. Dans d'autres, on brûle dans l'intérieur même des chambres, sur le sol desquelles on s'est réservé un espace pour y établir le foyer. J'ai d'abord pratiqué cet usage; mais j'ai fini par construire des fourneaux en dehors des chambres, d'où je transmets la vapeur dans l'intérieur, par le moyen de cheminées qui terminent les fourneaux.

Les deux premières méthodes diffèrent

peu l'une de l'autre : cependant la première est plus embarrassante ; la conduite , l'entretien d'un chariot sont un objet de dépense, d'autant plus considérable que le fer et le bois s'altèrent avec plus de facilité.

La seconde méthode est plus simple, et je l'ai pratiquée long-temps avant de recourir à la troisième , qui mérite la préférence sur toutes.

Cependant , il faut porter une grande attention dans la construction du fourneau : car , non-seulement il se dégrade avec la plus grande facilité , mais il produit des effets très-différens, selon qu'il aspire plus ou moins. J'ai prouvé qu'on pouvoit obtenir , à volonté , du même mélange , ou du soufre sublimé, ou du soufre liquide , ou de l'acide sulfureux, ou de l'acide sulfurique, selon le degré d'aspiration du fourneau.

Pour faciliter la condensation des vapeurs, on est dans l'usage de mettre une couche d'eau sur le sol des chambres; mais on se borne, dans quelques fabriques, à en mouiller, de temps en temps, les parois avec une pompe.

Tant que la combustion est en activité,

les vapeurs très-dilatées cherchent à s'échapper par toutes les voies qui leur sont offertes: mais, lorsqu'elles se condensent, l'air extérieur pénètre dans la chambre, et il est même avantageux de ménager de petites ouvertures qu'on puisse commodément déboucher pour en faciliter l'entrée.

Dès que les vapeurs sont suffisamment condensées, si, dans cet état, on ouvre la porte, on voit s'échapper un gaz très-pénétrant qui n'est que de l'acide sulfureux, mêlé de quelques parties de gaz nitreux qui devient rouge par le contact de l'air extérieur.

Lorsque la vapeur qui sort par la porte qu'on vient d'entr'ouvrir est blanche, c'est un signe certain que la condensation n'est pas complète. Il est prudent de refermer la porte; car, outre que la sortie de ces vapeurs seroit une perte, elles pourroient incommoder les voisins et brûler les plantes des environs.

Le produit de la combustion est de deux genres : 1°. l'acide, qui forme une couche de liquide sur le sol de la chambre, 2°. le résidu du foyer.

On n'enlève l'eau acide que lorsqu'elle marque 40 à 5o degrés au pèse-liqueur de Baumé. Si on la retire plutôt, non-seulement la concentration en est plus longue et plus coûteuse, mais l'acide concentré n'en est pas d'aussi bonne qualité par rapport aux sulfates qu'on rapproche et qu'on laisse en dissolution dans l'acide.

Ce qui reste dans le foyer, lorsque la combustion est bien faite, n'offre que des croûtes blanches, qui sont formées presqu'en entier de sulfate de potasse. Lorsque la combustion a été mal conduite, les croûtes sont brunâtres; on y distingue encore beaucoup de soufre en nature, et on les met dans le foyer pour les brûler complètement à l'aide d'un mélange nouveau.

L'acide sortant des chambres, ou (pour parler le langage des fabricans) l'*eau des chambres* ne peut pas servir à tous les usages, puisqu'elle ne dissout pas l'indigo, et qu'elle ne décompose les nitrates et les muriates que par le secours de la chaleur; mais, dans ce premier état, on peut l'employer à dissoudre le fer et le zinc pour fabriquer les sulfates, à dégraisser ou lessiver les toiles destinées à l'impression, et, en un mot, à tous les usages auxquels on fait servir l'huile de vitriol, lorsque, par le moyen de l'eau, on la ramène au-dessous du 45ᵉ degré de l'aéromètre de Baumé.

Pour opérer la concentration de l'acide sulfurique, on emploie ordinairement des cornues de verre, qu'on conduit au bain de sable : mais j'ai adopté une méthode qui m'a toujours paru plus prompte et plus économique. Je porte d'abord l'eau des chambres dans des chaudières de plomb où je la rapproche jusqu'au 60ᵉ degré, et je termine la concentration dans des cornues de grès que j'expose à feu nu sur des galères.

Pour que l'acide soit au degré convenable de concentration, il faut qu'il marque 66 degrés, et qu'il soit blanc comme l'eau. Lorsqu'il n'est pas concentré à ce point, il retient quelques atomes d'acide nitrique, qui donnent une couleur verte à la dissolution d'indigo, et ne permettent pas, par conséquent, de l'employer à cet usage.

Lorsque toutes les opérations sont conduites avec intelligence, on obtient, en acide concentré, au moins le double en poids du soufre qui a été employé.

On continue à fabriquer, dans quelques parties de l'Allemagne, une huile de vitriol par la distillation du sulfate de fer : à cet effet, ainsi que nous l'avons déjà observé, on commence par calciner jusqu'au rouge le sulfate, et on le distille ensuite dans des cornues de grès; il passe, 1°. un peu de gaz sulfureux; 2°. du gaz oxigène; 3°. une liqueur épaisse qui se fige dans le récipient. La liqueur du récipient est un acide glacial qui se résout en fumée dès qu'il a le contact de l'air, et dont les vapeurs, en se condensant, forment des cristaux blancs, transparens, et figurés en tables carrées. Il est à observer que le sulfate mal calciné, et pourvu d'un reste d'eau de cristallisation, ne fournit point d'acide, quoique traité au même feu; ce qui prouve que, par la calcination, on oxide le sulfate, on change sa composition, on donne à l'acide de nouvelles propriétés, et que, lorsqu'on vient ensuite à le distiller, une partie de l'oxigène fixé par la calcination, reste unie à l'acide, tandis que l'autre s'échappe à

III.   4

l'état de gaz. La distillation de l'acide sulfurique sur le manganèse fournit aussi un acide
fumant, mais moins que celui du sulfate.

Cet acide fumant est connu sous le nom
d'*acide glacial*, d'*acide fumant* de *Nord-
hausen* ou de *Saxe*.

Il paroît donc que le soufre, en passant
à l'état d'acide, est susceptible de trois
degrés d'oxidation : 1°. acide sulfureux,
2°. acide sulfurique, 3°. acide fumant.

L'acide sulfurique est bien susceptible
de se geler et de cristalliser à une température de quelques degrés au-dessous de
zéro; mais, en cet état, il n'a aucun rapport avec l'acide glacial fumant.

Lorsqu'on étend d'eau l'acide fumant,
il perd cette qualité et ne peut pas la
reprendre.

Cet acide fumant est préféré dans les arts,
sur-tout dans les teintures, à celui qui provient de la combustion du soufre : il est
même d'un prix très-supérieur à ce dernier.

Nous aurons occasion de parler des usages
de l'acide sulfurique, en traitant des teintures
et autres opérations où il est employé comme
intermède ou comme agent.

SECTION III.

De l'Acide nitrique.

L'ACIDE nitrique exhale une odeur forte et désagréable.

Il imprime une couleur jaune et solide à la peau et à la soie blanche.

Il détruit complètement le bleu de la mauve et des violettes.

Celui du commerce marque depuis 3o jusqu'à 45 degrés.

Il est ordinairement de couleur jaune, souvent il est blanc et quelquefois d'un rouge orangé; lorsqu'il est concentré, il laisse échapper des vapeurs qui deviennent rouges par le contact de l'air.

Il se décompose aisément sur tous les corps combustibles, et produit, dans son action, beaucoup de vapeurs rouges.

L'acide nitrique est connu dans le commerce sous le nom d'*eau-forte*, d'*esprit* de *nitre*, d'*eau seconde*, selon son degré de concentration.

L'acide nitrique n'a été trouvé à nu

nulle part : il se forme chaque jour par un concours de circonstances que nous ferons connoître par la suite ; mais il entre en combinaison avec les corps ambians du moment qu'il est formé , et c'est de ces combinaisons qu'on l'extrait pour l'appliquer aux usages du commerce. On emploie ordinairement à cet usage les nitrates terreux et alkalins.

Les substances dont on se sert constamment pour décomposer les nitrates , sont l'acide sulfurique , le sulfate de fer et les terres argileuses et bolaires plus ou moins chargées d'ocre ou d'oxide de fer.

Lorsqu'on se sert de l'acide sulfurique , on met dans une cornue le nitrate en poudre ; on verse dessus moitié son poids d'acide sulfurique ; on adapte un récipient à la cornue , et on facilite l'opération par le moyen du feu. La distillation se fait au bain de sable ou à feu nu : dans le premier cas, on se sert de cornues de verre non lutées ; dans le second , on emploie des cornues de grès ou de verre lutées.

Lorsqu'on opère par l'acide sulfurique du commerce sans l'affoiblir , l'acide ni-

trique passe en vapeurspres que sèches, et il
en résulte un acide très-condensé; l'appareil
s'échauffe considérablement, de manière que
la condensation seroit pénible, si on n'entre
tenoit pas sur le récipient des linges mouillés,
ou si on ne le tenoit pas plongé au tiers de
sa capacité dans l'eau d'un baquet. En employant l'acide affoibli par l'eau, ou tel qu'il
est extrait des chambres de plomb, l'opération est plus tranquille, mais aussi l'acide est
plus foible et la distillation plus lente et plus
longue.

Dans tous les ateliers où l'on fabrique
l'eau-forte pour le commerce, on est dans
l'usage de décomposer les nitrates par le
moyen des argiles ou terres bolaires.

Le choix de ces terres exige une grande
attention de la part du distillateur d'eau-
forte. Les terres rouges, très-friables, mêlées de petits grains de mine de fer, sont les
meilleures. Il ne faut pas cependant qu'elles
soient trop sèches, car alors elles décomposent imparfaitement, et il faut une chaleur
extrêmement vive et soutenue pour terminer
l'opération. Les terres rouges dont la surface
est luisante et presque graisseuse doivent

obtenir la préférence. Il est des terres grises argileuses, parsemées de veines rouges, qui, quoiqu'inférieures à celles dont nous venons de parler, sont néanmoins employées avec avantage : celles dont on se sert à Paris sont de ce genre.

En général, pour qu'une terre serve à la distillation des salpêtres, il faut qu'elle contienne un oxide de fer susceptible d'éprouver une plus forte oxidation par le feu ; ce qui explique pourquoi toutes les terres employées sont plus rouges après l'opération.

Les cornues qui servent à la distillation sont de grès ou de verre : à Paris on ne connoît que le grès, et les cornues ou *cuines* qu'on y emploie sont très-petites ; tandis que dans le Midi, on se sert d'un verre vert appelé *verre chambourin*, et les cornues sont d'une telle capacité, qu'elles reçoivent 75 à 80 livres (4 myriagrammes) de mélange, et rendent de 20 à 30 livres (un myriagramme $\frac{1}{2}$) d'acide chacune.

Les fourneaux qu'on appelle *galères*, ne varient qu'en raison de la grandeur des cornues et de la nature du combustible. En

général , ils sont formés de deux murs parallèles, entres lesquels on place des arceaux
en fer ou en terre , destinés à soutenir les
cornues.

Les cornues , sur-tout celles de verre ,
doivent être lutées avec beaucoup de soin :
à cet effet, on met de la terre glaise dans
une auge , après l'avoir préalablement divisée et presque broyée; on l'humecte d'eau
pour la *fondre ;* et , lorsqu'elle forme une
pâte ductile , molle , sans grumeaux , on
l'extrait de l'auge pour la mêler avec la
fiente fraîche de cheval : on pétrit avec soin
le mélange , et on ne cesse que lorsque la
fiente et l'argile ne forment plus à l'œil
qu'un seul et même corps. On applique ce
lut à la main , ayant l'attention de le faire
bien adhérer à la surface du verre , de
former une couche d'une épaisseur égale
sur toute la surface , et de ne laisser aucune
soufflure. On fait sécher les luts au soleil ou
dans une étuve , selon la saison ou le
climat.

Le salpêtre est le sel qu'on emploie généralement à la distillation des eaux-fortes;
mais, comme ses divers états donnent des

qualités d'acide très-différentes, il est indispensable de faire connoître les différentes qualités de salpêtre employées dans les ateliers, pour en déduire celles des acides qui en proviennent.

Le salpêtre, tel qu'il sort de l'atelier des salpétriers, est connu sous le nom de *salpêtre brut* : il contient, outre le nitrate de potasse, des nitrates de chaux et de magnésie, des muriates terreux et alkalins.

Lorsque, par une suite de procédés que nos décrirons à l'article des *nitrates*, on a débarrassé le nitrate de potasse de tous ces sels étrangers, le salpêtre porte alors le nom de *salpêtre raffiné*.

Indépendamment de ces deux états du salpêtre, on vend encore aux distillateurs d'eaux-fortes une eau mère épaissie, qu'on appelle *recuit* dans le midi de la France, et un salpêtre grenu et de la consistance du miel, qu'on nomme *salpêtre gros*.

Ces deux dernières substances, *recuit* et *salpêtre gros*, exigent, de notre part, quelques détails sur leur préparation, pour que nous puissions en connoître la nature et prévoir la qualité d'eau-forte qu'elles doivent fournir.

La lessive des terres salpétrées contient, outre le nitrate de potasse dont la proportion varie à l'infini, beaucoup de sels terreux ou alkalins qui cristallisent moins facilement; de sorte que si, après avoir retiré une première levée de cristaux de nitrate de potasse, on rapproche le résidu jusqu'à lui donner la consistance d'une pâte ou extrait, on obtient une masse grenue, qu'on appelle *salpêtre gros.*

Lorsque, après avoir enlevé, par plusieurs évaporations et cristallisations successives, tout le nitrate qu'on peut extraire d'une lessive, on épaissit l'*eau-mère* jusqu'à 45 degrés, on l'appelle *recuit,* et on la vend aux distillateurs pour en retirer l'acide.

Ces deux dernières préparations se font dans le Comtat Venaissin (aujourd'hui le département de Vaucluse) où l'on fabriquoit, avant sa réunion à la France, presque toute l'eau-forte employée dans les nombreuses fabriques du Midi. Aujourd'hui que le régime français, concernant la fabrication et la vente du salpêtre, y a été mis

en vigueur, les salpêtriers sont astreints à
des mesures et à des procédés qui contra-
rient leurs usages, parce qu'obligés de porter
à la régie tout le produit de leur fabrication, et celle-ci n'admettant que du nitrate
de potasse, ils ne peuvent plus continuer à
fabriquer du *salpêtre gros* et du *recuit*. Mais
on est forcé de convenir que la distillation
des eaux-fortes y a beaucoup perdu; car il
est reconnu que leur salpêtre gros et leur
recuit donnoient, avec facilité et économie,
la meilleure qualité d'eau-forte qu'on puisse
desirer pour la teinture ; et qu'on ne peut
ni la former au même prix, ni obtenir constamment la même qualité, en employant le
salpêtre des magasins de la régie.

La nature de l'acide et le procédé de distillation varient selon l'état dans lequel se
trouve le salpêtre qu'on emploie : si c'est le
salpêtre pur dont on fait usage, on peut
déterminer les proportions entre le sel et la
terre bolaire, d'après les résultats que présentent les expériences suivantes :

Deux cents livres (10 myriagrammes)
salpêtre pur et 200 livres (10 myriagrammes)
terre bolaire, mêlées et distillées avec soin,

ont donné peu de gaz nitreux, de l'acide carbonique, et 75 livres (3 myriagrammes $\frac{3}{4}$) d'acide pur, à 40 degrés et très-blanc. Le résidu a présenté beaucoup de salpêtre non décomposé.

Il résulte de cette première expérience, que la proportion du bol, employé à parties égales, n'est pas suffisante ; car la chaleur a été portée au point de fondre le verre ; il en résulte encore que l'acide n'est *rutilant*, que lorsqu'on emploie le bol dans une plus forte proportion.

Cent cinquante livres (7 myriagrammes $\frac{1}{2}$) salpêtre pur et 300 livres (15 myriagrammes) terre bolaire, distillées avec le même soin, ont donné un peu moins d'acide carbonique, un peu plus de gaz nitreux et 126 livres 8 onces (6 myriagrammes 3 kilogrammes) acide à 39 degrés.

Cent cinquante livres (6 myriagrammes $\frac{1}{2}$) salpêtre et 400 livres (20 myriagrammes) terre bolaire, ont donné beaucoup de vapeurs rutilantes et sans interruption jusqu'à la fin, et 131 livres (6 myriagrammes 5 kilogrammes $\frac{1}{2}$) acide à 41 degrés.

Cent livres (5 myriagrammes) salpêtre et 500 livres (15 myriagrammes) terre bolaire, ont fourni 87 livres (4 myriagrammes 3 kilogrammes $\frac{1}{2}$) acide jaunâtre à 39 degrés.

On peut conclure de ces expériences, que lorsqu'on se sert d'une terre bolaire rouge, sèche, pure, et dont la cassure est onctueuse, comme celle que présentent certaines mines de fer *limoneuses*, on doit employer la terre dans la proportion de deux à trois parties sur une de salpêtre.

Ces proportions sont celles qui conviennent pour le salpêtre pur; mais elles doivent varier selon la qualité du sel qu'on emploie. Lorsque, par exemple, on distille du salpêtre brut, alors la quantité du salpêtre n'y est que dans la proportion de 4 ou 5 à un, et le reste contient du muriate de soude qu'il est difficile de décomposer; de sorte que, dans ce cas, deux parties de terre contre une de salpêtre, forment une proportion convenable pour décomposer tout le nitrate.

Lorsqu'on opère sur du *salpêtre gros*, on peut en augmenter la proportion d'un dixième, et même d'un huitième, s'il n'est pas bien desséché.

Et, s'il s'agit de *recuit* marquant 45 degrés, on pêtrit cette liqueur sirupeuse avec la terre, et on en forme une pâte sèche, qu'on met dans les cornues; le mélange se forme ordinairement de 30 parties de recuit sur 20 de terre.

Mais, comme le *recuit*, employé à 45 degrés de concentration, présente beaucoup de volume, j'ai cru plus avantageux de l'épaissir dans une grande chaudière, par le moyen de l'évaporation, et de le distiller alors comme *salpêtre gros*.

A Paris, on emploie à la distillation des eaux-fortes, une terre grasse, onctueuse, grisâtre, semée de quelques veines rougeâtres, qu'on retire des environs de Vanvres. On la dessèche dans les fourneaux, en l'y plaçant dès qu'on en a retiré la braise, on la broie ensuite et on la passe à travers un crible d'osier. On forme ensuite le mélange d'environ 180 livres (9 myriagrammes) de cette terre avec 80 livres (4 myriagrammes) de salpêtre écrasé, et on en remplit les cuines, qu'on arrange sur une galère au nombre de 32 à 36, et sur deux rangs : on mouille quelquefois le mélange, lorsqu'on veut obtenir un acide foible à 22 ou 25 degrés.

L'observation chimique, d'après laquelle il conste que les muriates de chaux sont presqu'indécomposables par les terres bolaires, tandis que ceux de magnésie se décomposent aisément, nous a conduits à mêler de la chaux au mélange de salpêtre et de terre, pour en précipiter la magnésie et convertir tous les nitrates terreux en nitrates de chaux. Ce procédé, qui est dû à M. Berard, mon élève et mon associé dans les fabriques de produits chimiques que j'avois formées à Montpellier, est aujourd'hui employé dans plusieurs établissemens. Par ce moyen on n'obtient, par la distillation, que de l'acide nitrique pur, qu'on peut retirer de toutes les espèces de salpêtre, ce qui présente un très-grand avantage aux distillateurs. On peut donc, avec le même salpêtre brut, faire à volonté de l'acide nitrique pur pour l'usage des chapeliers et des orfèvres, ou de l'acide nitro-muriatique pour l'usage de la teinture.

Quelque nature de salpêtre qu'on emploie, quelle que soit la proportion entre la terre et le sel, il faut former le mélange avec exactitude à la pelle ou au rable, bien écraser la terre et le salpêtre, et distribuer ensuite le mélange bien fait, par portions égales, dans les cornues, à l'aide d'un entonnoir de fer-blanc à large orifice.

Comme il seroit trop pénible et trop minutieux de peser, à chaque instant, le salpêtre, la terre et le mélange, on se sert de mesures de capacité connue. L'erreur n'est jamais assez sensible pour préjudicier aux intérêts de la fabrique et altérer la qualité des produits.

Dès que les cornues sont remplies du mélange, on les place dans la galère, en les faisant reposer sur les arceaux, et en les inclinant légèrement, pour que le bec de chacune ressorte en dehors, de manière à pouvoir y adapter et luter un récipient. On recouvre ensuite les cornues avec les cassons de celles qui ont servi, de manière à former une voûte qui repose sur les murs

de la galère et le dos des cornues. On répand ensuite, sur toute la surface, une
couche de cendres humectées avec un peu
d'eau, pour boucher toutes les fentes que
laisseroient entr'elles les pièces mal jointes
de ce dôme. On laisse une rainure ouverte
au fond de la galère, pour établir l'aspiration et servir de cheminée au fourneau.

Lorsque l'appareil est ainsi établi, et
qu'on a adapté les récipiens aux cornues,
sans toutefois les y luter encore, on allume
le feu, dont on gradue les progrès avec
beaucoup de soin, pour ne pas exposer les
cornues à casser. La première impression
de la chaleur s'exerce d'abord sur les cornues qui sont les plus près de la tête de la
galère; peu à peu, elle gagne dans l'intérieur; on porte par degrés le combustible
plus en avant.

Les premières vapeurs qui s'élèvent, sont
presque purement aqueuses; celles-ci se condensent difficilement.

Lorsque les vapeurs commencent à être
rougeâtres et à sentir l'acide, on enlève les
récipiens pour faire couler dans des cavettes
l'eau acidule ou le *phlegme* qu'ils contien-

nent; on les remet de suite, et on lute leur jointure à la cornue avec le même lut, qui sert à luter les cornues.

Les récipiens ne tardent pas à se remplir de vapeurs rouges (1); elles se dissolvent dans l'acide qui se condense, et donnent à cet acide une couleur verdâtre.

A mesure que la chaleur augmente, le récipient s'échauffe; les vapeurs rouges en remplissent si exactement la capacité, qu'on ne peut plus voir à travers; seulement, on apperçoit des stries d'acide qui coulent sur les parois intérieures; et l'opération continue de cette manière jusqu'à ce qu'elle soit terminée.

Lorsqu'on s'apperçoit que quelques cornues travaillent moins, on y porte le combustible, et on détermine une aspiration considérable tout autour en pratiquant deux petites ouvertures à la naissance du col des cornues. On referme ces cheminées lorsque la distillation a repris son activité.

On connoît que l'opération est à sa fin,

_____

(1) Je suppose ici qu'on emploie des récipiens de verre pour pouvoir connoître plus facilement ce qui se passe dans le cours de l'opération.

III.   5

1°. lorsque le récipient se refroidit; 2°. lorsque les vapeurs qui en occupoient toute la capacité, se condensent, et que l'intérieur s'éclaircit ; 3°. lorsqu'en regardant l'intérieur de la cornue à travers le récipient, on l'apperçoit distinctement par la rougeur qu'elle a contractée.

Alors l'ouvrier qui a dirigé l'opération, tire le feu de dessus la grille, et laisse la porte du foyer ouverte pour hâter le refroidissement.

Lorsque l'appareil est assez refroidi pour pouvoir être démonté, on scie le lut qui unit la cornue au récipient; et on enlève le dernier pour en verser le produit dans des cavettes. Les entonnoirs dont on se sert dans les fabriques du Midi pour transvaser les acides sans perte ni crainte de danger, ont leurs bords supérieurs rentrés en dedans, de manière à former une gouttière renversée. D'après cette disposition, l'acide qui, versé sur les parois, s'élève quelquefois et s'échappe par les bords de l'entonnoir, ne peut plus courir ce risque. Il est rejeté dans l'intérieur, dès qu'il arrive à la gouttière dont nous venons de parler.

Nous pouvons réduire à deux sortes tous les produits d'une distillation : le résidu de la cornue et l'acide qui a passé dans le récipient.

Le résidu de la cornue est de trois sortes, selon le procédé qu'on a employé pour décomposer le salpêtre.

Lorsqu'on s'est servi de l'acide sulfurique comme intermède, le résidu est un sulfate de potasse qui, jusqu'à ce jour, avoit été d'un foible usage dans les arts; mais dont on commence à tirer un très-grand parti, tant pour le combiner avec le sulfate d'alumine et former de l'alun, que pour décomposer les eaux-mères des salpêtriers.

Lorsqu'on a eu recours aux terres bolaires pour décomposer le salpêtre, le résidu de la distillation ne présente qu'une terre fortement calcinée, mêlée d'un peu de muriate qui a échappé à la décomposition et de la base alkaline du nitrate qui forme avec la terre une combinaison si intime, qu'elle ne peut pas en être séparée par le lessivage. Cette terre, connue sous le nom de *terre des eaux-fortes* ou *terre des distil-*

lateurs d'eau-forte, peut servir aux mêmes
usages que la pouzzolane, et former avec
la chaux un ciment précieux pour les con-
structions sous l'eau, pour les enduits des
bassins, des cuves, etc.

Il y a plus de vingt ans que j'ai donné
le moyen de mener de front la fabrication
des eaux-fortes et celle de l'alun, en formant l'un et l'autre produit dans la même
opération : à cet effet, je prends une argile
riche en alumine et exempte de fer, je la
dessèche et broie convenablement, et je la
mêle avec parties égales de salpêtre et d'acide
sulfurique marquant 40 degrés : la distillation est conduite à l'ordinaire, l'acide nitrique passe dans le récipient; et le résidu
n'a besoin que d'être lessivé et cristallisé
pour fournir un alun de première qualité.

L'acide qu'on obtient, par la distillation
du salpêtre, a des qualités différentes, selon
la pureté du salpêtre employé.

Le salpêtre pur fournit un acide pur qui
peut servir à dissoudre le mercure pour
former le *secret* des chapeliers, et qu'on
peut pareillement employer dans l'opération délicate du *départ* : c'est à raison

de ces deux usages qu'on l'appelle *eau-forte des chapeliers* et *eau-forte de départ.*

Les salpêtres bruts, les eaux-mères, les *recuits* et les *salpêtres gros* fournissent de l'acide nitro-muriatique qui constitue essentiellement l'*eau-forte du commerce.* On s'en sert sur-tout pour dissoudre l'étain et former ce que les teinturiers appellent la *composition pour l'écarlate.*

Il est rare que l'eau-forte ne contienne pas plus ou moins d'acide muriatique dont il importe de s'assurer et de la débarrasser pour pouvoir l'employer dans certaines opérations, sur-tout dans celle du *départ* de l'or d'avec l'argent : le moyen le plus usité pour séparer l'acide muriatique, consiste à verser de la dissolution de nitrate d'argent sur l'acide qui devient pâle et puis blanc, pour peu qu'il contienne d'acide muriatique ; on laisse éclaircir la liqueur, et on ajoute de la dissolution d'argent jusqu'à ce qu'il ne se forme plus de précipité. On décante alors la liqueur de dessus le dépôt qui n'est qu'un muriate d'argent insoluble ; et l'acide, ainsi purifié,

porte le nom d'*eau-forte précipitée*. En distillant l'acide qui surnage le dépôt, on a
l'avantage de l'avoir encore plus pur, parce
qu'on le débarrasse du peu d'acide sulfurique qu'il peut contenir, lequel forme
un sel soluble avec l'argent. Il est bon,
cependant, de savoir que l'acide sulfurique est moins dangereux que l'acide muriatique, et qu'il peut exister, presque sans
conséquence fâcheuse, dans l'acide nitrique, pourvu toutefois qu'il y soit en petite
quantité.

.Il y a des distillateurs qui *précipitent*
leurs eaux-fortes par l'acétite de plomb,
qui paroît avoir l'avantage, sur le nitrate
d'argent, de former également des sels insolubles avec l'acide muriatique et avec l'acide
sulfurique; mais M. Berthollet a démontré que le muriate de plomb étoit soluble
par l'acide nitrique, de sorte qu'il reste
en partie dans l'acide; et, dans ce cas,
il passe même à la distillation un peu
d'acide muriatique, comme M. Prieur l'a-
voit observé.

L'eau-forte pure employée dans les monnoies, marque depuis 36 jusqu'à 45 degrés;

celle qu'on prépare pour les chapeliers ne porte que 32 à 36.

L'eau-forte destinée pour la teinture, doit contenir un peu d'acide muriatique; et c'est à raison de ce mélange de deux acides qu'on l'a appelée *acide nitro-muriatique*: lorsque l'acide muriatique n'y est pas dans une proportion assez forte, l'eau-forte ne fait que corroder l'étain, et les teinturiers la rejettent, en disant qu'elle *précipite*. Lorsque l'eau-forte contient trop d'acide muriatique, la composition *avine* l'écarlate, au lieu d'en éclaircir et rehausser la couleur. Il faut donc des proportions exactes entre les deux acides, et le *salpêtre gros* d'Avignon est la matière qui, jusqu'à ce jour, m'a paru présenter le plus d'avantage pour cette fabrication.

Ce qui rend l'opération de la préparation de l'eau-forte pour la teinture très-difficile et très-chanceuse en apparence, c'est, d'un côté, la grande variété que présentent les salpêtres; de l'autre, la grande différence que mettent les teinturiers dans l'emploi de cet acide. En France, on affoiblit l'eau-forte avec l'eau avant d'en faire usage; en Espa-

gne, au contraire, on l'emploie dans toute
sa force. Les premiers se plaignent assez généralement de la foiblesse de l'acide ; les
seconds le trouvent toujours assez fort, et
on le leur fournit à 4 et 6 degrés au-dessous
de celui de France. Dans le même pays,
souvent dans la même ville, un teinturier
est dans l'habitude de dissoudre du sel marin ou du sel ammoniaque dans l'eau-forte,
tandis que son voisin l'emploie sans aucun
mélange : il est évident que la même eau-
forte sera jugée différemment dans les deux
ateliers.

Ce sont toutes ces variétés de détail qui dé-
concertent un distillateur novice dans son
art. Et c'est la connoissance de tous les goûts,
de tous les usages, de tous les procédés,
connoissance que donne seule une longue
pratique, qui fait que les anciennes fabriques ont toujours de l'avantage sur les
nouvelles.

L'eau-forte pour la teinture marque
ordinairement de 30 à 35 degrés. A Paris,
on l'expédie dans des bouteilles de grès.
Dans le Midi, c'est dans des *cavettes* de
verre vert, qui en contiennent de 20 à 25

livres (un myriagramme $\frac{1}{4}$), et on en met
10 pour former une caisse.

Nous devons à Lavoisier le premier pas
qui a été fait dans l'analyse de l'acide nitrique. Ce fut en 1776 que ce célèbre chimiste parvint à réduire cet acide en deux
principes très-distincts : une livre d'acide
nitrique, distillée sur le mercure à l'appareil hydro-pneumatique, lui fournit une
once 7 gros 2 grains $\frac{1}{2}$ de gaz oxigène, une
once 51 grains $\frac{1}{4}$ de gaz nitreux et 13 onces
18 grains d'eau.

Après l'opération, le mercure avoit le
même poids et la même forme qu'auparavant. La combinaison de ces trois produits,
dans les mêmes proportions, a reproduit la
même quantité d'acide que celle qui avoit
servi à l'expérience.

Une pareille décomposition de l'acide
nitrique a lieu dans tous les cas où il exerce
une action directe sur les substances métalliques, et sur les matières végétales et animales; mais, dans les deux derniers cas,
l'oxigène se combine avec le carbone ou
l'hydrogène, et forme de l'acide carbonique
et de l'eau; de sorte qu'on ne l'obtient pas

pur, comme lorsqu'on opère sur les métaux. La vapeur rouge qui se dégage lorsque l'opération se fait en plein air, est ce même gaz qui, recueilli à travers l'eau, et privé du contact de l'air atmosphérique, est invisible.

Mais il nous restoit à connoître encore la nature de ce gaz nitreux, et nous devons à M. Cavendish une belle expérience, par laquelle il nous a prouvé que ce gaz n'est pas un être simple, mais un composé d'oxigène et d'azote : il a introduit dans des vases de verre 7 parties gaz oxigène obtenu sans employer de l'acide nitrique, et 3 parties gaz azote : il a fait passer l'étincelle électrique à travers ce mélange, qui a diminué peu à peu de volume et s'est résous en acide nitrique.

Depuis ce moment, MM. Van-Marum et Lavoisier ont répété l'expérience et confirmé ses résultats.

D'autres chimistes, en suivant une autre marche, sont parvenus aux mêmes fins : M. Milner, de la société royale de Londres, a fait du gaz nitreux, en faisant passer du gaz ammoniacal à travers l'oxide de manganèse rougi dans un canon de fusil.

Comme le gaz nitreux a des caractères constans et des usages qui lui sont propres, nous allons en examiner les propriétés.

M. Kirvan avoit évalué la pesanteur spécifique du gaz nitreux à 54, celle du gaz oxigène étant 5o. M. Davy l'a estimée à 5o, celle du gaz oxigène étant 51 : d'où M. Berthollet a conclu, avec raison, que ces deux gaz n'éprouvent qu'une foible combinaison, et que, par conséquent, la décomposition du gaz nitreux ne doit pas éprouver de grands obstacles.

MM. Priestley et Cavendish avoient observé que ce gaz nitreux se dissolvoit dans l'eau. Ce phénomène n'a paru d'abord être dû qu'à la conversion d'une portion de ce gaz à l'état d'acide nitrique par sa combinaison avec le gaz oxigène que l'eau tient en dissolution, puisque l'eau en devient légèrement acide; mais M. Davy a prouvé que 1oo mesures d'eau bouillie et pure pouvoient en absorber 11,8 de gaz nitreux,

sans acquérir aucun goût ni rougir le bleu
végétal : ce qui porte à croire que l'eau,
par elle-même, exerce une vertu dissolvante sur ce gaz, laquelle est nécessairement accrue par la portion du gaz qui peut
se combiner avec l'oxigène qui est presque
inséparable de l'eau, et il se forme alors un
acide.

Le gaz nitreux se dissout aisément et
abondamment dans l'acide nitrique ; et
c'est aux proportions dans lesquelles il s'y
trouve, que nous devons rapporter la
variété de couleurs que nous présente
cet acide. Nous avons déjà observé que,
dans les progrès de la distillation des eaux-
fortes, on voyoit changer la couleur de
l'acide par l'absorption du gaz nitreux qui
se dégage à chaque instant de l'opération :
d'abord l'eau foiblement acide du récipient est blanche, peu à peu elle se colore
en vert, du vert elle passe au jaune, du
jaune au rouge ; et, dans ce dernier état,
le gaz nitreux y est en excès ; il cherche à
s'échapper, et produit, par le contact de
l'air et sa combinaison avec l'oxigène, une

vapeur acide rouge, suffocante, très-soluble dans l'eau.

L'acide nitrique dissout une quantité de gaz nitreux d'autant plus grande, qu'il contient moins d'eau. C'est pour cela que, lorsque le gaz nitreux s'échappe de la distillation, et commence à rougir les récipiens, on a soin d'enlever les flegmes qui ont déjà passé, afin de faciliter la dissolution du gaz.

L'acide nitrique qui tient du gaz en dissolution, absorbe facilement l'oxigène; et, peu à peu, tout le gaz nitreux passe à l'état d'acide nitrique; ce qui augmente la pesanteur spécifique de l'acide, et ajoute à ses vertus pour tous les usages auxquels on l'applique.

La chaleur, les alkalis, l'eau, chassent le gaz nitreux de sa dissolution dans l'acide. Les métaux, les végétaux et les matières animales, sur lesquels on exerce l'action de l'acide nitrique, en développent une nouvelle quantité, par la décomposition d'une portion de l'acide et la fixation d'une partie de son oxigène sur ces bases.

La dissolution du sulfate de fer absorbe le gaz nitreux, perd sa transparence et prend une couleur noirâtre. Cette propriété est devenue très-utile pour séparer le gaz nitreux des autres substances gazeuses. M. Humboldt en a fait une fausse application, en supposant que le gaz nitreux étoit toujours mêlé d'une portion de gaz azote, dont il croyoit le débarrasser par ce moyen. M. Berthollet a fait voir que ce gaz azote n'y étoit qu'accidentellement, et que l'absorption du gaz nitreux lui-même, qui étoit constante, en avoit imposé à ce célèbre physicien.

Jusqu'ici, la substance qui a le mieux réussi pour décomposer le gaz nitreux, c'est le fer. Les chimistes hollandais ont observé que ce gaz qu'on faisoit séjourner sur le fer, même sans le secours de la chaleur, passoit à l'état d'*oxide d'azote*, et finissoit par se réduire en azote pur. Nous avons déjà dit que M. Milner, en faisant passer le gaz nitreux à travers un canon de fusil rougi au feu, et dans lequel on avoit mis de la limaille de fer, avoit obtenu de l'oxide d'azote et de l'azote pur, et que l'oxide qu'on faisoit repasser à travers la limaille se convertissoit entièrement en azote.

M. Van-Marum, en décomposant, par l'étincelle électrique, le gaz nitreux sur le fer, a eu pour résidu en azote pur 0,46 du volume primitif, mais il s'est formé une poudre jaune qui contenoit une petite quantité d'acide ; ce qui fait un peu varier les proportions.

M. Berthollet, en décomposant le gaz nitreux par un mélange de limaille de fer, de soufre et d'une petite quantité d'eau, a obtenu 0,44 pour résidu. Il observe qu'il a dû se former un peu d'ammoniaque, qui a diminué le résidu.

M. Davy a conclu, de tous les faits qui établissent la décomposition du gaz nitreux, que ses principes sont dans les proportions suivantes : 44 parties pondérales d'azote et 56 d'oxigène.

Lorsque, dans les cas dont nous venons de parler, le gaz nitreux n'éprouve pas une décomposition complète, il forme ce gaz particulier, que les chimistes hollandais ont appelé *oxide gazeux d'azote* ou

gaz oxide d'azote, que Priestley avoit décrit
sous la dénomination de *gaz nitreux déphlogistiqué*, et que M. Davy, à qui on doit
un travail important sur cette substance, a
nommé *oxide nitreux*.

Toutes les substances qui peuvent enlever de l'oxigène au gaz nitreux, sont propres à produire le gaz oxide d'azote.

Ce qui distingue éminemment ce gaz,
c'est la propriété qu'il a de donner à la
combustion la même vivacité que celle
que produit le gaz oxigène, avec la seule
différence que son effet n'est très-sensible
que sur les corps bien embrasés ; ce qui
provient, sans doute, de ce qu'il faut, ou
une forte affinité, ou une chaleur vive,
pour décomposer ce gaz et extraire l'oxigène pour l'appliquer à la combustion. C'est
pour la même raison qu'il n'est pas respi-
rable pour l'oiseau, où cette fonction ne
peut être interrompue ni altérée sans danger, tandis qu'il entretient la respiration de
l'homme.

Ce gaz se dissout dans l'eau, comme l'a
observé Priestley ; il s'en dégage par l'ébullition, sans altération aucune ; il n'éprouve

aucun changement, lorsqu'on le mêle avec
le gaz oxigène ou le gaz nitreux.

Lorsque les métaux décomposent l'acide
nitrique, il se produit du gaz nitreux, du
gaz oxide d'azote, ou un mélange des deux
selon l'énergie de l'acide.

Les chimistes hollandais posent en principe, que les métaux qui décomposent
l'acide nitrique, forment du gaz nitreux
lorsque l'acide est concentré, et du gaz oxide
d'azote lorsque l'acide est très-délayé par
l'eau. Mais il paroît que la production du
gaz nitreux tient sur-tout à l'énergie avec
laquelle l'acide se décompose sur le métal,
et qu'on peut obtenir, à volonté, l'un ou
l'autre de ces gaz, en modérant ou accélé-
rant l'action de l'acide.

La décomposition et la formation de
l'acide nitrique nous ont fait connoître,
avec une exactitude très-scrupuleuse, les
proportions des principes qui le constituent
dans ses divers états.

Il résulte des expériences de M. Cavendish pour la formation de l'acide, que la
proportion de l'oxigène est à celle de l'azote
comme 253 est à 100. Mais si l'on prend

le poids des gaz au lieu du volume, la proportion est de 25 d'azote sur 75 d'oxigène, tandis que celle du gaz nitreux est de 44 d'azote sur 56 d'oxigène.

SECTION IV.

De l'Acide phosphorique.

LA nature nous présente l'acide phosphorique combiné avec des métaux, des terres ou des alkalis; mais elle ne l'offre nulle part à l'état d'acide libre, excepté dans l'urine, d'après l'observation de M. Berthollet.

C'est par la combustion ou oxidation du phosphore qu'on obtient cet acide.

Cette combustion peut s'opérer de plusieurs manières :

Lavoisier a proposé, en 1777, de brûler le phosphore à l'aide du verre ardent sous une cloche renversée sur le mercure; il se forme alors une grande quantité de flocons blancs qui s'attachent, de toutes parts, aux parois de la cloche : c'est l'acide phosphorique concret qui se résout en liqueur, dès qu'il a le contact d'un air humide, et forme un liquide onctueux et inodore.

Le même chimiste conseille de mouiller les parois des cloches dans lesquelles se fait la combustion, pour dissoudre et fixer les vapeurs acides à mesure qu'elles se dégagent.

Dans tous les cas où la combustion du phosphore est rapide et se fait avec déflagration, une partie du phosphore échappe à la combustion, et se dissout dans l'acide qui se forme.

C'est ce qui a fait recourir à la combustion lente pour préparer l'acide phosphorique.

Pour se former une idée exacte de la combustion du phosphore, il faut savoir qu'à la température de l'atmosphère, le phosphore se dissout en partie dans l'azote, et y reste à l'état gazeux, dans un état de division extrême; de manière qu'il devient par-là plus accessible à l'action de l'oxigène qui le brûle. Par cette première combustion, la chaleur augmente, et le reste du phosphore s'enflamme; de telle sorte que la combustion du phosphore a lieu plus facilement, et à une température plus basse dans l'air mêlé de gaz azote que dans le gaz oxigène pur. Le gaz azote, chargé de phosphore, augmente d'un quarantième son volume primitif, et devient lumineux.

La combustion du phosphore à une basse température s'opère donc par l'intermède de l'azote; mais, lorsque la température est élevée à 3o degrés, alors il y a déflagration et combustion directe par l'oxigène.

Ainsi, pour former l'acide phosphorique par combustion lente, il faut employer un appareil qui permette le renouvellement de l'air, sans admettre aucun courant, et tenir cet appareil à une température d'environ 15 degrés : un entonnoir placé sur un flacon et recouvert d'un papier percé de quelques petits trous, dans lequel on met des bâtons de phosphore, est le plus convenable de tous : il a été proposé par M. Sage. On ne tarde pas à voir les surfaces du phosphore se couvrir d'une couche de liquide qui coule peu à peu dans le flacon.

Le phosphore brûlé dans cet appareil, produit trois fois son poids d'acide phosphorique.

MM. Lavoisier et Laplace ont calculé

que 100 grains de phosphore absorboient,
par la combustion, 65,62 d'oxigène.

On peut encore brûler le phosphore, en
décomposant quelques acides sur cette substance.

M. Westrumb a observé que l'acide muriatique oxigéné enflamme le phosphore,
et donne lieu à la production de son acide.

Lavoisier a publié, en 1780, qu'on pouvoit obtenir 8 à 9 onces d'acide phosphorique, en décomposant 2 livres d'acide nitrique dont le poids est à celui de l'eau
distillée :: 129,895 : à 100,000, sur 2 onces
6 gros de phosphore.

Lorsqu'on décompose l'acide nitrique sur
le phosphore dans des vaisseaux clos, il se
produit assez constamment du gaz hydrogène
phosphoré, qui s'enflamme dans l'intérieur
de l'appareil.

Il paroît, d'après une expérience de
M. Wiegleb, que l'acide nitrique peut se
décomposer sur le phosphore, même lorsqu'il est engagé dans une base; en pulvéri-
sant dans un mortier de verre 100 grains
(53,11500 décigrammes) de phosphore et
480 grains (254,95200 décigrammes) de

nitrate de potasse pur et sec, il se produit subitement une très-vive détonnation.

M. Sage a observé qu'on pouvoit revivifier la plupart des oxides métalliques par le moyen du phosphore; et que, dans tous ces cas, il y a formation d'acide phosphorique.

Il paroît que le phosphore a encore la propriété de décomposer l'eau, sur-tout lorsqu'on aide son action par le moyen d'une douce chaleur et d'une longue digestion.

L'acide phosphorique est blanc, inodore, d'une saveur aigre sans être corrosive.

Il rougit les couleurs bleues végétales, et restitue celles qui ont été altérées par les alkalis.

Sa pesanteur spécifique varie selon son degré de concentration. On peut le déphlegmer au point de le vitrifier; et, sous cette forme, il peut peser trois fois plus qu'un pareil volume d'eau. L'acide le plus voisin de cet état est épais, sirupeux, coulant comme de la térébenthine.

L'acide phosphorique distillé à des feux violens ne se décompose point; il s'en élève,

1º. l'eau qui entraîne quelques atomes d'acide; 2º. quelques portions de phosphore qui étoient dissoutes dans l'acide.

L'acide phosphorique concentré, sans être desséché, s'unit à l'eau avec chaleur Lavoisier ayant mêlé 4 gros de cet acide réduit en consistance sirupeuse avec pareille quantité d'eau, le thermomètre s'éleva de 8 degrés à 14 $\frac{1}{2}$. Lassone et Cornette ayant employé une once d'acide, dont la densité étoit à celle de l'eau :: 19 : à 8, ont obtenu une augmentation de chaleur de 38 degrés

SECTION V.

De l'Acide muriatique.

L'ACIDE muriatique est encore connu, dans les arts, sous le nom d'*esprit de sel* ou d'*acide marin*. La dénomination d'acide muriatique lui a été donnée, parce que le sel marin ou le muriate de soude forme la saumure (*muria*) des eaux de la mer.

Cet acide a une odeur piquante, presque analogue à celle du safran quand on le respire de loin : il est, en général, plus léger

que les acides sulfurique et nitrique; sa
concentration ordinaire pour les usages du
commerce est entre le 20 et le 22ᵉ degré du
pèse-liqueur de Baumé; il exhale, lorsqu'il
est concentré, une vapeur blanchâtre, qui
n'est sensible que lorsqu'on débouche les
vases qui le contiennent.

Cet acide précipite l'argent et le mercure
de leurs dissolutions dans l'acide nitrique,
et forme avec ces métaux des sels insolubles
dans l'eau. Il a une action très-énergique
sur les oxides métalliques, et presqu'aucune
sur les métaux.

Il est susceptible de se surcharger d'oxigène, ce qui augmente son élasticité, rend
son odeur extrêmement irritante, et le dispose à dissoudre les métaux, pour former
avec eux des sels caustiques, presque tous
volatils, et la plupart pâteux ou qui ont la
consistance du beurre.

L'acide muriatique peut être dégagé de
ses combinaisons en vapeurs sèches, qui se
dissolvent dans l'eau avec chaleur et avi-
dité.

Presque tout l'acide muriatique usité
dans les arts, provient de la décomposition

du muriate de soude : mais cette décomposition est infiniment plus difficile que celle
des nitrates, lorsqu'on opère avec les terres
bolaires, et elle est toujours incomplète.

Les argiles blanches et les cailloux blancs
quartzeux ne peuvent point dégager cet
acide : 10 livres (5 kilogrammes) de cailloux
réduits en poudre et distillés à un feu violent avec 2 livres (un kilogramme) de sel,
ne m'ont donné qu'une masse fritée, couleur de litharge : le phlegme recueilli dans
le récipient n'étoit pas sensiblement acide.

Les terres bolaires calcinées ne séparent
point l'acide du muriate, quelle que soit la
proportion du mélange et quelle que soit
la chaleur qu'on emploie. Ces mêmes terres
calcinées ne produisent pas un meilleur
effet lorsqu'on les humecte avec l'eau.

La meilleure terre bolaire, pour décomposer les nitrates, mêlée dans la proportion
de deux parties sur une de muriate de
soude, et poussée à la distillation dans des
cornues et à un appareil parfaitement semblable à celui de la distillation des eaux-
fortes, décompose en partie le muriate.
Mais cette décomposition n'est jamais com-

plète ; et l'acide qu'on obtient dans le récipient est toujours foible, à moins qu'on
ne déphlegme pour recueillir séparément
les dernières vapeurs qui passent.

Vingt-cinq livres (un myriagramme $\frac{1}{4}$)
de sel et 5o livres (2 myriagrammes $\frac{1}{2}$) de
terre ne m'ont jamais produit que 10 à 15
livres (6 à 7 kilogrammes) d'acide à 18
degrés.

La difficulté de décomposer le muriate
de soude par l'intermède des terres bolaires
a fait abandonner ce procédé pour ne se
servir que de l'acide sulfurique qui présente
trois avantages majeurs : il ne mêle aucun
produit étranger à l'acide qui se condense
dans le récipient ; il est le plus commun et
le moins cher de tous les acides qui pourroient servir à cet usage ; il forme avec la
base alkaline du muriate un sel qu'on peut
livrer au commerce sous le nom de *sel de
glauber*, après l'avoir fait dissoudre et cristalliser, et dont on peut extraire la soude par
les procédés dont nous avons déjà parlé à
l'article *Soude*.

Mais, pour que la décomposition par
l'acide sulfurique réunisse tous les avan-

tages qu'on peut desirer, il est des précautions dont il est nécessaire que le distillateur soit instruit.

Lorsqu'on emploie l'acide concentré du commerce, le mélange s'échauffe, se boursouffle, l'acide passe à l'état de vapeurs, sèches, blanches, presqu'incoercibles ; de sorte qu'on court risque de casser les vaisseaux, de voir passer le mélange de la cornue dans le récipient, de ne pas pouvoir retenir et condenser toutes les vapeurs. Dans ce cas, il est convenable d'employer l'appareil de Woulf, et de faire passer les vapeurs à travers l'eau pour en opérer la dissolution. On décompose le sel en employant moitié son poids d'acide sulfurique, et l'on met dans les flacons de l'appareil un poids d'eau égal à celui du sel employé. Ce procédé est encore assez généralement usité dans les laboratoires.

Mais, dans les arts, où l'économie dans la fabrication des produits et la simplicité dans les moyens sont de première nécessité, on fait l'acide muriatique par un autre procédé.

Au lieu d'employer l'acide concentré,

on se sert de l'eau des chambres marquant 40 degrés, et on la mêle à poids égal avec le sel marin broyé. Le mélange ne se décompose qu'à l'aide de la chaleur, de sorte qu'on peut verser l'acide dans la cornue, y ajouter le sel marin broyé et luter l'appareil sans qu'on craigne aucune perte d'acide muriatique : on adapte à chaque cornue un récipient qu'on fait plonger dans l'eau ; et, pour éviter tout accident, on donne jour aux premières vapeurs incoercibles en lutant un tube recourbé à la tubulure du récipient et le faisant plonger dans un flacon contenant de l'eau. Les vapeurs acides se condensent dans le récipient, et on obtient à peu près poids pour poids d'acide sur le sel employé. L'acide marque 20 à 22 degrés.

La manière la plus sûre et la plus simple de luter l'appareil consiste à appliquer une légère couche de lut gras sur la jointure du récipient à la cornue, et à l'assujétir avec le même lut qui est employé à luter les cornues. Celui-ci durcit à la première impression de chaleur, et fixe l'autre de manière qu'il n'y a aucune perte, et qu'on n'éprouve jamais le besoin de réparer.

Il est prudent de ménager le feu dans le principe et de graduer la chaleur de manière à prévenir tous les accidens : mais j'ai vu , par une longue expérience , que ce procédé simple réunissoit tous les avantages qu'on peut desirer.

D'autres distillent au bain de sable ; et adaptant plusieurs ballons enfilés à la cornue, ils lutent avec les plus grandes précautions ; mais ces appareils compliqués sont inutiles et n'annoncent, dans les ateliers où on les emploie, que le luxe de la médiocrité.

Nous n'avons encore que des hypothèses sur la nature des principes constituans de l'acide muriatique. Cependant nous voyons cet acide se former presque par-tout ; il est presqu'inséparable de l'acide nitrique : et il est probable qu'on ne tardera pas à acquérir quelques notions plus précises sur une substance aussi abondante dans la nature, et aussi précieuse à la chimie et aux arts.

Quoi qu'il en soit de ses principes constituans, nous avons appris, presque de nos jours, qu'en le combinant avec une nouvelle dose

d'oxigène, on lui donnoit des propriétés particulières qui en ont fait un des acides les plus
curieux et un des plus employés dans les arts:
c'est au célèbre Scheele de Kœping que nous
devons cette intéressante découverte : il la
publia dans les Mémoires de l'Académie de
Stockholm en 1774, et fit connoître cette
production singulière sous le nom d'*acide
marin déphlogistiqué*. Cet acide est généralement connu aujourd'hui sous la dénomination d'*acide muriatique oxigéné*.

Cet homme célèbre ne se borna pas à
nous apprendre la manière d'extraire cet
acide, il en constata les principales propriétés par des expériences rigoureuses, et
s'assura qu'il jaunissoit le liége, qu'il détrui-
soit sans retour les couleurs végétales, qu'il
oxidoit les métaux, et que, dans tous les
cas, il reprenoit le caractère et les qualités
de l'acide muriatique.

Après cet illustre chimiste suédois, non-
seulement on a simplifié les moyens de fabriquer cet acide, mais on a fait les applications les plus heureuses de ses propriétés
aux divers procédés des arts, et l'on s'est
apperçu que, depuis long-temps, on le

formoit, sans s'en douter, soit en composant l'acide nitro-muriatique, soit en combinant l'acide muriatique avec des oxides métalliques; et que la plupart des sels formés avec ces substances, lui devoient leur âcreté, leur causticité, leur volatilité.

Aujourd'hui l'acide muriatique oxigéné est devenu d'un usage tellement étendu, il a ouvert une carrière si brillante à la doctrine chimique, qu'on ne peut pas se dispenser de lui consacrer un article dans un traité de chimie appliquée aux arts.

Lorsqu'on veut obtenir l'acide muriatique oxigéné pour les usages d'un laboratoire, on met dans une cornue, au bain de sable, une partie oxide de manganèse bien broyé, sur lequel on verse environ trois fois son poids d'acide muriatique concentré; on adapte à la cornue l'appareil de Woulf composé d'un récipient et de trois ou quatre flacons à moitié remplis d'eau. Dès que l'appareil est luté, on procède à la distillation en chauffant le bain de sable.

Je me sers encore d'un procédé plus simple lorsqu'il ne s'agit que de préparer un ou deux flacons de cet acide : je mets le mélange dans une fiole à médecine , et adapte de suite au goulot un bouchon de liége qui ferme exacte- ment et est traversé par un tube recourbé dont un bout plonge dans la fiole, tandis que l'autre va s'ouvrir dans un flacon rempli de l'eau qu'on veut aciduler. On aide l'action , par le moyen de la chaleur , en présentant des cendres chaudes ou des charbons embrasés à la fiole à médecine. *Voyez fig. 1 , pl. 1.*

Le besoin de rendre ce procédé plus simple et moins dispendieux pour pouvoir employer cet acide dans les arts avec plus d'avantage, a fait substituer à ce premier mélange la composition suivante : elle est formée de deux parties d'acide sulfurique, de trois de muriate de soude desséché et bien broyé , et d'une d'oxide de manganèse pulvérisé avec le plus grand soin. Il est né- cessaire d'étendre préalablement l'acide d'environ moitié son poids d'eau , et de diviser convenablement l'oxide et le mu- riate ; sans cela , on n'obtiendroit que de l'acide muriatique ordinaire.

L'acide muriatique oxigéné qui passe à l'état de gaz dans le récipient, a une couleur verdâtre , une odeur vive, désagréable, très-irritante, très-styptique, serrant le gosier, déterminant une toux sèche, suivie de crachement de sang lorsqu'on la respire trop long-temps.

L'eau qui est l'excipient le plus ordinaire dont on se sert pour fixer ce gaz, n'en prend qu'une médiocre quantité à la température de l'atmosphère, comme l'a prouvé *André Gallish ;* mais elle en dissout bien davantage lorsqu'on abaisse sa température : il suffit de la descendre à trois degrés au-dessus du terme de la glace pour obtenir cet acide à l'état concret : il ressemble alors à du miel délayé dans un liquide. Cet état concret est une véritable cristallisation de l'acide: on peut y reconnoître la forme d'un prisme quadrangulaire tronqué très-obliquement et terminé par un losange. On voit aussi quelquefois, sur la surface de la liqueur, des pyramides hexaèdres creuses. Il suffit d'entourer les vaisseaux de glace pilée pour avoir l'acide muriatique oxigéné à l'état concret.

On a à craindre dans cette opération que les luts ou que les bouchons ne perdent, que la matière ne se boursouffle et ne passe

III.   7

dans le récipient, que le résidu ne s'épais-
sisse au point de ne pouvoir couler, que
les vaisseaux ne cassent.

Dans le premier cas, l'odeur annonce
la déperdition de la matière gazeuse; et on
reconnoît l'ouverture par où elle s'échappe,
en promenant, sur les tubulures, la barbe
d'une plume trempée dans l'ammoniaque;
dès que la vapeur ammoniacale est mise en
contact avec le gaz muriatique oxigéné, il
se forme un nuage de vapeurs blanches et
épaisses qui indiquent le trou par où sort
le gaz acide.

Si la matière se boursouffle de manière à
faire craindre qu'elle ne passe dans les flacons ou récipiens, ce qui peut provenir,
ou d'un acide sulfurique trop concentré,
ou d'une chaleur trop vive, on ouvre la
porte du foyer et on modère la chaleur par
tous les moyens possibles.

Le résidu s'épaissit lorsque le feu a été
trop prolongé, lorsque le manganèse est
employé à trop haute dose, ou lorsqu'on
laisse complètement refroidir le résidu sur
le bain de sable avant de le verser; il n'y a
qu'un moyen de remédier à cet inconvé-

nient, c'est de dissoudre le résidu à l'aide de l'eau tiéde.

Lorsque les vaisseaux cassent, ce qui arrive par quelque défaut dans le verre, par l'introduction d'un acide sulfurique trop chaud ou trop concentré, ou par l'application d'une chaleur trop brusque, il n'y a d'autre remède que d'enlever les vaisseaux, de transvaser le mélange dans un nouveau matras et de continuer l'opération avec soin. J'ai fait souvent cette manœuvre dans un atelier où je conduisois, sur le même fourneau, quatre grandes cornues à feu nu.

Aujourd'hui que l'acide muriatique oxigéné est d'un très-grand usage dans quelques fabriques, on l'y prépare très en grand par des procédés aussi simples qu'économiques; on pourra lire dans l'art de la teinture de MM. Berthollet père et fils (seconde édit. liv. 1, page 211), la description du procédé généralement usité pour sa préparation ; nous nous bornerons à dire un mot de l'appareil qu'a établi M. Widmer dans la belle fabrique de toiles peintes de M. Oberkampf, à Jouy.

Un grand récipient de verre *a* (*Fig. 11, pl. 1*),

destiné à recevoir le mélange , est placé sur
un petit bain de sable *b* dont les bords ne tou-
chent pas les parois du fourneau *cc* , de sorte
que le combustible porté sur une grille établie
au - dessus *dd* chauffe le récipient dans tous
ses points. Le récipient se termine par un
long col *ee* qui sort du fourneau en traver-
-sant la cheminée du dôme.

Au long col de ce récipient , on adapte
un tube de verre recourbé *ff* qui va pénétrer dans un flacon par une tubulure faite
à la panse *g* : du goulot de ce flacon , s'élève
un tube *hh* aussi long que la *cuve-réci-*
pient est profonde ; et , du milieu de la
panse , dans la partie opposée à la première
tubulure , part un autre tube *ii* recourbé
à angle droit , qui va plonger dans la cuve-
récipient , et s'ouvrir , par un bec recourbé
ll , sous la dernière calotte dont nous allons
parler. Tous ces tubes sont assujétis avec le
lut gras , la vessie mouillée et la ficelle. On
met de l'eau dans le flacon *pp* dans laquelle
plonge le tube de sureté.

La cuve - récipient *mm* , appelée de ce
nom parce qu'elle est destinée à recevoir le
produit de l'opération , est de forme carrée :

elle a près de cinq à six pieds (2 mètres) de profondeur, sur trois à quatre pieds (un mètre $\frac{1}{3}$) de diamètre : elle est construite en pierre de moëllon, et son intérieur présente trois calottes de pierre renversées *nnn*, placées à des distances égales l'une de l'autre, et ne laissant entr'elles qu'un intervalle égal à leur épaisseur : elle est remplie d'eau. Le tube de verre qui plonge dans cette cuve, est enchâssé dans une rainure ou gouttière pratiquée sur la paroi ; son extrémité recourbée, ainsi que nous l'avons déjà observé, s'ouvre dans la cavité de la calotte inférieure, et le gaz qui y est apporté par ce tube déplace l'eau et en occupe toute la capacité : il se mêle ou se dissout avec le liquide, en quantité d'autant plus grande que le poids de la colonne d'eau que son élasticité est obligée de vaincre est plus considérable. La portion de gaz qui ne s'est pas dissoute, enfile une gouttière qui le dirige sous la cavité de la seconde calotte ; il en déplace l'eau, et s'y dissout en partie : mais ce qui échappe se rend par une autre gouttière sous la troisième calotte, dont l'eau est encore déplacée ; et enfin le peu de gaz incoercible est reçu dans un entonnoir renversé sur la gouttière de la troisième calotte, et conduit au-dessus des toits, où il va se perdre par le moyen d'un long tube de verre.

Les pierres qui forment la cuve ainsi que les trois calottes, sont fortement vernissées par un enduit composé de cire, de résine et de térébenthine fondues ensemble, et appliquées au pinceau. C'est le vernis que j'ai indiqué pour enduire les parois des murs dans les chambres destinées à remplacer le plomb dans la fabrication des huiles de vitriol.

Pour extraire l'acide de la cuve-récipient, on a un syphon de verre *o o o* dont la branche la plus courte plonge jusqu'au fond et y est fixée à demeure, tandis que l'autre branche est bouchée à son extrémité avec un bouchon de liége, qu'il suffit d'ôter pour faire couler la liqueur. Cette liqueur est reçue dans un tuyau de plomb terminé par une manche de peau très-mobile et très-souple pour pouvoir conduire à volonté l'acide dans la cuve où il doit être employé. A mesure que l'acide s'écoule, on verse de l'eau dans la cuve-récipient.

On voit, d'après la description de cet appareil, que l'eau, déplacée successivement de la cavité des trois calottes, présente de grandes surfaces au gaz ; que, d'un autre côté, le déplacement de l'eau, et son élévation dans la cuve qui en est une suite, occasionnent une pression très-considérable et toujours agissante sur ce même gaz; de sorte que la dissolution doit s'opérer avec avantage.

On voit encore que l'acide le plus concentré doit être dans le fond de la cuve, attendu que la pression y est plus forte et que le gaz y arrive sans déperdition ; c'est ce qui fait qu'on soutire constamment l'acide du fond de la cuve, lorsqu'on veut l'employer.

M. Descroisilles a proposé un moyen ingénieux de déterminer la force de l'acide muriatique oxigéné, par la quantité qu'il en faut pour décolorer une quantité donnée de dissolution d'indigo dans l'acide sulfurique.

On peut recevoir le gaz acide muriatique oxigéné à travers des dissolutions alkalines ou dans de l'eau blanchie par de la chaux ou du carbonate de chaux : ces substances masquent, à la vérité, sa mauvaise odeur;

mais elles ne peuvent qu'en affoiblir les
vertus (1).

L'acide muriatique oxigéné se décompose à l'air et à la lumière, il faut donc
l'employer dès qu'il est fait, ou le conserver dans des vases bien bouchés et dans des
lieux obscurs.

Cet acide abandonne avec une telle facilité son gaz oxigène, qu'il suffit de le mettre
en contact avec d'autres corps très-combus-
tibles pour déterminer une inflammation.

Le plus grand usage qu'on en ait fait
jusqu'ici a été de l'employer au blanchiment des fils de lin, chanvre et coton, et
d'en avoir fait la base de cette importante
opération : c'est à M. Berthollet que nous
devons cette précieuse découverte ; non-
seulement elle nous a donné le moyen
d'avoir un plus beau blanc que par les anciens procédés, mais elle abrége l'opération
et fatigue moins les étoffes.

Cette découverte n'est plus une simple

(1) Ce qu'on connoît, à Paris, sous le nom d'*eau de
javelle*, n'est que de l'acide muriatique oxigéné combiné
avec un alkali. On s'en sert, dans les ménages, pour
détruire les taches de fruit sur le linge.

opération de laboratoire, elle est devenue
le patrimoine des arts ; et toutes les grandes
blanchisseries sont établies sur ce principe.
Nous allons décrire rapidement le procédé
qui nous paroît le plus parfait. Comme le
procédé du blanchiment consiste dans l'emploi alternatif des lessives et des immersions dans l'acide muriatique oxigéné, nous
commencerons par décrire la méthode la
plus simple de lessiver.

Nous avons fait connoître, il y a quelques années, le procédé par lequel les
Orientaux blanchissent leur coton : j'ai pratiqué ce procédé à Montpellier avec le plus
grand succès ; et c'est aujourd'hui le seul
qu'on y connoisse : on peut donc le regarder comme constant dans ses effets et avantageux par ses résultats. Il consiste en une
chaudière ovale haute d'environ 6 pieds
(2 mètres) sur 5 pieds (un mètre $\frac{2}{3}$) de
diamètre. Le fond de la chaudière est en
cuivre, et les côtés, de même métal, s'élèvent à 18 pouces ($\frac{1}{2}$ mètre). Le reste du
fourneau est en bonne pierre de taille.
L'ouverture supérieure de la chaudière a
18 pouces ($\frac{1}{2}$ mètre) de diamètre, et on la

ferme avec un couvercle de cuivre ou une
pierre ronde. Sur les rebords du chaudron
qui fait la base de cette espèce de marmite
de papin, on place un châssis fait avec
des pièces de bois qui laissent peu d'intervalle entr'elles. Sous cette chaudière ovale
se trouve le foyer du fourneau destiné à
donner la chaleur nécessaire à l'opération.

On opère ordinairement sur 3 à 400 livres
(15 à 20 myriagrammes) de coton en fil,
disposé en matteaux : on commence par
lessiver 100 livres (5 myriagrammes) de
soude pulvérisée d'Alicante, avec une
quantité d'eau convenable pour former
une lessive qui marque 2 à 3 degrés. On
dispose une couche de coton dans un baquet, et on l'arrose avec cette lessive de manière à l'en imprégner fortement et également-
ment : à cet effet, on le foule en marchant
dessus avec des sabots jusqu'à ce qu'il soit
bien imbibé ; on porte cette première couche dans la chaudière, et on l'arrange sur
les barreaux qui forment le grillage dont
nous avons parlé. On opère sur une seconde
couche, et on la place sur la première dans
la chaudière. On continue jusqu'à ce que

tout le coton soit employé. On ferme alors la chaudière, et l'on étoupe l'orifice, pour que les vapeurs aient moins d'issue : une grande partie de la lessive qui mouilloit le coton, coule dans le chaudron inférieur, et y forme une couche capable de le garantir de l'action destructive du feu. On allume alors le feu du foyer, on porte à ébullition, et on l'entretient pendant trente-six heures. La chaleur se communique à toute la masse; l'alkali qui abreuve toutes les parties, dévore le principe colorant; et, au bout de trente-six heures, le coton a acquis une blancheur très-agréable. On le lave avec soin, on l'expose sur le pré pendant trois ou quatre jours; on le lave encore, et on l'emploie à ses usages.

Ici se termine l'opération du blanchiment pour le coton destiné à former des tissus.

Mais, lorsqu'on veut lui donner un plus beau blanc, on peut le passer à une lessive d'acide oxigéné, l'exposer encore au pré, et puis lui donner le bleu.

Cette manière de lessiver est, sans doute, la plus avantageuse; elle est en même temps la plus économique. La chaleur constante qui est imprimée à toute la masse, est de 85 à 90 degrés, tandis que celle des lessives ordinaires n'est jamais que de 70 à 72.

Toute la masse reçoit une action uniforme, tandis que, par la manière ordinaire de couler les lessives, il se fait de *faux-fuyans* par où s'échappe le liquide, et une grande partie de l'étoffe est soustraite à son action.

J'ai proposé et exécuté cette méthode pour le lessivage domestique : la première expérience de ce genre a été faite dans la fabrique des frères Bawens, aux Bons-Hommes, près Passy, sur deux cents paires de draps pris à l'Hôtel-Dieu de Paris. Le linge a été parfaitement nettoyé et blanchi, et la dépense, dont on a tenu un compte rigoureux, comparée à celle qu'on eût faite par le moyen ordinaire, a été dans le rapport de 4 à 7. J'ai répété l'expérience, en employant partie égale de savon et de soude; le linge en est sorti plus blanc, et cette dernière méthode doit être préférée toutes les fois qu'on a à opérer sur du linge fin. Lorsque le linge est ainsi lessivé, il ne s'agit que de le laver avec soin dans une eau pure. *Voyez des détails sur l'opération*, volume XXXVIII et page 291, germinal an IX, *Annales de Chimie.*

Depuis que j'ai publié ce procédé, MM. Cadet de Vaux, Curaudau et autres se sont étudiés à en soigner tous les détails, et l'ont rendu aussi facile qu'avantageux.

M. Widmer a ajouté à ce procédé de lessivage, en élevant, par le moyen d'une pompe, la lessive du chaudron inférieur sur le haut du cuvier, où elle se répand par quatre tuyaux percés d'une rangée de petits trous dans leur longueur, pour verser sur toute la surface; ces tuyaux sont mus circulairement par un mouvement imprimé au corps de la pompe. La lessive filtre à travers la couche d'étoffe ou de fil, et retombe dans la chaudière d'où elle est élevée de nouveau par la pompe.

Cet appareil a l'avantage de couler les lessives au degré constant de l'eau bouillante, et de porter une grande économie de temps et de combustible dans l'opération. La lessive la plus longue ne dure pas six heures.

Comme les fils de lin et de chanvre sont

infiniment plus difficiles à blanchir que ceux de coton, on leur donne deux lessives avant de les passer à l'acide.

On lave les fils avec grand soin en les tirant du cuvier, et on les dispose dans un panier, qu'on plonge dans un bain d'acide muriatique oxigéné, et qu'on relève, à plusieurs reprises, à l'aide d'une grue; on continue cette manœuvre en faisant couler du nouvel acide, à mesure que le premier perd de sa force, jusqu'à ce que le fil ne blanchisse plus.

On procède ensuite à un autre lavage, puis à une troisième lessive, et de-là à une nouvelle immersion.

On renouvelle les lessives jusqu'à sept en intercalant toujours les immersions dans l'acide, qu'on emploie beaucoup plus foible après la quatrième. On lave après chaque opération.

Ordinairement, après la quatrième immersion, et au sortir du lavage, on passe à un bain légèrement acide formé par du lait aigri ou de l'acide sulfurique affoibli jusqu'à ce que son acidité soit celle du suc de citron. On y plonge le fil poignée à poignée; on le jette dans une autre cuve où on le laisse un ou deux jours, ayant l'attention de submerger tout le fil dans le bain.

Le lavage qui précède et suit le bain d'acide sulfurique doit être fait avec plus de soin que les précédens.

Après la lessive qui suit le bain acide, on expose sur le pré, pendant six jours, pour enlever une teinte jaunâtre que l'action de l'air et de la lumière dissipe plus facilement que l'acide muriatique oxigéné.

On lave, et on passe à l'acide muriatique oxigéné, puis à l'eau acidulée, et on renouvelle l'action successive des lessives, du bain acide oxigéné et de l'eau acidulée jusqu'à la huitième et dernière lessive dans laquelle on met du savon qu'on dissout dans la lessive alkaline.

On expose ensuite sur le pré pendant trois jours, et on termine par passer au bleu de la manière suivante :

On délaie du beau bleu d'azur dans de l'eau pure; on puise de cette eau chargée d'azur qu'on fait couler à travers un tamis de soie dans une cuve remplie d'une eau limpide. L'ouvrier passe dans cette eau tout

le fil , en l'exprimant et ajoutant de l'eau
chargée du bleu à mesure que celle du bain
s'épuise. Ensuite on porte le fil au tordoir
et on le fait sécher au grand air. S'il s'agit
d'azurer des gazes ou des linons , on ajoute
un peu d'empois à l'eau.

Les cotons ne demandent ni une aussi
longue suite d'opérations ni un acide aussi
fort que les fils de lin ou de chanvre; ils
n'ont besoin que de quatre immersions au
plus.

Les toiles de fil ou de coton exigent quelques modifications dans les manipulations,
plutôt que dans le procédé. Cependant il
est indispensable de les dégommer avant
de les soumettre à aucune autre opération;
et le dégommage se fait comme suit :

On les fait séjourner pendant quelque
temps dans des cuviers pleins d'eau : il s'é-
tablit une fermentation qui détruit la colle
dont les tisserands enduisent les fils de la
chaîne pour faciliter le jeu du peigne. Le
dégommage est plus ou moins long selon la
température.

Pour laver les étoffes , on peut employer
deux rouleaux de bois placés l'un au-dessus

de l'autre sur des montans posés dans le
courant d'une rivière ; le supérieur porte
des cannelures parallèles à son axe ; il est
fixé par des tourillons engagés dans une
rainure pratiquée sur les montans ; ces tourillons n'y sont pas fixés, de sorte que ce
cylindre peut s'élever librement et peser
sur l'autre de tout son poids. Lorsqu'on veut
laver une toile, on en engage un des bouts
entre les cylindres : et en faisant tourner
la manivelle que porte l'un des tourillons,
la toile coule rapidement entre les cylindres, et est fortement exprimée par le poids
et les cannelures du supérieur qui presse de
tout son poids.

M. Descroisilles qui a formé une des premières blanchisseries de coton par l'acide
muriatique oxigéné, et qui, jusqu'à ce jour,
a fourni un blanc que ses concurrens ont
de la peine à imiter, met les cotons dans
de grands cuviers, et coule à travers l'acide
muriatique oxigéné.

On a tenté, dans presque tous les ateliers, de corriger l'odeur insupportable de
cet acide, tantôt par des carbonates de chaux
ou de la chaux pure, tantôt par des alkalis ;

mais c'est toujours au détriment de la vertu
de l'acide. Celle de toutes les substances qui
altère moins ses propriétés et qui néanmoins en corrige la mauvaise odeur, c'est
la craie; aussi la mêle-t-on à l'acide dans
toutes les fabriques, au moment d'en faire
usage.

Comme cet acide se décompose facilement, et qu'à raison de cela, le transport
en est presqu'impossible, on a été forcé,
lorsqu'on a voulu le faire parvenir aux fabriques, de le combiner ou avec la chaux,
ou avec les alkalis : dans les deux cas, il est
moins puissant et son action est plus lente;
mais il est plus concentré, et il se décompose plus difficilement. C'est à celui qui doit
l'employer à peser et à balancer les avantages et les inconvéniens.

Cet acide est encore précieux dans les
teintures et les fabriques de toile peinte,
par la vertu qu'il possède de détruire les couleurs végétales. On peut, par ce moyen,
décolorer une toile dont le dessin est altéré,
et lui redonner son blanc primitif.

En partant des propriétés que nous venons de reconnoître à l'acide muriatique

oxigéné , j'en ai étendu les usages , et ai donné le moyen de blanchir les estampes et les vieux livres, de même que la pâte ou chiffons employés à la fabrication du papier. *Voyez* mon Mémoire dans le vol. de l'Académie des Sciences pour l'année 1787, et les Annales de Chimie, 1er volume, p. 69.

M. Loysel a donné de nouveaux détails sur le moyen de blanchir la pâte de papier. *Voyez* les Annales de Chimie , 39e vol. page 137.

Quant au blanchiment des estampes , il suffit de les tremper dans l'acide pendant quelques minutes , et de les passer ensuite dans de l'eau fraîche pour en ôter toute l'odeur. On sent que, lorsqu'il s'agit d'opérer sur un livre, il faut le découdre et le mettre en feuilles.

Cet acide a la propriété de détruire l'encre à écrire sans toucher à celle d'impression qui est d'une composition toute différente ; et on s'en sert pour enlever les taches d'encre et les noms écrits à la main , qui, très-souvent, diminuent la valeur des livres ou des estampes.

On peut s'en servir encore avec avantage

pour corriger l'air vicié des prisons, et généralement pour détruire et brûler tous les
miasmes délétères qui sont la cause la plus
ordinaire des maladies contagieuses. On a
successivement employé à cet effet l'acide
nitreux et le muriatique; nous devons même
à M. Guyton-Morveau les premières leçons
de l'expérience sur la vertu de ce dernier :
mais il n'est pas douteux que l'acide muriatique oxigéné ne leur soit préférable à
tous ; car, non-seulement il est plus élastique, plus évaporable, mais il brûle et
détruit les miasmes qu'il touche; et nous
aimons à croire que si on l'employoit de
préférence aux autres acides, il produiroit
de bien plus grands effets. Le seul inconvénient qui accompagne ses usages, c'est
l'odeur insupportable qu'il répand par-tout
où il existe, et l'impossibilité d'habiter les
lieux au moment qu'on y verse en vapeurs
cet acide.

SECTION VI.

De l'Acide nitro-muriatique.

CE qu'on appelle *eau-régale* dans le commerce, est le mélange de deux acides dont nous avons déjà parlé : savoir, du nitrique et du muriatique. On a donné à ce mélange le nom d'*eau-régale*, parce que c'est le seul acide qui dissolve l'or, le roi des métaux.

L'eau-régale est caractérisée par une odeur qui diffère peu de celle de l'acide muriatique oxigéné.

Elle a ordinairement une couleur jaune.

On obtient cet acide mixte par plusieurs procédés que nous allons faire connoître successivement.

1°. La distillation du salpêtre brut fournit un acide nitro-muriatique qu'on peut faire servir à la dissolution de l'étain et de l'or.

2°. Le simple mélange des deux acides dans la proportion d'une partie d'acide muriatique sur trois d'acide nitrique, forme de l'eau-régale.

Ce mélange élève le thermomètre de
5 degrés ; et, lorsqu'il a repris la température de l'atmosphère, on ne trouve ni
augmentation de densité, ni pénétration.
M. Guyton ayant mêlé deux parties acide
nitrique dont la pesanteur spécifique étoit
de 1,209 avec une partie acide muriatique
d'une pesanteur spécifique de 1,126, le
thermomètre marquant 15 degrés, le mélange produisit une chaleur de 5 degrés, la
pesanteur spécifique du mélange étoit de
1,1795, tandis que le calcul donnoit 1,1815.
Il attribue cette légère différence à la raré-
faction occasionnée par la chaleur, et conclut qu'il n'y a ni augmentation de densité, ni pénétration. Les acides blancs comme
l'eau, au moment du mélange, se colorent
en jaune peu de temps après ; et il s'établit
une légère effervescence qui n'est due qu'au
dégagement de quelques bulles d'acide muriatique oxigéné.

3°. On obtient encore de l'eau-régale en
distillant de l'acide nitrique sur des muriates, ou de l'acide muriatique sur des
nitrates.

Dans le premier cas, Baumé conseille

de distiller 2 onces de muriate de soude et 4 onces d'acide nitrique pur, à 35 ou 40 degrés, dans un appareil au bain de sable.

On peut remplacer le muriate de soude par le muriate d'ammoniaque ; mais alors il faut que la décomposition se fasse à froid. 4 onces muriate d'ammoniaque en poudre mêlées peu à peu à 16 onces acide nitrique, forment une excellente eau-régale, mais le mélange travaille long-temps, et il faut laisser une issue aux vapeurs, sans quoi elles casseroient les vaisseaux.

Boerhaave conseille de distiller deux parties acide muriatique contre une de nitrate de potasse très-pur, pour avoir une bonne eau-régale.

Cornette s'est assuré que 6 gros d'acide muriatique fumant décomposoient complètement 4 gros de nitrate de soude, et que les vapeurs qui s'en élevoient étoient celles de l'eau-régale. *Voyez* les Mémoires de l'Académie royale des sciences, année 1778.

En décomposant à-la-fois les nitrates et muriates par l'acide sulfurique, on obtient de l'eau-régale. Boerhaave en a préparé de très-bonne, en distillant 2 parties nitrate, 5 muriate de soude et 3 sulfate de fer.

Mais, quelque procédé qu'on emploie, il paroît que les proportions devroient varier selon l'usage qu'on veut en faire.

L'expérience a appris que l'eau-régale la plus propre à dissoudre l'or, est composée de trois parties d'acide nitrique et d'une partie de sel ammoniaque qu'on y dissout.

Brandt a proposé (Mém. de Stockholm, année 1755) de faire chauffer l'acide nitrique sur l'or, et d'y ajouter ensuite peu à peu du sel commun. Il prétend que la dissolution se fait mieux et plus promptement.

Les chimistes qui ont travaillé sur la dissolution du platine, ont proposé le mélange à parties égales des acides nitrique et muriatique.

Macquer conseille une eau-régale très-chargée d'acide muriatique lorsqu'il s'agit de dissoudre l'étain. Celle qui contient un tiers d'acide muriatique peut tenir en dissolution poids égal d'étain sans précipiter.

L'eau-régale a des propriétés que ne partage aucun des acides qui la constituent. Dès que le mélange des deux acides est fait, on voit se former et s'échapper des bulles, qui sont de l'acide muriatique oxigéné, en même temps que la liqueur se colore en jaune. Il paroît hors de doute, ainsi que l'a publié M. Berthollet, qu'une portion de l'oxigène de l'acide nitrique se porte sur l'acide muriatique, et en fait passer une partie à l'état *oxigéné* : c'est ce qui occasionne l'odeur qui se développe, les bulles qui se forment, les vapeurs qui s'échappent : alors une portion de l'acide nitrique ramené à l'état de gaz nitreux, se dissout dans les deux acides et les colore en jaune.

Ce n'est point l'acide muriatique oxigéné qui produit les effets particuliers de l'eau-régale, puisqu'il s'exhale ; ce n'est pas non plus le gaz nitreux qui est éliminé par l'action du métal ; mais c'est le concours des deux acides, nitrique et muriatique, dont l'un se décompose et fournit son oxigène au métal, tandis que l'autre dissout l'oxide à mesure qu'il se forme.

SECTION VII.

De l'Acide fluorique.

QUOIQUE cet acide ne soit connu que depuis 1771, et que ses usages dans les arts ne soient pas très-multipliés, je crois devoir en parler, parce qu'il a des propriétés qu'aucun autre ne partage avec lui ; et que je prévois qu'en le mettant dans les mains des artistes, ils ne tarderont pas à en tirer un parti avantageux, et à le compter, avec reconnoissance, dans le nombre des dons précieux que la chimie fait chaque jour aux arts.

On extrait cet acide du *spath fluor* (*spath vitreux*, *spath phosphorique*, *fluate de chaux*); c'est ce qui lui a fait donner le nom d'*acide fluorique*.

Déjà, en 1768, le célèbre Margraaf avoit publié, dans les Mémoires de l'Académie de Berlin, que 8 onces spath fluor, blanc et vert, calcinées et distillées avec 8 onces d'acide sulfurique et 3 onces d'eau, avoient formé un sublimé blanc et *percé la cornue*

*de trous, comme si on y avoit tiré avec de
la dragée.* Mais il étoit réservé à Scheele de
prouver, quelques années après, que cet effet
étoit dû à un acide particulier qui corrode le
verre et dissout le quartz ; et qui , combiné
avec la chaux, forme le spath fluor , d'où
l'acide sulfurique peut le chasser et le faire
paroître sous la forme de vapeurs blanches,
piquantes, etc.

Ainsi , pour préparer et extraire cet
acide, on commence par calciner et pulvé-
riser le spath ; on l'introduit alors dans une
cornue, et on verse dessus un poids égal
d'acide sulfurique concentré : on agite alors
le mélange avec un tube de verre par la
tubulure de la cornue , de manière à humecter ou pénétrer d'acide toute la masse.
On place la cornue au bain de sable ; on y
adapte un récipient dans lequel on a mis
une quantité d'eau égale au poids du spath
employé : on lute exactement les jointures,
et on chauffe convenablement l'appareil.

On ne tarde pas à voir des vapeurs blanches s'élever du mélange et remplir la cornue ; le mélange bouillonne , et les vapeurs
qui continuent à se dégager , se fixent sur

les parois du récipient et de la cornue, ou se dissolvent dans l'eau qu'elles rendent acide.

A peine Scheele eut-il publié cette découverte, que quelques chimistes imprimèrent pour combattre son opinion : les uns regardèrent cet acide comme une combinaison naturelle de l'acide muriatique avec quelque substance terreuse : d'autres crurent que ce n'étoit qu'une modification de l'acide sulfurique employé dans l'expérience.

Les premiers appuyoient leur opinion, 1°. sur l'odeur particulière de l'acide fluorique, très-analogue à celle de l'acide muriatique; 2°. sur ce que l'acide fluorique précipitoit l'argent et le mercure de leurs dissolutions.

Les seconds se fondoient principalement sur ce que l'acide obtenu surpassoit en poids le spath employé.

Scheele a répondu aux premiers que la précipitation des métaux n'avoit lieu que lorsque l'acide contenoit un peu d'acide muriatique.

Les partisans de la seconde opinion ont

été trompés par la portion de silice qu'enlève l'acide à la cornue ou au récipient, laquelle doit nécessairement augmenter le poids de l'acide qui passe à la distillation.

Il est aujourd'hui hors de tout doute que l'acide fluorique est un acide *sui generis*, jouissant de toutes les propriétés caractéristiques des acides, et ayant à lui seul l'étonnante faculté de dissoudre et de volatiliser la silice : c'est à cette dernière propriété qu'on doit attribuer l'érosion et la destruction des vases de verre dans lesquels se fait la distillation de cet acide. La pellicule qui se forme à la surface de l'eau du récipient dans laquelle se dissout l'acide, est due à la silice qu'abandonne l'acide à mesure qu'il se dissout.

On peut rendre ce phénomène très-intéressant, en faisant plonger dans l'eau l'extrémité de la cornue ou d'un tube par laquelle s'échappe en vapeurs l'acide fluorique chargé de silice ; à chaque bulle qui passe, on voit se détacher une pellicule blanchâtre qui s'élève dans la liqueur, et dont le nombre représente bientôt une masse demi-transparente qui flotte dans le liquide : cette substance n'est que de la silice très-divisée.

Cette terre siliceuse est fournie à l'acide, non-seulement par celle qui fait la base des vaisseaux de verre, mais encore par le fluate de chaux lui-même qui rarement en est exempt.

Pour obtenir un acide parfaitement pur, Scheele avoit proposé d'employer aux distillations, des vaisseaux de métal ; et Meyer a mis cette idée à exécution : il a pris trois vaisseaux d'étain d'égale capacité, et a mis dans chacun un mélange de trois parties d'acide sulfurique et d'une de fluate de chaux pulvérisé dans un mortier de métal : il a ajouté à l'un de ces mélanges une partie de verre pulvérisé ; à l'autre, une partie de quartz en poudre, et rien au troisième : il a suspendu une éponge imbibée d'eau au-dessus de chaque mélange ; et, après avoir fermé les vaisseaux, il leur a appliqué une chaleur modérée : demi-heure après, l'éponge du premier a été couverte d'une croûte siliceuse ; douze heures après, le même phénomène a eu lieu dans le second ; et le troisième n'a pas montré la plus légère trace de silice, même au bout de plusieurs jours.

D'après ces résultats, il est bien prouvé qu'on peut obtenir l'acide fluorique presque pur, en employant des vaisseaux de plomb ou d'étain ; je dis *presque pur*, parce que l'expérience a appris que les spaths fluors les mieux cristallisés et les plus blancs, contenoient et donnoient toujours un peu de silice. L'ammoniaque en découvre constamment quelques atomes dans celui qu'on peut regarder comme le plus pur. Bergmann en a trouvé $\frac{1}{600}$ dans l'acide dont la pesanteur spécifique étoit de 1,064, celle de l'eau étant supposée de 1,000.

On conserve cet acide dans des vases de métal ou dans des flacons de verre enduits de cire sur toute leur surface intérieure.

Déjà les arts se sont emparés de la vertu qu'a cet acide de dissoudre la silice, pour graver sur verre, et tracer des chiffres ou faire des divisions sur cette matière.

MM. Klaproth et Puymaurin ont, à-peu-près dans le même temps, fourni ce moyen que les artistes ont déjà perfectionné.

On met une couche de vernis de graveur sur la surface du verre; on forme le dessin qu'on veut graver, en découvrant le verre sur tous les points où on passe le trait; on verse ensuite de l'acide fluorique qui corrode le verre plus ou moins profondément, selon sa force et le temps qu'on le laisse séjourner. On voit que ce procédé est absolument le même que celui de la gravure à l'eau-forte. Au lieu d'employer l'acide liquide, on peut exposer la plaque à la vapeur : l'érosion est encore plus prompte.

M. Luthen de Wolfenbutel propose un meilleur vernis que celui des graveurs; c'est un enduit de colle de poisson.

Lorsque l'acide n'est pas très-fort, il faut aider son action en élevant sa température de quelques degrés, ce qui se pratique en portant la planche dans un lieu chaud, et l'y laissant jusqu'à ce que l'empreinte soit jugée assez profonde.

Cette manière de graver deviendra précieuse pour tracer l'échelle ou les degrés de tous les instrumens en verre qui sont exposés à l'air, à l'eau ou au frottement;

car on ne craint plus leur altération ou destruction.

SECTION VIII.

De l'Acide boracique.

CET acide, connu, jusqu'à ces derniers temps, sous le nom de *sel sédatif d'Homberg*, est un des principes du borax où il est en combinaison avec la soude.

On a néanmoins trouvé cet acide à nu dans quelques eaux d'Italie : Hoefer l'a successivement retiré de l'eau du lac Cherchiajo, près Monte-Rotundo, dans la province inférieure de Sienne, et de celle du lac de Castel-Nuovo : la première, qui est très-chaude, et d'où s'exhale une vapeur sulfureuse, lui a fourni 3 onces de cet acide par 120 livres d'eau ; la seconde a donné 120 grains sur 12280 employés à l'analyse. Ce chimiste présume que les lacs de Lasso, de Monte-Cerbeloni, etc. en contiennent aussi.

Indépendamment de l'existence de cet acide dans les eaux dont nous venons de

III.

9

parler, on le trouve engagé dans des combinaisons naturelles alkalines ou terreuses, telles que le *quartz cubique de Lunébourg*, où M. Westrumb l'a trouvé mêlé avec la chaux, la magnésie, l'alumine et la silice dans la proportion des six dixièmes.

Mais tous ces faits, qui prouvent que l'acide boracique est plus répandu qu'on ne l'avoit cru, ne le fournissent point en assez grande quantité pour qu'on puisse l'extraire avec avantage : et c'est exclusivement de la décomposition du borax qu'on l'a retiré jusqu'à ce jour.

Ce fut en 1702, que, pour la première fois, Homberg décomposa le borax en le distillant avec le sulfate de fer calciné. Il désigna, sous le nom de *sel sédatif*, ce que que nous appelons aujourd'hui *acide boracique*.

Lemery le fils découvrit, peu de temps après, qu'on pouvoit retirer l'acide boracique du borax par l'intermède des acides sulfurique, nitrique et muriatique.

Geoffroy ne tarda pas à prouver que la oude étoit la base du borax.

Baron nous apprit que les acides végétaux pouvoient décomposer le borax.

Ainsi, en quelques années, nos connoissances sur cette production devinrent telles,
que nous y avons ajouté bien peu depuis
cette époque.

Les procédés qu'on pratique journellement pour extraire cet acide, se réduisent à deux : la *sublimation* et la *cristallisation.*

La première de ces deux méthodes s'exécute de la manière suivante : on place une
cucurbite de verre, armée de son chapiteau,
sur un bain de sable ; on met, dans la cucurbite, la quantité de borax pulvérisé
qu'on veut décomposer, et on verse dessus
moitié en poids d'acide sulfurique concentré. Dès que la chaleur agit sur le mélange,
il s'en élève un sel feuilleté très-blanc qui
s'attache sur les parois des vaisseaux, et
dont une partie reste par-dessus le mélange,
où il forme une couche assez épaisse composée de feuillets ou écailles qui ont jusqu'à 6 lignes de diamètre (15,53498 millimètres).

Ce sel sublimé est *l'acide boracique.* Ce

qui reste au fond de la cucurbite est du sulfate de soude.

Lorsqu'on procède par cristallisation, on fait dissoudre le borax dans l'eau chaude, et on y verse de l'acide sulfurique en excès: le mélange s'échauffe; et il se dépose, par le refroidissement, un sel en feuillets minces et ronds appliqués les uns sur les autres. On sépare avec soin ce précipité, on le fait sécher sur du papier joseph : il devient très-blanc, argentin, léger, et ressemble à des lames très-minces d'un beau mica blanc.

On débarrasse cet acide, par des dissolutions et des cristallisations répétées, de tout ce qu'il peut retenir des matières qui ont servi à sa préparation.

Cet acide est très-susceptible d'être sublimé ou de s'échapper dans les airs, tant qu'il est uni à l'eau; et c'est pour cela qu'il faut éviter l'ébullition dans les diverses opérations qu'on fait sur lui; mais, lorsqu'il est privé d'eau, il jouit de la plus grande fixité et se vitrifie à un feu violent sans se volatiliser.

Une livre (0,48951 kilogrammes) d'eau

distillée en dissout 183 grains (8 à 9 grammes) à la chaleur de l'ébullition.

Cet acide ne s'altère point à l'air ; il rougit les couleurs bleues végétales, et a une saveur salée et fraîche.

L'alcool le dissout plus facilement que l'eau, et la flamme de cette dissolution prend alors une couleur d'un beau vert.

Le verre provenant de la fusion de cet acide, est blanc, transparent, un peu plus pâteux que celui du borax. Il n'attire pas l'humidité de l'air, mais il devient légèrement opaque au bout de quelques jours.

Cet acide peut remplacer le borax dans ses usages : comme lui, il facilite la fusion des métaux, et peut servir à les souder ensemble.

Le verre est préférable au sel, attendu que ce dernier, en se boursoufflant, déplace les pièces de métal qu'on veut souder, change leur position respective, dérange les dessins de l'artiste, et exige, de sa part, le plus grand soin.

SECTION IX.

De l'Acide tartareux.

Ce fut en 1770 que le célèbre Scheele nous apprit à extraire l'acide tartareux de la combinaison qu'il forme avec la potasse, dans ce produit qu'on connoît dans les arts sous le nom de *crême de tartre, tartrite acidule de potasse.*

Cet illustre chimiste conseille de faire dissoudre 2 livres (1 kilogramme) de cristaux de crême de tartre dans l'eau : on y jette peu à peu de la craie jusqu'à saturation complète ; il se fait un précipité qui est un vrai tartrite de chaux sans saveur et craquant sous la dent ; on met ce tartrite dans une cucurbite, on verse dessus 9 onces (2,75346 hectogrammes) d'acide sulfurique et 5 onces d'eau (1,52970 hectogrammes); on entretient la digestion pendant douze heures , en observant de remuer de temps en temps. Alors, l'acide tartareux est devenu libre; on le sépare en entier du sulfate de chaux presqu'insoluble, en le délayant par l'eau froide ; on filtre et on obtient, par l'évaporation, 11 onces (3,36534 hectogrammes) d'acide concret. L'évaporation doit être poussée jusqu'à consistance sirupeuse, sans quoi on n'obtient point de cristaux.

Pour s'assurer que cet acide n'est pas mêlé d'acide sulfurique, Retzius et Bergmann conseillent de laisser tomber dans la liqueur quelques gouttes de dissolution de plomb : il se fait, dans le moment, un précipité blanc qui disparoît par l'addition du vinaigre, si c'est un tartrite de plomb, et qui reste, si c'est un sulfate. Si ces indices annoncent la présence d'un peu d'acide sulfurique, on le purifie en le faisant digérer sur un peu de craie.

Pour obtenir l'acide en cristaux, Bergmann conseille d'évaporer en consistance de sirop et d'abandonner la dissolution dans un lieu frais ; Peecken assure qu'il suffit de ménager l'évaporation. Ce dernier procédé m'a fourni des cristaux très-menus qui m'ont paru dériver d'octaèdres très-alòngés. Le procédé de Bergmann m'a présenté des houpes formées par des cristaux prismatiques tétraèdres terminés par des pyramides à quatre faces très-alongées. J'ai aussi obtenu cet acide en lames triangulaires posées sur un angle.

La dissolution de cet acide étendue d'eau moisit à la longue comme toutes les substances végétales.

Les cristaux d'acide tartareux ne se décomposent pas à l'air : ils noircissent sur le feu, et laissent un charbon spongieux qui blanchit par une chaleur plus forte.

Cet acide, distillé à l'appareil hydro-pneumatique, donne de l'acide carbonique et du gaz hydrogène.

Il a une saveur très-piquante ; fait tourner au rouge les couleurs de violette, de mauve et de tournesol ; déplace l'acide carbonique de ses combinaisons avec les alkalis, et dissout aisément l'alumine ; c'est cette dernière combinaison qui se forme lorsqu'on emploie le tartrite acidule de potasse avec l'alun dans plusieurs opérations de teinture.

SECTION X.

De l'Acide citrique.

L'ACIDE citrique existe abondamment dans le citron ; mais il y est en partie mêlé avec un principe extractif dont il faut le débarrasser pour l'avoir pur.

Scheele a été le premier à obtenir cet acide sous forme solide. Il propose de combiner l'acide avec la chaux, de le séparer par ce moyen du principe muqueux, et de décomposer le citrate par de l'acide sulfurique en excès, étendu d'eau. L'acide citrique se dissout dans l'eau qui servoit à délayer l'acide sulfurique.

Les lavages et la filtration séparent entièrement l'acide citrique qu'on évapore dans des vaisseaux de grès à la température de l'eau bouillante. M. Dizé a remarqué qu'il étoit utile de suspendre l'évaporation tous les deux jours, pour laisser précipiter le peu de sulfate de chaux qui est tenu en dissolution dans la liqueur à l'aide de l'acide citrique.

Les cristaux que fournit une première
évaporation sont noirâtres, par une suite
de la réaction de l'acide sulfurique à mesure qu'il se condense; on redissout, filtre
et évapore à trois reprises ces mêmes cristaux, et alors ils sont blancs, réguliers, et
présentent des prismes rhomboïdaux dont
les plans inclinés d'environ 120 à 60 degrés, sont terminés de part et d'autre par
un sommet à quatre faces trapézoïdales qui
interceptent les angles solides.

L'acide sulfurique doit être employé en
excès pour décomposer, vers la fin de l'évaporation, le peu de principe muqueux qui
est resté combiné.

Cent parties de suc de citron absorbent 6 $\frac{1}{2}$ de carbonate calcaire.

Le citrate qu'on en retire, forme le
cinquième de la quantité de suc employé.

L'acide citrique pur et cristallisé prend
parties égales de carbonate calcaire pour
être saturé.

Une once d'eau distillée dissout une
once $\frac{1}{2}$ acide citrique, et il se produit 13

degrés de froid. L'eau bouillante en dissout
le double de son poids.

Quarante grains (20,24600 décigrammes)
de cet acide dissous dans une pinte d'eau
(un litre) , et édulcorés avec suffisante
quantité de sucre , forment une excellente
limonade.

Georgius a annoncé dans les Mémoires
de Stockholm, pour l'année 1774, un procédé pour purifier l'acide citrique de son
excès d'extractif , sans en altérer les propriétés : il remplit une bouteille de jus de
citron , la bouche avec du liége et la dépose à la cave ; le suc s'est conservé quatre
ans sans se corrompre ; les parties mucila-
gineuses s'étoient précipitées en flocons , et
l'acide étoit devenu aussi limpide que l'eau.
Pour déphlegmer l'acide , il l'expose à la
gelée : il observe que le froid ne soit pas trop
fort ; car alors tout se prendroit en une
seule masse. On peut séparer les glaçons à
mesure qu'ils se forment : les premiers sont
doux ; les derniers ont un peu de saveur
aigre. Cet acide ainsi concentré est huit fois
plus fort. Il n'en faut que 2 gros (0,76486
décagrammes) pour saturer un gros(0,38243

décagrammes) de potasse. Dans le commerce , lorsqu'on prépare l'acide citrique pour les arts , on laisse fermenter le suc de citron pour qu'il se dépouille de l'extractif, et il devient très-limpide.

On s'en sert beaucoup dans les teintures sur soie ; 1°. pour précipiter le rouge du carthame de sa dissolution dans les alkalis, et former les ponceaux , les nacaras , les roses fins , etc. ou le rouge végétal , lorsqu'on précipite sur une terre savoneuse ; 2°. pour oranger les aurores faits par la dissolution du rocou dans un alkali.

On l'emploie encore dans les fabriques d'impression sur toile , et dans les opérations de l'art du détacheur pour enlever les taches de rouille.

Si cet acide devenoit plus commun , ou si on parvenoit à le donner aux arts à plus bas prix , il n'est pas douteux qu'on n'en étendît les usages ; et il est à desirer qu'on s'occupe de cet objet dans les pays où les citrons abondent , et où l'on en prépare même le suc pour le répandre dans le commerce.

SECTION XI.

De l'Acide malique.

C'est encore à Scheele que nous devons la découverte de cet acide : il le fit connoître, en 1785, dans les *Annales de Creel.*

Comme il le retira des pommes, pour la première fois, il lui donna le nom d'*acide malique.*

Cet acide est, sans contredit, le plus répandu de tous ceux que nous connoissons dans le règne végétal : il est presque partout; les produits les plus doux, ceux dans lesquels on le soupçonneroit le moins, le contiennent en abondance; et c'est à sa présence, presqu'inséparable de la végétation, que nous verrons qu'on doit rapporter bien des phénomènes qui appartiennent aux végétaux.

Le célèbre Scheele retire l'acide malique des pommes, en en saturant le suc par un alkali : il décompose ce premier malate par l'acétate de plomb, édulcore le précipité, et verse dessus de l'acide sulfurique affoibli, jusqu'à ce que la liqueur prenne une saveur acide, franche, sans mélange de doux. On filtre le tout pour séparer l'acide malique du sulfate de plomb. Cet acide est très-pur ; il est toujours en liqueur, et ne peut pas être mis à l'état concret.

Cet acide diffère du citrique par les caractères suivans :

1°. L'acide citrique cristallise aisément, tandis que le malique se refuse constamment à prendre une forme solide. 2°. L'acide malique, traité avec l'acide nitrique, donne de l'acide oxalique ; le citrique bien pur, et débarrassé de tout extractif, n'en donne point. 3°. Le citrate de chaux est presque insoluble dans l'eau bouillante ; le malate est plus soluble. 4°. L'acide malique précipite les dissolutions de nitrate de plomb, de mercure et d'argent ; l'acide citrique n'y produit aucun changement. 5°. L'acide malique est déplacé de la chaux par le citrique.

Le célèbre Scheele nous a laissé le tableau suivant des fruits qui le fournissent pur ou mêlé avec d'autres acides :

Sucs exprimés des fruits de

L'épine-vinette. *Berberis vulgaris*........ ⎫
Sureau. *Sambucus nigra*.............. ⎜
Prunier épineux. *Prunus spinosa*........ ⎜ Fournissent beau-
Sorbier des oiseleurs. *Sorbus aucuparia*... ⎬ coup d'acide ma-
Prunier des jardins. *Prunus domesticus*... ⎜ lique, et peu ou
Vigne cultivée, verjus................ ⎭ point d'acide ci-
                                         trique.

Prunellier à fruits velus. *Ribes grossularia.* ⎫
Grosellier rouge. *Ribes rubrum*.......... ⎜
Airelle mirtille. *Vaccinium mirtillus*..... ⎜ Paroissent contenir moi-
Alisier commun. *Crategus aria*.......... ⎬ tié de l'un et moitié
Cerisier. *Prunus cerasus*............... ⎜ de l'autre.
Fraisier. *Fragaria vesca*............... ⎜
Ronce sans épine. *Rubus chamemorus*... ⎜
Framboisier. *Rubus idœus*............. ⎭

Airelle – canneberge. *Vaccinium oxicacos.* ⎫
Airelle à fruits rouges. *Vaccinium vitis idœa,* ⎜ Beaucoup d'acide
Merisier à grappe. *Prunus padus*....... ⎬ citrique, peu ou
Douce-amère. *Solanum dulcamara*...... ⎜ point de mali-
Eglantier....................... ⎜ que.
Citronier........................ ⎭

Scheele a encore prouvé que l'acide malique existoit dans le sucre : il suffit, pour
s'en convaincre, de verser de l'acide nitrique affoibli sur le sucre, et de distiller
jusqu'à ce que le mélange tourne au brun.
On précipite alors tout l'acide oxalique

qui s'est produit, par le moyen de l'eau de
chaux. On s'empare ensuite de l'acide qui
reste dans la liqueur, par le moyen de la
craie, et on décompose par l'acétate de
plomb. L'acide sulfurique dégage ensuite
l'acide malique en se combinant avec la
chaux. Le suc de la canne à sucre, et les
derniers sirops du raffinage de cette substance, appelés *mélasse*, présentent l'acide
malique à nu. C'est à l'existence de cet acide
incristallisable qu'on doit rapporter la difficulté qu'on éprouve à faire cristalliser ces
sirops, et c'est à ce même principe qu'il faut
attribuer le besoin où l'on est d'employer
de la chaux pour raffiner le sucre.

Scheele a encore retrouvé cet acide dans
la gomme arabique, la manne, le sucre de
lait, la gomme adragant, l'amidon, l'extrait
de la noix de galle, l'huile de graine de
persil, l'extrait aqueux d'aloès et ceux de
coloquinte, de rhubarbe et d'opium; mais,
comme il n'a obtenu cet acide qu'en les traitant avec de l'acide nitrique, il n'est point
prouvé qu'il y existe naturellement. Il peut
être formé par la décomposition de l'acide
nitrique.

La colle de poisson, le blanc d'œuf, le jaune d'œuf et le sang, traités avec de l'acide nitrique très-concentré, ont fourni à Scheele de l'acide oxalique et de l'acide malique.

Il est peu de plantes, et il existe peu de produits de la végétation, qui ne nous offrent l'acide malique : lorsque les sucs exprimés des végétaux sont rapprochés, qu'ils refusent de s'épaissir et conservent presque constamment une consistance sirupeuse, ou tombent en *deliquium* quand on les dessèche par une chaleur soutenue, c'est probablement à cet acide qu'il faut rapporter tous ces phénomènes. Il suffit, pour fortifier cette opinion, d'observer que presque tous les sucs contractent, en se rapprochant, une acidité très-marquée ; et que les plus acides sont généralement ceux qui restent les plus poisseux. D'ailleurs, il est connu que cet acide forme des sels déliquescens avec les alkalis et la magnésie.

Tous les vins que j'ai pu soumettre jusqu'ici à l'analyse, m'ont offert cet acide à nu : les vins les plus doux rougissent le papier bleu, lorsqu'on le laisse quelque

III.   10

temps tremper dans cette liqueur : le moût lui-même le contient. Les vins du Nord en fournissent beaucoup plus que ceux du Midi ; et c'est à cette cause que j'ai attribué la différence qu'on observe entre les eaux-de-vie qui en proviennent et celles du Midi. Les premières rougissent le papier bleu, et il est bien difficile de leur enlever cet acide par des distillations répétées ; les secondes ne donnent que très-rarement des preuves de l'existence d'un acide dans leur composition.

Lorsque les vins passent à l'état de vinaigre, l'acide malique disparoît, et il ne se trouve que de l'acide acétique du moment que l'acétification est terminée.

Les vins qui ne sont pas complètement aigris fournissent encore de l'eau-de-vie de mauvaise qualité, parce que l'acide malique qui y existe passe dans la distillation : ces faits peuvent jeter une grande lumière sur les diverses qualités d'eau-de-vie et sur l'art du distillateur.

SECTION XII.

De l'Acide acétique.

LE plus répandu et le plus utile de tous les acides, est l'*acide acétique*, plus connu sous le nom de *vinaigre* : ses usages économiques, son emploi dans les arts, sa formation journalière par la dégénération de nos vins, ont rendu cet acide familier à tout le monde.

Ses caractères sont les suivans :

Odeur particulière, vive sans être irritante.

Saveur aigre, ni forte, ni désagréable.

Couleur du vin qui l'a produit, limpide comme l'eau quand on l'a distillé.

Concentration ordinaire de 4 à 6 degrés.

L'altération spontanée des liqueurs spiritueuses fournit presque tout le vinaigre dont on fait usage dans les arts et dans nos préparations de cuisine.

Nous ferons connoître les principales conditions qu'exige l'acétification : les unes sont nécessaires ; toutes sont favorables :

nous indiquerons le degré d'influence des unes et des autres.

Ire CONDITION. *La présence dans le vin d'une portion de ferment ou principe végéto-animal* (1).

LES fabricans d'Orléans préfèrent le vin d'un an au vin qui vient d'être fait, parce que ce dernier subit un reste de fermentation spiritueuse qui ne permet pas la dégénération acide. Mais le vin qui s'est dépouillé de tout son principe végéto-animal ne tourne plus à l'aigre, il perd sa couleur, mais sans aigrir. C'est ce que j'ai éprouvé sur les vins vieux et très-spiritueux du Midi, en les tenant au soleil pendant long-temps. Il est connu qu'on détermine l'acétification en faisant digérer dans le vin des ceps de vigne, de la grappe de raisin, des bois verds, etc.

Il paroît qu'en rapprochant toutes les circonstances qui influent sur l'acétifica-

---

(1) On peut voir à l'article *Fermentation* du quatrième volume de cet ouvrage, ce que nous entendons par le principe *végéto-animal*.

tion, on ne peut pas se refuser à regarder le principe végéto-animal, au moins comme un intermède ou un ferment de la conversion des vins en vinaigre.

IIe CONDITION. *L'existence d'un principe spiritueux.*

Nous ne connoissons que les corps qui ont subi la fermentation spiritueuse, qui soient susceptibles d'une acétification spontanée : tels sont les vins, le cidre, le poiré, la bière, le tafia, etc. Les vins les plus généreux ou les plus riches en alcool, fournissent les meilleurs vinaigres.

La seule addition d'alcool à des substances qui contiennent du principe extractif, y détermine la fermentation acide : Stahl avoit déjà observé que si on humectoit des fleurs de rose ou de muguet avec de l'alcool, et qu'on les mît dans des vases où on peut les agiter de temps en temps, il se formoit du vinaigre.

Le même chimiste nous apprend encore que si, après avoir saturé l'acide du jus de citron avec des yeux d'écrevisse, on mêle de l'alcool à la liqueur qui surnage le précipité qui s'est formé, et qu'on abandonne le tout à une douce température, il se produit du vinaigre.

Après avoir épuisé le vin, par la distillation, de tout l'alcool qu'il peut fournir, il suffit d'en arroser le résidu pour y développer une bonne fermentation acéteuse.

Le seul principe extractif livré à la fermentation se pourrit; l'alcool seul n'éprouve pas d'altération : leur mélange passe à la fermentation acide.

J'ai constaté ces principes par des expériences directes.

1°. Deux livres (un kilog.) d'esprit-de-vin à 12 degrés, dans lequel j'ai délayé avec soin environ 300 grains (15 grammes) de levure de bière et un peu d'amidon dissous dans l'eau, ont produit du vinaigre extrêmement fort.

L'acide y étoit développé le cinquième jour de l'expérience.

2°. Même quantité de levure et d'amidon délayés dans l'eau, ont produit du vinaigre; mais l'acide s'est développé plus lentement,

et il n'a jamais acquis la même force que
le premier.

IIIe Condition. *Le Contact de l'air.*

Aucune matière alcoolique n'éprouve de
fermentation acide, si elle n'a le contact de
l'air : les vins bien fermés dans le verre,
les marcs de raisin bien clos dans les futailles, s'y conservent sans altération, mais
ils s'acidulent dès que l'air peut y pénétrer.
Ce principe paroîtroit contredit par une
expérience de Becher, qui prétend avoir
fait du vinaigre dans des vaisseaux fermés :
mais cette expérience isolée est contraire
à tout ce que la plus exacte observation
nous apprend chaque jour : Rozier a vu
constamment l'air s'absorber dans le moment que le vin tourne à l'aigre. Il est connu
de tout le monde que, lorsque le vin aigrit
dans une futaille à moitié pleine, l'air extérieur s'y précipite avec sifflement du moment qu'on établit une communication.

Lorsque, dans le langage vulgaire, qui
n'est souvent que l'énergique expression
des faits, on veut exprimer que le vin est

passé à l'aigre, on dit qu'il a *pris de l'air.*
Cette manière de s'énoncer, prise dans l'observation exacte d'un fait, a devancé, de
plusieurs siècles, la doctrine moderne sur
l'acétification.

IVe CONDITION. *Un degré de chaleur soutenu entre 18 et 20 du thermomètre de
Réaumur.*

L'ACÉTIFICATION s'opère très-souvent à
un degré bien au-dessous du 20e degré; mais
alors elle est lente; et l'observation a prouvé
que la température de 18 à 20 degrés étoit
la plus favorable. Dans les ateliers où l'on
fabrique le vinaigre, on a la précaution de
maintenir la chaleur à ce degré, par le
moyen des poëles, lorsque l'atmosphère ne
la donne pas.

Ve CONDITION. *Un Levain.*

TANT que les principes constituans d'un
corps sont dans de justes proportions, ou
dans leur équilibre naturel, il ne survient
aucun changement. Mais, si l'on fait prédominer l'un des principes, ou si l'on en in-

troduit un étranger, l'équilibre est rompu, l'ordre des affinités est changé, et l'on donne lieu à des mouvemens, à des réactions qui changent la matière du composé primitif; c'est là le premier effet des levains.

On peut même diriger ou maîtriser la marche des nouvelles opérations, et déterminer d'avance le résultat qui doit s'en suivre, en employant des fermens de telle ou telle nature. C'est ainsi que les lies de vinaigre et les futailles qui en sont imprégnées, décident et facilitent l'acétification.

VIe CONDITION. *Un léger mouvement.*

ON sait que, pour préserver le vin de toute altération, il faut le mettre à l'abri des secousses, et dans des lieux où l'air soit tranquille et la température fraîche et égale.

Un léger mouvement imprimé, par intervalles, au tonneau qui contient du vin, un ébranlement excité dans l'air par une cause quelconque capable de produire un léger frémissement dans le liquide, sont des causes très-ordinaires de l'altération du vin-

C'est ainsi que, dans les caves peu profondes, de même que dans celles qui reçoivent la secousse continuelle de quelque mécanique bruyante ou du roulis journalier des voitures, le vin se conserve difficilement. Il est probable que l'effet du tonnerre sur le vin ne reconnoît pas d'autre cause.

Dans tous ces cas, le premier effet du mouvement est de mêler avec le vin, le tartre, la lie, l'extractif et généralement tous les principes qui se déposent par le repos; conséquemment, la dépuration ou clarification devient impossible : et toutes ces matières ramenées dans une liqueur qui s'en étoit purgée, et mises de nouveau en contact avec l'air, forment tout autant de levains de fermentation.

Cette doctrine s'accorde parfaitement avec tous les soins qu'on prend pour préserver le vin de toute altération : on le laisse déposer, on le transvase, on le colle; et, par toutes ces opérations, on le débarrasse de tous les principes qui pourroient provoquer la fermentation acide.

Après avoir fait connoître les principales conditions de l'acétification des liqueurs fermentées, il me reste à en décrire les phénomènes.

1°. Il se produit un mouvement dans la masse, et une sorte de frémissement entre toutes les parties constituantes qui est sensible à l'œil.

2°. Il se dégage de la chaleur : je l'ai vue s'élever à 25 et 26 degrés dans de grands volumes de liquide.

3°. Il s'élève et s'échappe de petites bulles qui sont un mélange d'alcool et d'acide carbonique.

4°. La liqueur devient trouble : on voit s'agiter et se mouvoir dans son sein des stries qui s'élèvent, se précipitent, se divisent, se réunissent et forment un dépôt, ressemblant, par sa consistance, à de la bouillie, adhérant avec force à tous les corps qu'il touche.

Lorsque tous ces phénomènes ont cessé, et que le dépôt s'est formé, la liqueur est claire et le vinaigre est fait.

Dans la conversion du vin en vinaigre, l'alcool disparoît complètement : et, si la distillation du vinaigre en fournit quelquefois, c'est que l'acétification est encore incomplète. J'ai vu constamment que les bons vinaigres n'en donnent point.

Les liqueurs spiritueuses ou alcooliques subissent toutes la fermentation acide; et celles qui fournissent le plus d'alcool, donnent le meilleur vinaigre.

Nous nous bornerons ici à parler du vinaigre de vin et du vinaigre de grain, et nous entrerons dans quelques détails sur la fabrication de l'un et de l'autre.

ARTICLE PREMIER.

De la fabrication du Vinaigre de vin.

DANS les pays de grand vignoble, surtout dans les climats chauds, tels que le Midi de la France, on s'occupe moins des procédés de fabriquer le vinaigre, que des moyens propres à empêcher le vin de *tourner*; et malgré tous les soins qu'on y apporte, la quantité de vin qui passe à l'aigre surpasse de beaucoup la quantité de vinaigre qu'on peut consommer.

Mais, dans les climats moins chauds et où le vin a plus de valeur, on a fait un art particulier de la fabrication du vinaigre.

Le procédé le plus anciennement connu, est celui dont Boerhaave nous a laissé la description : il consiste à placer deux cuves de bois dans un lieu chaud ; on met une grille ou claie à une petite distance du fond. Sur cette claie, on établit un lit médiocrement serré de branches de vigne vertes, et on achève de remplir le tonneau avec des *rafles*. Lorsque les cuves sont ainsi disposées, on en remplit une de vin, et l'autre seulement à moitié. Vingt-quatre heures après, on remplit le tonneau demi-plein avec la liqueur de l'autre ; on reverse, vingt-quatre heures après, du tonneau plein dans celui qu'on a vidé ; et on renouvelle cette manœuvre tous les jours jusqu'à ce que le vinaigre soit fait.

Par ce moyen, on modère sans cesse la fermentation ; on entretient la masse fermentante dans un mouvement convenable, et l'acétification est complète en quinze ou vingts jours. La chaleur de l'atelier doit être de 18 à 20 degrés au thermomètre de Réaumur.

Presque tout le vinaigre du nord de la France se prépare à Orléans, et la fabrica-

tion y a acquis une telle célébrité, qu'on doit
regarder les procédés qu'on y exécute comme
les meilleurs. Voici à quoi ils se réduisent,
d'après MM. Prozet et Parmentier, deux
bons juges dans cette matière.

Dans les fabriques d'Orléans, on emploie
des tonneaux qui contiennent à peu près
400 pintes de vin (400 litres); on préfère
ceux qui ont déjà servi à la fabrication du
vinaigre, on les appelle *mère de vinaigre*.

Ces tonneaux sont placés sur trois rangs
les uns sur les autres; ils sont percés à la
partie supérieure d'une ouverture de 2 pouces (5,4140 centimètres) de diamètre, laquelle reste toujours ouverte.

D'un autre côté, le vinaigrier tient le
vin qu'il destine à l'acétification, dans des
tonneaux dans lesquels il a mis une couche
de copeaux de hêtre sur lesquels la lie fine
se dépose et reste adhérente. C'est de ces
tonneaux qu'il soutire le vin très-clarifié
pour le convertir en vinaigre.

On commence par verser dans chaque
mère (tonneau) 100 pintes de bon vinaigre bouillant, et on l'y laisse séjourner
pendant huit jours. On mêle ensuite 10

pintes de vin dans chaque mère , et on continue à en ajouter tous les huit jours une égale quantité jusqu'à ce que les vaisseaux soient pleins. On laisse alors séjourner le vinaigre pendant quinze jours avant de le mettre en vente.

On ne vide jamais les mères qu'à moitié; et on les remplit successivement , ainsi que nous l'avons déjà dit , pour convertir du nouveau vin en vinaigre.

Pour juger si la *mère* travaille , les vinaigriers sont dans l'usage de plonger une douve dans le vinaigre et de la retirer aussitôt. Ils voient que la fermentation marche et est en grande activité lorsque le sommet mouillé de la douve présente de l'écume ou la *fleur du vinaigre* , et ils ajoutent plus ou moins de vin nouveau et à des intervalles plus ou moins rapprochés, selon que l'écume est plus ou moins considérable.

En été, la chaleur de l'atelier est suffisante pour l'acétification ; mais , en hiver , on entretient une chaleur constante de 18 degrés , au moyen d'un poële.

Dans la plupart des ménages de campagne on conserve, dans un lieu d'une température douce et égale, un tonneau qu'on appelle le *tonneau du vinaigre*, dans lequel on verse le vin qu'on veut faire aigrir, et on le tient toujours plein en remplaçant par du vin nouveau le vinaigre qu'on en extrait. Pour établir cette ressource précieuse, il suffit d'avoir acheté une seule fois un seul tonneau de bon vinaigre.

Dans tous les pays de vignoble, on fait des vinaigres avec les rafles et les marcs des raisins, avec le résidu de la distillation, etc.

Si l'on fait fortement sécher au soleil les rafles de raisin, et qu'on les imprègne ensuite d'un vin généreux, il s'y développe une fermentation acide.

Le marc du raisin, après qu'on en a exprimé le suc, s'échauffe par le contact de l'air, et tout le liquide dont il est imprégné passe à l'acide.

On produit encore un vinaigre léger avec le résidu de la distillation des vins.

Pour clarifier le vinaigre, il suffit de verser sur une dame-jane de vinaigre un verre de lait bouillant, et d'agiter le mélange; il se forme un dépôt; le vinaigre

devient *paillet* et conserve son arome qu'il
perd par la distillation.

ARTICLE II.

De la Fabrication du Vinaigre de bière.

SANS doute le vinaigre de vin est le
meilleur de tous. Mais, comme cet acide
fait la base de quelques préparations importantes, telles que la fabrication du sel
de saturne et celle du blanc de plomb et
des céruses, on a appris à le former par l'acétification de la bière ; et les procédés qu'on
suit sont tellement économiques, que de
nombreuses fabriques de ce genre sont établies dans le Nord, et alimentées avec le
vinaigre de bière.

Je décrirai le procédé que j'ai vu exécuter dans le Nord de la France (Belgique),
et je terminerai par faire connoître quelques modifications apportées à cette méthode dans d'autres pays du Nord de l'Europe.

A Gand, où la fabrication m'a paru très-
parfaite, on prend :

III.   11

1440 liv. de malt (orge gèrmé et desséché).

540 — de froment.

390 — de bled de sarrasin.

_____

2,370 liv. (1).

Ces grains sont moulus , mélangés et jetés dans la chaudière ; on y fait passer 27 tonneaux d'eau de rivière ; on laisse bouillir le tout pendant trois heures , et il reste 18 tonneaux de bonne bière qu'on soutire.

On verse sur ces mêmes grains encore 8 tonneaux d'eau , on fait bouillir 16 à 18 heures , après quoi on soutire. Cette seconde opération fournit ce qu'on appelle la petite bière.

Le brassier entier fournit à peu de chose près 24 tonneaux de bière.

Cette bière , ainsi préparée chez le brasseur , est transportée chez le vinaigrier qui la distribue dans des *pipes* contenant à peu près 3 tonneaux. On n'emploie à cet usage

_____

(1) La livre de Gand est égale à 432, gram. 825. Elle est à l'hectogramme dans le rapport de 17313 à 4000.

Elle est , par rapport à la livre de Paris , comme 13 est à 10.

que les tonneaux dans lesquels on a transporté les vins d'Espagne ou l'eau-de-vie.

Ces barils ou pipes sont couchés à côté
les uns des autres sur des tréteaux qui les
élèvent d'un pied (3,24839 décimètres) au-
dessus du sol. On les place dans un lieu très-
ouvert, de manière qu'aucun corps ne puisse
intercepter, ou affoiblir les rayons directs
du soleil. Les tonneaux sont percés dans la
partie supérieure d'une ouverture qui a
six à huit pouces carrés (58,62156 centim.
carrés).

Quelques vinaigriers laissent fermenter
la bonne et la petite bière séparément et
obtiennent des vinaigres de deux qualités,
qu'ils mêlent ensuite pour n'en donner au
commerce qu'une seule. D'autres font le mélange de la bonne et de la petite bière avant
la fermentation. Il est indifférent de suivre
l'une ou l'autre méthode.

Les barils ne sont remplis que jusqu'à un
demi-pied (0,162 mètre) de leur ouverture.
Cette précaution est indispensable pour que
la bière ne déborde pas pendant la fermentation.

Les barils restent toujours ouverts ; on

place des tuiles sur leur ouverture pendant
la nuit et dans un temps pluvieux.

C'est ordinairement vers la fin du mois
de mai que les vinaigriers s'occupent de
leur fabrication, et le vinaigre est parfait
au bout de quatre à cinq mois. C'est
vers la fin de septembre qu'on le soutire
pour l'emmagasiner.

Chaque tonneau de bière contient 140
pots de Gand, qui ne donnent que 120 pots
de vinaigre, de sorte que le brassier entier
fournit 2880 pots de vinaigre (1).

Quelques vinaigriers suppriment le froment, qu'ils remplacent par le seigle,
l'avoine ou les grosses fèves; mais ils obtiennent un vinaigre de moindre qualité. Il est
reconnu par une longue expérience que les
grains et les proportions déterminées ci-
dessus donnent le meilleur vinaigre, et que
ce n'est qu'aux dépens de la qualité du produit qu'on peut les changer.

En calculant les frais de l'opération sur

_____

(1) Le pot de Gand est égal à un litre 151; ou il est au
litre comme 1151 est à 1000.
Vingt-trois pots de Gand font à-peu-près vingt litres.

les prix moyens des futailles, des denrées, de la main-d'œuvre, de l'intérêt de l'argent, la bière revient à environ un décime de France, ou 2 sols le litre ou la pinte.

Par-tout on fait fermenter les grains pour former de la bière, mais toujours sans mélange de houblon. Il est des pays dans le Nord où l'on détermine la fermentation acide par des levains dont la nature varie selon les lieux et les ateliers : ici c'est du pain nouvellement cuit qu'on humecte avec du fort vinaigre et qu'on conserve quelque temps avant de s'en servir. Là c'est du levain de pâte mêlé avec des queues de raisin de caisse ou des raisins gâtés, le tout humecté de bon vinaigre.

Ailleurs on fait germer le grain et on le sèche au soleil, et non dans une étuve, pour obtenir un vinaigre plus blanc et dont l'odeur soit plus agréable. On le broie lorsqu'il est sec, et on le met dans une cuve. On verse sur 110 livres de malt un tonneau d'eau bouillante, de la capacité de ceux de Bourgogne. Après un quart-d'heure de digestion, on remue avec soin et on laisse reposer environ une heure, puis on soutire

la liqueur. La cuve a un double fond percé
de plusieurs trous et recouvert d'une couche de paille, de sorte que le malt reste
dessus, et la liqueur qui passe est filtrée. On
fait couler la liqueur dans des vases de bois
de plusieurs pieds de largeur sur un de
hauteur, on la fait passer d'un vase dans
un autre en la remuant continuellement
avec une pelle percée de trous.

Dès que la liqueur a pris par le refroidissement la douce température du lait
qu'on vient de traire, on la verse dans une
grande cuve et on y met du levain de bière
pour qu'elle passe à la fermentation vineuse;
il faut au moins 24 heures pour produire
cette fermentation. Alors on met cette bière
dans des tonneaux qu'on ne remplit qu'aux
trois quarts et dont on laisse la bonde ouverte. Ces tonneaux sont exposés dans une
étuve à une chaleur constante, où on laisse
fermenter pendant environ un mois ou six
semaines. On clarifie le vinaigre en le faisant couler à travers des *chausses* de feutre
de laine.

ARTICLE III.

De la fabrication du Vinaigre par la distillation des substances végétales et animales.

L'ACIDE acétique se forme non-seulement par la fermentation, ainsi que nous venons de le voir, mais il est encore le produit de la distillation de quelques matières animales, et sur-tout des substances végétales, qui le fournissent en assez grande quantité pour qu'on puisse l'employer avantageusement dans les arts.

L'analyse a prouvé à MM. Fourcroy et Vauquelin que les acides pyro-muqueux, pyro-ligneux et pyro-tartareux, n'étoient que de l'acide acétique souillé d'un peu d'huile empyreumatique, et dont il suffisoit de les dépouiller pour avoir l'acide acétique très-pur. Ces deux habiles chimistes sont parvenus à donner à l'acide acétique du vin tous les caractères de ces trois acides, en dissolvant à chaud, et même à froid, dans l'acide acétique pur, les huiles empyreumatiques des trois substances que fournissent ces acides.

M. Thénard a prouvé, d'un autre côté,

que l'acide zoonique, que M. Berthollet avoit obtenu de la distillation de la chair musculaire, n'étoit que de l'acide acétique tenant en dissolution une matière animale qui se rapproche de l'état huileux.

De sorte que l'acide acétique se produit journellement par la distillation, et que c'est l'acide dont les élémens, toujours présens dans les substances animales et végétales, se combinent avec le plus de facilité.

L'acide acétique obtenu par la distillation des substances végétales, a déjà reçu dans les arts des applications heureuses. Mais, quoique toutes les parties des végétaux fournissent cet acide, qu'on avoit appelé de divers noms, selon la partie qu'on soumettoit à la distillation, toutes n'en fournissent pas la même quantité. Les bois durs en donnent le plus, et le procédé par lequel on les réduit en charbon, présente à l'artiste un moyen économique de se le procurer. Il ne s'agit que de recevoir dans de vastes récipiens bien rafraîchis, tels que des tonneaux plongés dans l'eau aux deux tiers de leur hauteur, les vapeurs qui s'échappent en fumée pendant la carbonisation; on peut

les diriger à l'aide de tuyaux de fer semblables
à des tuyaux de poêle : ce procédé, très-économique, fournit un acide qui marque 4 à
6 degrés à l'aréomètre ; il est noirâtre, il
exhale une odeur empyreumatique ; il dissout le fer avec facilité, et la dissolution
prend à froid jusqu'à 20 et 22 degrés.

Cet acide est préféré au vinaigre pour
tous les usages de la teinture et de l'impression sur toile, il porte avec lui une huile
qui forme un excellent mordant pour les
toiles de lin et de coton, et déjà il remplace l'acide acétique dans les teintures
où il sert à composer ce qu'on appelle le
bouillon noir ou le mordant pour les noirs,
les violets, les pruneaux, les lilas, les nan-
kins, etc. Les couleurs portées sur ce mordant sont plus nourries, plus vives et beaucoup plus fixes que celles que produit l'acétate ordinaire de fer.

L'acide acétique, qu'on avoit connu sous
le nom d'acide *pyro-ligneux*, étoit retiré
du bois ; l'acide *pyro-muqueux* étoit fourni
par tous les mucilages sucrés ou fades ; et
l'acide *tartareux*, par la distillation du tartre.

Indépendamment de ces trois acides qui

ont spécialement occupé les chimistes, il est connu que toutes les substances végétales, de quelque espèce qu'elles soient, donnent un produit acide qui est de la même nature que ceux dont nous venons de parler. On peut donc poser en principe que la distillation des végétaux produit constamment du vinaigre.

Lorsqu'on veut employer aux usages de la teinture l'acide acétique provenant de la distillation, il est inutile, il seroit même préjudiciable à ses propriétés de lui enlever l'huile qu'il tient en dissolution. Mais, lorsqu'on desire de l'obtenir très-pur, on peut y parvenir en le filtrant à travers le charbon; on le sature ensuite de potasse, et on décompose l'acétate par la distillation.

Quelle que soit la méthode par laquelle on ait obtenu du vinaigre, on lui fait subir quelques préparations particulières pour le disposer à ses usages.

Le vinaigre contient toujours une quantité plus ou moins considérable de principe extractif dont il faut le débarrasser par la distillation : sans cela, il porteroit dans ses combinaisons un principe étranger qui, non-seulement altéreroit la qualité du produit, mais qui rallentiroit l'action de l'acide sur les corps avec lesquels on le combine.

La distillation s'exécute dans des vaisseaux de verre, lorsqu'on n'a l'intention que d'en préparer une petite quantité ; et dans des alambics de cuivre, lorsqu'on opère pour les arts ou pour le commerce.

La distillation commence au degré de l'eau bouillante ; mais les premiers produits sont foibles, et l'acide le plus concentré passe le dernier.

Le vinaigre distillé est blanc comme l'eau de roche : il est plus actif que celui qui n'a pas subi cette opération.

Le vinaigre distillé a l'inconvénient de conserver long-temps son odeur de feu ; mais cet inconvénient n'est réel que lorsqu'on le destine à l'usage de nos tables. On peut d'ailleurs le garantir de ce goût en le distillant au bain-marie, et en épaississant l'eau du bain par une forte dissolution d'un sel, tels que les muriates et nitrates de chaux ou les eaux-mères d'un sel quelconque, pour qu'il prenne lui-même une chaleur supérieure à celle de l'eau bouillante.

On connoît dans le commerce deux sortes de vinaigre : le blanc qui est fait avec du vin blanc ou avec du vin rouge qu'on fait aigrir sur du marc de raisin blanc, et le rouge qui provient de l'acétification du vin rouge.

Le vinaigre est susceptible de dissoudre et de conserver le principe odorant des végétaux : on peut donc l'*aromatiser ;* et cet art, simple dans ses principes, est devenu une branche considérable d'industrie. La lavande, le thim, le romarin, le citron, l'estragon, sont les substances sur lesquelles on distille ordinairement le vinaigre pour le charger de leur odeur. La plupart de ces vinaigres se préparent par infusion ; on filtre ensuite avec le plus grand soin pour séparer tous les principes étrangers qui en altèrent la couleur et la qualité. On peut encore aromatiser le vinaigre par le mélange de l'arome des plantes extrait séparément. On donne plus généralement le nom de *vinaigre composé* à celui qu'on a fait infuser sur les végétaux. La médecine et l'art de la toilette se sont emparés de ces méthodes pour fournir un excipient agréable à des médicamens ou à des odeurs.

On emploie le vinaigre pour la conser-
vation des viandes, des fruits et des légumes. M. Parmentier observe à cet sujet qu'il
déplace l'eau dont ces substances sont pénétrées, et s'allie aux principes qui les com-
posent, sur-tout à la gélatine.

On en fait un sirop qui forme une boisson aussi saine qu'agréable.

On est dans l'usage de concentrer le vinaigre *à la gelée* : on en sépare par ce
moyen une portion du principe aqueux
qui se convertit en glaçons qu'on enlève
à mesure qu'ils se forment.

Mais, lorsqu'on veut se procurer un vinaigre plus pur encore et bien déphlegmé,
on distille les produits dans lesquels il entre
comme principe constituant, tels que l'acétate de cuivre ou vert-de-gris cristallisé et
l'acétate de potasse fortement épaissi, d'après
le conseil de Stahl. Vestendorf a proposé
de distiller l'acétate de potasse avec la moitié de son poids d'acide sulfurique pour
avoir un acide très-concentré.

Lowitz a perfectionné ce procédé en distillant trois parties d'acétate de potasse avec
quatre parties acide sulfurique. On redis-

tille ensuite le produit de la première distillation sur l'acétate de barite qui retient l'acide sulfurique qui peut s'y trouver. L'acide acétique est alors si condensé, qu'il se réduit en cristaux.

Il nous reste à dire un mot des modifications que présente cet acide dans les divers états où on le trouve, et des circonstances qui favorisent sa formation.

Une expérience que j'ai faite, en 1781, et qui se trouve dans les Mémoires de l'Académie des Sciences de Paris pour l'année 1786, peut nous fournir quelques lumières sur la formation de l'acide acétique (1).

On place immédiatement sur le chapeau de la vendange en fermentation, des vases peu profonds, remplis d'eau pure : après trois ou quatre jours, l'eau est devenue acide, et on la met dans des bouteilles qu'on dépose dans un lieu tranquille et où la température soit d'environ 20 degrés. On laisse les bouteilles débouchées : au bout d'un mois, quelquefois plutôt, souvent plus tard, il se dé-

___

(1) Cette expérience donne constamment les mêmes résultats lorsqu'on opère sur des vins très-généreux, tels que ceux du Midi.

gage des flocons du sein de la liqueur, il s'excite une légère fermentation, la liqueur prend le goût et l'odeur du vinaigre, les flocons se déposent, le liquide s'éclaircit et le vinaigre est fait.

Il faut observer que si, au lieu d'employer de l'eau pure, on se sert de l'eau de puits ou de toute autre tenant du sulfate terreux en dissolution, les phénomènes ne sont plus les mêmes. L'acide sulfurique éprouve une décomposition qui s'annonce par une odeur de gaz hydrogène sulfuré et par du soufre qui se précipite en nature.

Il est hors de doute que, dans cette expérience, la fermentation du vinaigre est due à l'action et décomposition de l'alcool dissous dans l'eau et d'une portion de principe extractif qui y est transporté. L'existence de ces deux principes s'y démontre par l'analyse. L'odeur d'alcool qui s'annonce autour d'une cuve où la vendange fermente, nous fait concevoir aisément comment il est possible que de l'eau placée sur la vendange s'en imprègne : l'existence de la matière extractive est moins facile à concevoir ; cependant elle est réelle, et on ne peut pas se refuser à admettre que cette substance a été entraînée par l'alcool ou par l'acide carbonique.

Dans cette expérience d'acétification, le gaz hydrogène sulfuré qui se produit dans une circonstance, annonce que l'eau se décompose pour fournir l'oxigène concurremment avec l'acide sulfurique.

Les expériences suivantes qui présentent pour résultat la formation de l'acide acétique, nous éclaireront encore sur sa nature.

Scheele a obtenu du vinaigre en traitant le sucre et la gomme avec l'oxide de manganèse et l'acide nitrique.

Le même chimiste a observé que les derniers résultats de la décomposition des acides sur l'alcool dans la formation des éthers, étoient de l'acide acétique.

Il a encore vu que l'acide oxalique sur lequel on décomposoit l'acide nitrique, se transformoit en vinaigre. Hermstad a fait la même observation sur l'acide tartareux.

Scheele a fait passer l'acide gallique à l'état d'acide acétique, par le moyen de l'acide nitrique.

Creel, en faisant bouillir l'alcool avec l'acide sulfurique et le manganèse, a obtenu du vinaigre et du gaz azote.

Lorsqu'on fait digérer, pendant quelques mois, un mélange d'alcool et d'acide oxalique, tout devient vinaigre.

En mêlant de l'acide nitrique à l'alcool, on obtient, à volonté, de l'acide oxalique ou de l'acide nitrique. Il faut une plus forte dose pour ce dernier que pour le premier.

M. Berthollet a fait connoître, en 1785, que l'acide muriatique oxigéné pouvoit convertir l'alcool en sucre, vinaigre et eau, en abandonnant son oxigène.

La sève des arbres présente de l'acide acétique après quelques heures de repos dans des vases. Le tan échauffé en donne. Les eaux où trempent les légumes, les choux, les carottes, les navets, les pommes-de-terre, les concombres, les gousses du haricot, sont fortement acéteuses.

Scheele l'avoit extrait du lait aigri; MM. Fourcroy et Vauquelin l'ont trouvé dans le bouillon et les gelées animales, de même que dans l'urine des mammifères.

Il résulte des expériences nombreuses faites jusqu'à ce jour sur cet acide, qu'il est

III.   12

le produit de la fermentation, de la distillation et de la décomposition des acides nitrique et muriatique oxigéné sur les matières végétales ou sur d'autres acides extraits de ces substances.

D'où il suit que le radical de cet acide est par-tout dans le végétal; qu'il suffit d'une cause quelconque qui lui présente l'oxigène pour former l'acide, et que cet acide paroît composé d'hydrogène, de carbone et d'oxigène dans des proportions qui nous sont encore inconnues.

L'hydrogène et le carbone existent dans l'alcool et dans le principe extractif des végétaux : mais l'hydrogène prédomine dans le premier et le carbone dans le second; de manière que si on les oxigénoit séparément, l'alcool fourniroit beaucoup d'eau et peu d'acide acétique ; l'extractif fourniroit beaucoup d'acide carbonique et peu d'acide acétique. Mais lorsque les deux principes sont réunis, et qu'on les oxigène par un procédé quelconque, alors il se produit de l'eau et de l'acide carbonique qui ramènent les deux principes dans les proportions convenables pour former l'acide acétique.

La distillation de l'acétate de cuivre (cristaux de Vénus, vert-de-gris critallisé) donne un acide acétique très-piquant et tellement concentré, que le dernier qui passe à la distillation cautérise la peau, d'après l'observation de M. Bonvoisin (Mémoires de l'Académie royale de Turin, 1788 et 1789).

On a cru que cet acide différoit du vinaigre ordinaire ; j'ai même prouvé qu'il contenoit beaucoup moins de carbone ; mais M. Darracq a fait voir que cet excédent de carbone provenoit du principe extractif qui est mêlé avec le vinaigre, et que, lorsqu'on l'en avoit débarrassé, ces deux états de l'acide ne différoient que par le degré de concentration.

De sorte qu'aujourd'hui nous ne connoissons qu'un acide de vinaigre qu'on appelle *acide acétique.*

SECTION XIII.

De l'Acide oxalique.

C'EST au célèbre Bergmann que nous devons la découverte de cet acide. Il la publia, le 13 juin 1776, dans une thèse qu'il fit soutenir à Upsal par *Arvidson.*

Cet acide fut connu d'abord sous le nom d'*acide du sucre*, d'*acide saccharin*; et on le regarda comme une modification de l'acide nitrique, parce qu'on l'obtenoit par l'action de cet acide sur le sucre.

Aujourd'hui, on appelle cet acide *acide oxalique*, parce qu'il est reconnu que c'est le même acide qui est en combinaison avec la potasse dans le sel d'oseille.

Le procédé que Bergmann nous a fait connoître pour extraire ou former cet acide, se borne à ce qui suit :

On met dans une cornue tubulée, au bain de sable, une partie de sucre pilé et trois d'acide nitrique ordinaire, ou dont la pesanteur spécifique soit à celle de l'eau comme 1,560 : 1,000. Le sucre ne tarde pas à se dissoudre; il s'en élève bientôt des vapeurs rutilantes, et le mélange bout à grand'force. Dès que l'effervescence est appaisée, on entretient le feu, et la liqueur ne tarde pas à se colorer en brun. On y verse alors pareille quantité d'acide nitrique, et on continue de faire bouillir.

Lorsque la liqueur est suffisamment rapprochée (ce dont on juge par quelques petits cristaux qui se forment à la surface, ou en en faisant refroidir une petite quantité), on la verse dans une capsule ; il se forme des cristaux prismatiques quadrilatères , longs et étroits.

On remet l'eau-mère dans la cornue, et on verse dessus une nouvelle quantité d'acide nitrique. On évapore comme la première fois, et on obtient une seconde levée de cristaux.

En suivant ce procédé , on forme beaucoup d'acide malique ; et , vers la fin de l'opération , il ne se produit que de l'acide carbonique.

J'ai trouvé beaucoup plus avantageux d'employer de suite 9 parties d'acide nitrique contre une de sucre ; la décomposition de l'acide nitrique est plus complète, et le produit en acide oxalique plus considérable.

Après la première levée de cristaux, lorsque les *eaux-mères* sont de nouveau portées sur le feu , j'ajoute encore un tiers de la totalité du sucre précédemment employé : il se dégage une nouvelle quantité de gaz nitreux qui devient rutilant , et j'obtiens une nouvelle quantité de cristaux.

J'évapore de nouveau les eaux-mères, et

ajoute du sucre ou de l'acide, selon le besoin.

Mais les premiers cristaux sont mouillés d'acide nitrique, dont il faut les débarrasser par des dissolutions dans l'eau et des cristallisations successives. Si l'ébullition est forte, il y a un déchet considérable, parce que cet acide se volatilise à tel point, que, lorsque l'évaporation se fait au bain de sable, dans des vaisseaux ouverts, il est difficile de rester dans le voisinage, par le picotement sur la peau et dans le nez qu'occasionnent ces émanations.

La forme régulière des cristaux d'acide oxalique bien purifiés, est celle d'un prisme à quatre pans, terminé par des sommets dièdres.

Le sucre n'est pas la seule substance qui fournisse le radical de cet acide : Bergmann l'a retiré de la gomme arabique, dans la proportion d'environ le quart du poids de la gomme employée. L'alcool, traité avec trois fois son poids d'acide nitrique, lui en a fourni les trois huitièmes de son poids.

Deux onces (0,61188 hectogrammes) de manne, traitées avec 12 onces (3,67128 heclogrammes.) d'acide nitrique à 32 degrés, m'ont fourni 2 gros 66 grains (35,82076 décigrammes) d'acide oxalique.

Une once 6 gros (2,59952 décagrammes) d'extrait de farine de froment, sur laquelle j'ai fait décomposer 16 onces (2,29358 hectogrammes) acide nitrique à 36 degrés, m'a fourni 4 gros 36 grains (1,55112 grammes) d'acide oxalique.

L'extrait de la farine de seigle m'en a fourni un tiers de moins; et celui de la farine d'orge, un quart de moins que ce dernier, quoiqu'il fût plus sucré au goût.

Deux onces (0,61188 hectogrammes) d'extrait provenant d'une livre (0,48951 kilogrammes) de racines de bettes-raves blanches, traitées avec 8 onces (2,40752 hectogrammes) d'acide à 41 degrés, ont donné 3 gros 4 grains (2,44073 décigrammes) d'acide oxalique.

Une once (0,30594 hectogrammes) d'extrait de racine de panais et 8 onces (2,40752 hectogrammes) acide nitrique à 41 degrés, en a donné 36 grains (19,12140 décigrammes).

L'extrait des raisins secs donne un huitième d'acide : celui d'érable, un gros 22

grains (5o,o2770 décigrammes) par once
(o,3o5g4 hectogrammes); et celui du frêne
de nos climats méridionaux, près de 2 gros
(o,76486 décagrammes).

Huit onces (2,40752 hectogrammes)
acide nitrique à 40 degrés, en ont fourni
2 gros 36 grains (environ un décagrammes)
par once (o,3o5g4 hectogrammes) de gomme
arabique; la gomme adragant m'en a moins
donné.

M. Berthollet a retiré cet acide en petite
quantité du coton , et en quantité plus
ou moins grande de la soie , de la laine , de
la peau , des tendons , des cheveux , de la
gélatine , de l'albumen , du jaune d'œufs ,
du gluten , etc.

Hermstadt a prouvé qu'on peut faire
passer à l'état d'acide oxalique, par la décomposition de l'acide nitrique , les acides
du tamarin , du citron , du jus de prunes ,
de poires , de groseille , d'épine - vinette ,
d'oseille , etc.

Scheele a converti l'acide gallique en
acide oxalique par l'acide nitrique.

On peut donc regarder l'acide oxalique
comme ayant pour base un radical qui
existe dans presque toutes les substances

animales et végétales, et qui n'a besoin que
d'oxigène pour passer à l'état acide. La facilité avec laquelle on convertit ces acides
l'un dans l'autre, en leur donnant plus ou
moins d'oxigène et leur ôtant plus ou
moins de carbone ou d'hydrogène, ne permet pas de douter que tous n'aient un radical commun qui varie ensuite dans ses
proportions avec l'oxigène et par celle des
deux radicaux entr'eux.

On a trouvé l'acide oxalique à nu dans
les poils des pois-chiches : nous devons
cette jolie observation à MM. Deyeux et
Proust.

L'acide oxalique a toutes les propriétés
caractéristiques des acides : sa saveur est
très-forte : il n'en faut que 7 grains (3,71805
décigrammes) pour aciduler sensiblement
une pinte d'eau : une seule partie dissoute
dans 1920 parties d'eau, rougit le papier
bleu du sucre ; et une partie dissoute dans
3600 d'eau, colore en rouge le bleu délayé
du tournesol.

Cet acide est très-soluble dans l'eau, et
produit un refroidissement très-sensible
dans le liquide. L'eau bouillante en dissout
poids égal, l'eau froide en dissout moitié

lorsqu'elle est à la température de 12 degrés.

Cent parties d'alcool bouillant en prennent 56 d'acide.

Les cristaux d'acide oxalique perdent, par la chaleur, trois dixièmes d'eau de cristallisation.

Les propriétés qui caractérisent essentiellement l'acide oxalique, celles sur lesquelles sont fondés les usages auxquels on l'emploie, sont, 1°. la faculté d'enlever la chaux aux principaux acides connus; 2°. la facilité avec laquelle il dissout l'oxide de fer.

La première de ces propriétés le rend précieux, comme réactif, pour reconnoître et constater la présence d'un sel calcaire tenu en dissolution dans quelque liquide. Mais l'oxalate d'ammoniaque présente encore un réactif plus actif que l'acide noncombiné : un petit cristal d'oxalate suspendu sur la surface de l'eau ordinaire, et en contact avec elle, présente, un moment après, un nuage blanc immédiatement au-dessous de lui, lequel annonce déjà la décomposition du sel terreux ; et, lorsqu'on précipite le cristal d'oxalate à travers l'eau, il laisse après lui un nuage qui marque la ligne qu'il a suivie et la décomposition successive et rapide qui s'est opérée.

Mais, c'est sur-tout par la propriété qu'a l'acide oxalique de dissoudre les oxides métalliques, qu'il est précieux dans les arts. Déjà, dans les fabriques de toiles peintes, on en fait une consommation considérable pour enlever le mordant de dessus quelques parties des étoffes. Au lieu de porter le mordant sur la toile avec une planche, et d'y tracer, par ce moyen, un dessin, on couvre toute la toile de mordant; et, lorsqu'elle est sèche, on applique cet acide, convenablement gommé, sur les parties qu'on veut réserver en blanc; l'acide détruit le mordant, de sorte que la couleur ne prend plus sur la partie où le mordant a été appliqué. C'est par ce moyen qu'on fait les *sablés* et tous les dessins délicats qu'on ne pourroit pas exécuter à la planche.

On conçoit aisément que si, par le moyen de cet acide, on peut enlever complètement le mordant de dessus quelques points de l'étoffe, à plus forte raison pourra-t-on en corriger et modifier l'énergie, de manière à établir toutes sortes de nuances sur une

étoffe qu'on aura imprégnée de mordant
en totalité : il ne s'agit que de varier la
force de l'acide qu'on applique secondai-
rement.

L'acide oxalique est la substance la plus
propre qu'on puisse employer pour lever
les taches d'encre de dessus les habits, le
linge, etc. il ne s'agit que d'en écraser un
petit cristal sur la tache humectée d'eau, et de
frotter avec le linge lui-même pour en opérer la dissolution. On peut se servir aussi
d'une forte dissolution de cet acide dans
l'eau.

SECTION XIV.

De l'Acide benzoïque.

LES *baumes* sont des résines naturellement unies à un acide odorant et concret.
L'histoire naturelle nous en présente trois
principaux : le *benjoin*, le *baume du Pérou*
et le *storax calamite*.

On peut extraire un acide concret de chacun de ces trois baumes; mais on n'emploie
guère à cet usage que le benjoin, et l'acide
porte alors le nom d'*acide benzoïque*.

On connoît deux variétés de benjoin dans le commerce, l'*amigdaloïde* et le *commun :* le premier est formé par les plus belles larmes de ce baume, liées entr'elles par un gluten ou suc de même nature, mais plus brun, ce qui donne à la masse l'aspect du *nougat.* Le second est le suc lui-même sans mélange de ces belles larmes.

Le benjoin mis sur les charbons, se fond, s'enflamme promptement, et répand, en brûlant, une odeur forte et aromatique. Mais, si on l'échauffe sans l'enflammer, il se boursouffle et laisse échapper une odeur plus suave, quoique très-forte.

Le benjoin, écrasé et bouilli avec l'eau, fournit un sel très-soluble qui cristallise, par refroidissement, en longues aiguilles. Mais, par ce moyen, on ne peut pas extraire la totalité du sel acide contenu dans le benjoin, parce que la résine, impénétrable à l'eau, en garantit une portion de l'action de ce dissolvant.

On a eu recours à la sublimation pour séparer le sel d'avec la résine : à cet effet, on met le benjoin concassé dans un matras de verre; on place le matras sur un bain de sable, et on procède à la sublimation par une chaleur graduée; le sel acide se sépare de la masse, et se dépose en longues aiguilles très-blanches dans la capacité du vaisseau.

Quelques pharmaciens mettent le benjoin dans un plat, recouvrent le plat d'un second, et lutent, avec du papier, les jointures : ils pratiquent une petite ouverture vers le milieu du plat supérieur, et placent l'appareil sur le feu. La chaleur volatilise le sel acide, qu'on sépare, après que les vaisseaux sont refroidis, en délutant les deux vases.

Ces procédés ne fournissent point tout le sel contenu dans le benjoin : une grande partie s'échappe dans les airs : aussi ce sel est-il très-cher dans le commerce.

Pour l'obtenir en plus grande quantité, je commence par distiller le benjoin à la cornue, et fais passer dans le récipient tout le baume : je fais bouillir de l'eau sur le produit *désorganisé*, et en sépare alors aisément tout le sel qui se précipite par le refroidissement et l'évaporation.

Scheele a proposé d'extraire l'acide benzoïque par l'eau de chaux : il décompose le benzoate qui en provient par l'acide muriatique, et sépare l'acide en le faisant cristalliser dans la dissolution du muriate de chaux.

L'acide benzoïque brunit avec le temps : il est même rare, lorsqu'on le retire par le moyen de l'eau, de l'avoir très-blanc ; cela dépend d'une portion d'huile qui en est presque inséparable, mais dont on peut néanmoins le débarrasser en le mêlant avec du charbon, et le sublimant ensuite par l'application d'une chaleur suffisante.

L'acide benzoïque, sublimé ou réduit en vapeurs par le feu, a une odeur aromatique très-pénétrante qui excite la toux : il est prudent de n'ouvrir les vaisseaux dans lesquels on le sublime, que lorsqu'ils sont froids : on s'exposeroit, autrement, à perdre une partie de ce sel et à respirer ces vapeurs très-irritantes.

Ce sel acide rougit le papier bleu.

Il dégage l'acide des carbonates, et se combine parfaitement avec les bases métalliques, terreuses et alkalines.

On a trouvé l'acide benzoïque dans l'urine des animaux frugivores : MM. Deyeux et Vauquelin ont observé, en 1792, que les concrétions que dépose l'eau de cannelle, ont les propriétés de l'acide benzoïque ; et

Scheele avoit été frappé de l'analogie qu'il appercevoit entre le sel acide sublimé de la noix de galle et l'acide benzoïque.

SECTION XV.

De l'Acide prussique.

JUSQU'ICI, on avoit cru que l'acide prussique appartenoit exclusivement aux substances animales : mais M. Scrader, pharmacien à Berlin, et M. Vauquelin, l'ont obtenu par la distillation au bain-marie des amandes amères broyées et des feuilles de pêcher. Le chimiste français l'a encore retiré des noyaux d'abricots ; et il est probable que les feuilles, les fleurs et les amandes de pêcher, de même que les noyaux de prunes et de cerises, le contiennent, puisqu'il y a une analogie frappante dans l'odeur.

Mais les substances animales sont les seules, jusqu'à ce jour, dont on ait extrait l'acide prussique pour l'employer dans les arts ; et, quoique la distillation du sang et l'action de l'acide nitrique sur l'albumine, le gluten et la fibre animale le produisent, c'est sur-tout en lui présentant une base alkaline qu'on l'a extrait jusqu'à aujourd'hui : et c'est ensuite de ces nouvelles combinaisons qu'on le dégage, lorsqu'on veut l'avoir pur ou le porter sur d'autres bases.

1°. La potasse, mêlée à parties égales avec du sang de bœuf desséché, et calcinée dans un creuset jusqu'à ce que le mélange ne donne plus de flamme et soit converti en un charbon rouge, s'empare de l'acide prussique, et forme un prussiate de potasse soluble dans l'eau, et qu'on débarrasse de toutes les matières qui le salissent, en projetant le charbon rouge du creuset dans l'eau, et séparant ensuite le dépôt du liquide pour avoir une dissolution très-pure de prussiate de potasse. Cette dissolution de prussiate, qu'on a appelée pendant long-temps *alkali phlogistiqué*, *liqueur colorante du bleu de Prusse*, est susceptible de fournir des cristaux de prussiate, si on la rapproche par évaporation.

Cette dissolution de prussiate, à laquelle on ajoute de l'acide sulfurique, laisse échapper, à la distillation, une substance gazeuse dont l'odeur est analogue à celle des amandes amères, et qui n'est que l'acide prussique,

III.   13

en même temps qu'il se précipite un peu de prussiate de fer. Dans cette expérience, le prussiate cède d'abord sa base alkaline à l'acide sulfurique, et l'acide prussique devenu libre se volatilise par la chaleur; mais on peut pareillement dégager cet acide du prussiate de fer précipité, en redistillant de l'acide sulfurique sur le résidu ; de manière qu'il ne reste que des sulfates et de l'ochre, et que tout l'acide prussique passe dans le récipient.

2°. Comme cet acide a beaucoup d'affinité avec quelques oxides métalliques, Scheele, à qui nous devons la découverte de cet acide et quelques faits très-intéressans sur ses principales combinaisons, a employé avec succès l'oxide rouge de mercure préparé par l'acide nitrique pour former un prussiate de mercure d'où l'on pût extraire l'acide commodément.

Ce célèbre chimiste met, dans une cucurbite de verre, 2 onces (0,61188 hectogrammes) prussiate de fer, une once (0,30594 hectogrammes) oxide rouge de mercure, 6 onces d'eau (1,83564 hectogrammes) : on fait bouillir le mélange pendant quelques minutes, en le remuant continuellement : la liqueur prend une couleur jaune tirant

au vert. On verse le tout sur un filtre, et
on jette sur le résidu un peu d'eau bouillante pour le bien laver.

Cette liqueur est un prussiate de mercure qui a la saveur métallique, qui n'est
précipité ni par les acides ni par les alkalis,
et qui n'est décomposable que par une longue digestion avec d'autres substances métalliques.

On verse cette dissolution dans un flacon
dans lequel on a mis une demi-once (0,15297
hectogrammes) de limaille de fer non oxidée, on y ajoute 3 gros (1,14729 décagrammes) d'acide sulfurique, et l'on agite
pendant quelques minutes : le mélange devient tout noir par la réduction du mercure. La liqueur a perdu sa saveur mercu-
rielle, et a pris celle de fleur de pêcher. On
sépare cet acide prussique très-volatil par
la distillation à un feu doux.

Scheele a conseillé de bien luter l'appareil, de mettre un peu d'eau dans le récipient, d'employer de petits vaisseaux pour
perdre le moins possible d'acide, et de faciliter
la condensation par une température froide.

L'acide prussique a des caractères propres qui servent à le faire distinguer de

toute autre : 1°. Son odeur est analogue à celle des amandes amères. 2°. Sa saveur tourne au doux et produit de la chaleur dans la bouche en excitant la toux. 3°. Il enlève le fer à tous les acides, et forme un prussiate bleu. 4°. Il précipite l'huile et le soufre de ses combinaisons avec l'alkali. 5°. Il est très-volatil, très-élastique, et ne se décompose pas par la chaleur.

M. Berthollet, qui a porté sur la nature de cet acide et de ses combinaisons ce coup-d'œil observateur qui embrasse et éclaire tout, a conclu de ses expériences que c'étoit un composé d'hydrogène, de carbone et d'azote. La simple distillation des divers prussiates alkalins ou terreux, vient à l'appui de cette opinion : elle ne produit que du gaz hydrogène, du gaz azote, de l'ammoniaque et un peu de carbone.

Si la distillation des prussiates métalliques fournit de l'acide carbonique, d'après les propres observations de Scheele, c'est que les métaux qui y sont à l'état d'oxide donnent l'oxigène nécessaire à la formation de l'acide carbonique.

M. Fourcroy qui a retiré, par la distillation de 10 parties de *serum* de sang et

d'une d'acide nitrique, du gaz azote, du gaz
nitreux, du gaz prussique et de l'acide carbonique, en a conclu que l'acide prussique
contenoit aussi de l'oxigène qu'il prend à
l'acide nitrique, puisque le *serum* seul ne
donne point d'acide prussique à la distillation : M. Berthollet a répondu que l'action
de l'acide nitrique séparoit aussi de l'ammoniaque dans quelques circonstances, et
que cependant on ne pouvoit pas en conclure qu'elle contînt de l'oxigène. Il me
paroît aussi que, dans l'expérience de
M. Fourcroy, l'acide carbonique peut être
formé par l'oxigène de l'acide nitrique, et
que l'acide prussique peut en être exempt:
d'ailleurs, la propriété qu'a l'acide prussique pur de réduire les oxides de fer, de
cuivre, de mercure, d'argent; la faculté
qu'ont les prussiates métalliques de fournir, à la distillation, de l'acide carbonique,
tandis que les prussiates alkalins n'en donnent pas; la nécessité de présenter au prussiate de mercure un corps qui puisse s'emparer de l'oxigène de l'oxide pour mettre
à nu l'acide prussique, sont des phénomènes qui ne paroissent point s'accorder
avec l'existence de l'oxigène dans cet acide.

La manière dont l'acide muriatique oxigéné modifie l'acide prussique, fournit encore des preuves de la non existence de
l'oxigène dans cet acide. Si l'on mêle ces
deux acides, le premier redevient acide
muriatique ordinaire, et le second prend
une odeur plus vive et beaucoup plus de
volatilité, en même temps que son affinité avec la chaux et les alkalis s'affoiblit.
Dans cet état, il précipite le fer en vert,
et ce vert ne devient bleu que lorsque, par
l'action de la lumière ou de l'acide sulfureux, on déplace ou l'on s'empare de l'oxigène que l'acide muriatique oxigéné avoit
déposé.

L'acide prussique imprégné d'acide muriatique oxigéné, et exposé à la lumière,
prend une odeur d'huile aromatique, et se
rassemble, au fond de l'eau, en une petite
quantité d'une huile qui n'est point inflammable, et qu'une légère chaleur vaporise. En
répétant l'expérience, on peut décomposer
complètement l'acide prussique, et alors
cette espèce d'huile devient concrète et se
réduit en cristaux. Le fer et l'acide sulfureux ne le rétablissent pas.

L'acide prussique saturé d'oxigène, et

mêlé à la chaux ou à la potasse, laisse
échapper de l'ammoniaque, et il se forme
de l'acide carbonique qui s'unit à la potasse
ou à la chaux.

La décomposition de l'acide prussique
par l'oxigène, nous fournit donc de l'acide
carbonique et de l'ammoniaque, et tout
porte à croire que l'oxigène ne doit pas
être compté parmi ses élémens.

SECTION XVI.

De l'Acide gallique.

La décoction de noix de galle rougit le
papier bleu, la teinture du tournesol et
celle des mauves et des petites raves : ces
faits étoient connus; mais aucun chimiste,
avant Scheele, n'avoit extrait cet acide
pour en constater les propriétés particulières.

Ce célèbre chimiste conseille de faire
infuser la poudre de noix de galle dans
l'eau, et de la remuer pendant quatre à cinq
jours que dure cette infusion : on filtre
ensuite la liqueur, et on la laisse exposée
à l'air, dans un ballon de verre, jusqu'à ce

qu'il se forme un précipité considérable ;
on lave ce précipité à l'eau froide, on le
dissout ensuite dans l'eau chaude, on filtre
et on évapore à une douce chaleur. Pendant l'évaporation, une partie se précipite
comme un sable fin, tandis que l'autre
partie forme, au fond, des cristaux disposés
en soleil. Ce sel acide est gris, et il est impossible de le rendre plus blanc par des dissolutions, filtrations et cristallisations répétées.

Le même chimiste a encore retiré, de la
noix de galle, par la distillation, un phlegme
acide, et a observé que, vers la fin, il s'élevoit un sel volatil-acide ; il a reconnu à ce
sel sublimé le goût et l'odeur de l'acide benzoïque.

M. Deyeux a prouvé ensuite qu'il suffisoit d'une chaleur un peu supérieure à
l'eau bouillante, pour sublimer le sel acide
au col de la cornue où s'en fait la distillation.

M. Proust, qui s'est encore occupé de cet
objet, nous a indiqué un moyen d'avoir cet
acide très-pur : il consiste à verser de la dissolution de nitro-muriate d'étain sur une
décoction de noix de galle ; il s'y forme,

presque dans le moment, un précipité jaunâtre très-abondant ; et la liqueur qui surnage contient l'acide gallique , de l'acide muriatique et du muriate d'étain ; le précipité est une combinaison de tanin avec l'oxide d'étain.

On fait passer du gaz hydrogène sulfuré à travers la dissolution pour en précipiter l'étain qui y reste ; on laisse reposer la liqueur pendant quelques jours ; on filtre, et on évapore dans une capsule de verre, jusqu'à ce que l'acide gallique cristallise par refroidissement.

M. Berthollet a prouvé qu'on pouvoit obtenir cet acide, en laissant l'infusion des noix de galle dans des vaisseaux clos et à l'abri de l'air.

Ce célèbre chimiste a essayé en vain d'extraire un semblable acide du sumach , du brou de noix et de beaucoup d'autres astringens : il paroît qu'il n'est contenu que dans la noix de galle ; et c'est là ce qui lui donne des propriétés qu'aucun astringent ne possède au même degré.

Cet acide a une saveur aigre comme tous les autres , et fait passer au rouge les couleurs bleues qui servent ordinairement d'épreuve.

Il se dissout dans trois parties d'eau bouillante, et se précipite en cristaux par refroidissement.

L'alcool bouillant en dissout poids égal.

Cet acide précipite l'or de ses dissolutions en vert; l'argent, en brun; le mercure, en jaune orange; le cuivre, en brun; le fer, en noir; le plomb, en blanc; le bismuth, en jaune citron.

Le platine, le zinc, l'étain, le cobalt, le manganèse, n'en éprouvent aucun changement.

Ce sel acide se décompose par des sublimations répétées.

Nous bornerons là tout ce que nous avons à dire sur les acides : il en existe d'autres dont nous aurons occasion de parler incessamment, en parlant de l'oxidation des métaux. Mais nous en passons plusieurs sous silence ; d'abord parce qu'ils ne sont d'aucun usage ; et, en second lieu, parce qu'étant ou le produit d'une distillation, ou le résultat de la décomposition

de l'acide nitrique sur une substance végé-
tale ou animale, ils peuvent être multipliés
à l'infini par des nuances interminables
dans les proportions entre l'oxigène et les
radicaux, ou entre les radicaux eux-
mêmes,

TITRE III.

DU MÉLANGE ET DES COMBINAISONS DES CORPS ENTRE EUX.

Jusqu'à présent, nous avons considéré les corps dans leur état de simplicité ou sous leur forme de principes élémentaires : c'étoit le seul moyen d'en constater les propriétés qu'il est nécessaire de connoître pour suivre les effets des combinaisons, et analyser les résultats de toutes les décompositions dont nous sommes témoins chaque jour. Si nous avons compris les acides dans la classe des corps simples, quoique la plupart soient évidemment composés, c'est que ces substances sont avides de combinaisons, qu'elles nous servent d'agens ou d'intermèdes dans presque toutes nos opérations, et qu'il est presque impossible de s'occuper d'analyse ou de synthèse, sans recourir aux acides.

CHAPITRE PREMIER.

Du mélange des Gaz entre eux.

SECTION PREMIÈRE.

Du mélange du Gaz oxigène avec le Gaz azote (atmosphère terrestre, air atmosphérique).

L'AIR atmosphérique est cette masse de fluide dans laquelle nous nous mouvons et nous respirons.

De tout temps, il fut l'objet de l'étude des physiciens ; mais toutes leurs recherches n'ont servi qu'à nous en faire connoître quelques propriétés physiques. Il étoit réservé à la chimie moderne d'en constater la nature, d'en démontrer les principes, et d'en déterminer les usages par l'analyse et les résultats de sa formation et de sa décomposition.

Le chimiste doit considérer l'atmosphère sous quatre rapports. 1°. Dans son action sur les autres fluides élastiques ; 2°. dans l'influence de son poids sur les opérations chimiques ; 3°. dans la nature et les proportions de ses principes constituans ; 4°. dans la combinaison de ses principes avec les autres substances.

1°. Non-seulement les fluides gazeux ont une action très-marquée sur les solides et les liquides; mais ils en exercent encore une très-puissante entr'eux. M. Cavendish (*Expériences sur l'Air. Transactions philosophiques*, *1784*) a observé qu'en agitant un mélange de dix parties d'air atmosphérique et d'une d'acide carbonique, avec un volume égal d'eau distillée, celle-ci n'enlevoit à l'air que la moitié de l'acide carbonique: une égale quantité d'eau traitée de même, n'enlève que la moitié du restant de l'acide carbonique, etc. M. Berthollet a éprouvé que si, dans la combustion d'un gaz hydrogène carboné, on avoit un résidu, celui-ci retenoit près d'un dixième de l'acide carbonique formé, quoiqu'on l'agitât sur une quantité d'eau très-considérable. C'est par une suite de l'action que l'air exerce sur l'acide carbonique, qu'il enlève à l'eau celui qui peut y être en dissolution. Tous les procédés eudiométriques par lesquels on cherche à extraire tout le gaz oxigène contenu dans une quantité donnée d'air atmosphérique, pour en déterminer les proportions, ne peuvent point arriver à l'en séparer complètement. MM. Vassali et Volta ont vu que le gaz hydrogène et l'acide carbonique se mêloient peu à peu à l'air atmosphérique, de manière à s'y répartir également; M. Volta a même observé qu'en vertu de cette action dissolvante, le gaz hydrogène descendoit dans l'air atmosphérique, pour s'y mêler (1).

Cette affinité entre les gaz explique encore pourquoi l'air puisé dans l'atmosphère, à quatre mille toises au-dessus de la terre, a présenté à M. Gay-Lussac la même proportion entre les principes constituans, que l'air de la surface de la terre.

Tout ceci prouve que dans le mélange des gaz, il se fait une sorte de saturation, et que, lorsque les gravités respectives varient peu, comme celles qui existent entre l'azote et l'oxigène, on trouve leur mélange, à peu de chose près, dans les mêmes proportions, à toutes les hauteurs.

La différence qu'il y a entre les mélanges

(1) Ce qui doit calmer les craintes de ceux qui croient que le gaz hydrogène qui se dégage par la décomposition des corps, doit constamment s'élever dans la partie supérieure de l'atmosphère, pour y former une couche particulière, et épuiser enfin la surface du globe d'un des principes des corps.

des liquides et ceux des gaz, c'est que, dans les premiers, il y a condensation, changement de température et de volume; tandis que dans l'action mutuelle des gaz, on n'observe aucun de ces phénomènes, pourvu qu'il n'y ait pas combinaison.

Il faut bien distinguer la combinaison des gaz d'avec leur mélange. La combinaison entraîne condensation, et donne naissance à des propriétés nouvelles. Le mélange ne change rien aux propriétés individuelles des gaz; elles ne sont foiblement diminuées ou modifiées qu'à raison de l'affinité qui les rapproche. Le mélange établit un état permanent d'un gaz qui a des propriétés particulières, différentes de celles des corps qui constituent le mélange, sans que néanmoins il y ait combinaison.

Ce sont les combinaisons de quelques gaz entr'eux qui ramènent sur la terre les substances qui, par des décompositions successives, s'en étoient élevées. L'ammoniaque s'y combine avec l'acide carbonique; l'hydrogène et l'azote, avec l'oxigène; et l'atmosphère, qui pompe les fluides gazeux qui s'échappent de notre sol, ne tarde pas à les lui rendre dans un état de combinaison.

Nous avons déjà dit que les vapeurs n'étoient que des liquides dissous dans le calorique, et pouvant en être précipités par l'abandon du dissolvant ou par leurs combinaisons avec d'autres corps. Il nous importe d'examiner tous ces phénomènes, surtout par rapport à l'eau, d'après le rôle immense qu'elle joue dans toutes les opérations de la nature et de l'art.

Si la température est plus élevée que celle qui est nécessaire pour maintenir un liquide à l'ébullition, le liquide reste dans un état permanent de vapeur; et il se comporte comme les autres fluides gazeux, ainsi que M. Gay-Lussac l'a prouvé.

Lorsque la température d'un liquide est portée et entretenue au degré de l'ébullition, si on diminue la compression, la vapeur se dilate comme un autre gaz; si on l'augmente, elle laisse précipiter une portion du liquide, jusqu'à ce que la pression corresponde à celle de 28 pouces (75,7960 centimètres) de mercure, ou à celle de l'atmosphère.

L'eau qui se dissout dans l'air, y prend l'état élastique : M. Deluc avoit déjà observé que l'air humide étoit plus léger que l'air sec ; et expliquoit par-là l'abaissement du mercure dans le baromètre, par un temps humide.

Leroy, célèbre médecin de Montpellier, avoit annoncé que l'eau se dissolvoit dans l'air, et il comparoit cette dissolution à celle d'un sel dans un liquide. M. de Saussure a modifié cette doctrine, et a prouvé que le volume de l'air en est affecté selon sa compression et sa température ; et qu'à une température de 15 degrés, un pied cube (34,27726 décimètres cubes) d'air ne peut tenir en dissolution que 11 grains (5,84269 décigrammes) d'eau. Cette quantité diminue par les abaissemens de température. Ce célèbre physicien a encore prouvé que la quantité pondérale de vapeur aqueuse, est constamment la même dans le même espace, quelle que soit la quantité d'air, et que la température seule fait varier cette quantité.

Il s'ensuit des expériences faites jusqu'à ce jour, par MM. Saussure, Deluc, Volta, Berthollet, etc. 1°. que l'air dissout les liquides évaporables par son affinité ; 2°. que dans cette dissolution, ils prennent la forme de fluides élastiques ; 3°. que, dans cet état, ils jouissent de toutes les propriétés qui appartiennent aux fluides.

Il suit de-là, que l'eau tenue en dissolution par l'air, acquiert, par l'état élastique qu'il lui procure, les mêmes propriétés qu'elle a lorsqu'elle est réduite en vapeur par la chaleur.

L'air a donc la propriété de maintenir l'eau à l'état élastique, et de lui donner les propriétés d'un gaz permanent jusqu'au terme de sa saturation.

Ces principes doivent être appliqués à toutes les dissolutions de liquides quelconques dans les fluides gazeux.

Il suit encore de-là, que la vapeur élastique de l'eau doit éprouver, par la variation de température au-dessus de celle de l'ébullition, les mêmes dilatations que les autres gaz.

M. de Saussure a prouvé, en comparant les quantités d'eau qu'il dissolvoit dans l'air sec, et l'accroissement de tension qui en résultoit, qu'il y avoit un rapport constant entre la vapeur produite et la tension; et que la pesanteur de cette vapeur étoit à celle de l'air, comme 10 à 14, à égalité de température et de compression; or, Lavoisier a conclu, de ses expériences, que la pesanteur spécifique de l'air à 10 degrés du thermomètre, étoit à celle de l'eau, comme 842 à 1. Ce qui donne, en évaluant à un tiers l'augmentation de volume de la vapeur d'eau, depuis 10 degrés du thermomètre jusqu'à 80, une pesanteur spécifique de 1570.

Les liquides qui passent à l'état de vapeur, entraînent presque toujours avec eux une portion des substances qu'ils tenoient en dissolution. C'est ce qui s'observe dans les ateliers où l'on évapore des solutions de sels métalliques, pour les emmener à cristallisation. C'est une suite de l'affinité des dissolvans avec les sels; affinité assez puissante pour vaincre la résistance qu'oppose la gravité des matières salines.

2°. Ayant déjà traité des modifications qu'apporte l'élasticité de l'atmosphère aux loix des affinités, nous ne dirons plus qu'un mot sur l'influence de son poids dans les opérations chimiques.

Lorsqu'on diminue le poids de l'atmosphère, non-seulement les gaz se dissolvent en moins grande quantité dans les liquides, mais ceux même qui y étoient dissous s'en échappent.

Toutes les causes qui augmentent l'élasticité d'un gaz, diminuent sa tendance à la combinaison : cette élasticité s'augmente par le calorique ou par la diminution du poids de l'atmosphère.

On peut donc considérer le poids de l'atmosphère, comme une cause toujours agissante qui s'oppose à la volatilisation, et retient en dissolution ou à l'état de combinaison ou même à l'état liquide, les corps doués d'une élasticité suffisante pour paroître sous forme de gaz, dès que sa compression diminue ; de sorte que si nous supposons, pour un instant, que l'atmosphère vienne à cesser de comprimer, de son poids, les corps qui sont à la surface du globe, nous verrons la presque totalité des gaz dissous dans les liquides, s'en dégager, la plupart des combinaisons se désunir, et plusieurs liquides s'évaporer et conserver l'état permanent de vapeurs.

Le chimiste et le physicien ont cherché à tirer parti de cette propriété de l'atmosphère, pour varier son action sur les corps : ils augmentent ou diminuent la vertu ré-

solvante des liquides, vaporisent ou condensent ces mêmes liquides, presque à
volonté, en modifiant la pression de l'atmosphère; et cette force physique est devenue à-la-fois un des grands mobiles du
physicien, et une des principales ressources
du chimiste.

MM. Laplace et Lavoisier ont fait d'importantes observations sur la vaporisation
de l'éther et de l'alcool dans le vide; ils en
ont conclu que la force élastique de la vapeur croît selon la température, et que le
fluide passe à l'état de gazéité du moment
que sa tension devient plus forte que la
compression de l'atmosphère.

3°. L'air atmosphérique est composé de
deux fluides gazeux, le gaz oxigène et le gaz
azote, qui forment entr'eux cette espèce de
combinaison que M. Berthollet a appelée
dissolution dans les fluides élastiques, et
qui conservent dans cet état les dimensions
propres à chaque espèce de gaz.

Ce fut, en 1774, que le célèbre Lavoisier démontra, par une expérience directe,
que l'étain tenu en fusion dans des vaisseaux
clos et remplis d'air commun, s'oxidoit

en partie ; qu'il augmentoit en poids ; que l'air qui restoit dans les vaisseaux n'étoit plus propre à la combustion ; qu'il y avoit absorption d'une partie de l'air contenu dans les vaisseaux, et que l'accrétion en poids du métal étoit proportionnée au poids de l'air absorbé.

Après lui, Priestley a calciné l'étain, le plomb, le fer, dans des vaisseaux fermés, à l'aide d'une forte lentille ; et il a vu constamment que l'air des vaisseaux diminuoit d'environ un quart, et que, lorsque l'air n'éprouvoit plus de diminution, le métal ne subissoit plus d'altération.

Si l'on expose une quantité déterminée de mercure à une chaleur douce, et en contact avec une quantité connue d'air qu'on aura soin de renouveler pour entretenir l'oxidation du métal, le mercure prendra successivement la forme d'une poudre grise, puis rouge ; il augmentera sensiblement en pesanteur, et cette augmentation répondra très-exactement à la quantité d'air qui aura été absorbée. Si l'on distille le mercure ainsi altéré et qu'on en recueille les produits gazeux dans l'appareil hydropneu-matique, on obtiendra un volume de gaz pareil à celui qui a été absorbé ; et le mercure reparoîtra sous sa forme primitive. L'air qui est produit par cette distillation , est plus propre à la combustion et à la respiration que l'air atmosphérique ; mêlé avec celui qui est resté dans les vaisseaux dans lesquels le mercure a été calciné , il redonne à ce dernier toutes les propriétés d'air atmosphérique qu'il avoit perdues.

Tous les métaux peuvent être brûlés par l'étincelle électrique ; et , dans tous ces cas, il y a absorption d'une portion d'air et augmentation proportionnée de poids dans le métal. M. Van-Marum a prouvé que l'étincelle électrique ne calcinoit les métaux que dans un air pourvu d'oxigène.

Si l'on brûle du phosphore dans un volume déterminé d'air , le produit de la combustion est acide ; il pèse plus que le phosphore employé ; il y a absorption d'une portion d'air , et le résidu est impropre à la combustion.

Les mêmes résultats s'observent dans la combustion du soufre , du charbon , des huiles ; mais , dans ces derniers cas, le produit de la combustion se vaporise; et la combinaison d'une portion d'air avec le corps brûlé , quoiqu'aussi réelle , n'en est pas aussi évidente.

Un corps enflammé , placé dans une cloche de verre remplie d'air commun et dont les bords plongent dans l'eau d'une cuve , dilate d'abord l'air des vaisseaux ; mais, peu à peu, la flamme diminue et s'éteint; l'eau monte à mesure pour occuper le vide qui se forme.

Les animaux ont encore la faculté d'altérer l'air par la respiration, et d'en absorber une partie.

Ainsi, dans un nombre infini de cas, l'air atmosphérique se décompose et se sépare en deux principaux élémens, dont l'un a été successivement appelé *air du feu*, *air vital*, *gaz oxigène*, *air déphlogistiqué*; l'autre, *gaz azote*, *moffette atmosphérique*, *gaz nitrogène*, *gaz alkaligène*.

Le premier est éminemment propre à la respiration et à la combustion : de-là, les dénominations d'*air du feu* ou d'*air vital*. Il est le principe acidifiant de presque tous les acides, ce qui lui a fait donner le nom d'*oxigène*.

Le second ne peut servir ni à la combustion ni à la respiration : il forme la base de

l'acide nitrique et de l'ammoniaque : de-là
l'origine des dénominations sous lesquelles
il est connu.

Comme il importe de pouvoir apprécier
dans beaucoup de circonstances les proportions dans lesquelles se trouvent les deux
gaz dans la composition de l'atmosphère,
on s'est beaucoup occupé des moyens de
soutirer, par des moyens simples et rigoureux, tout le gaz oxigène; et c'est cette
science qui constitue l'*eudiométrie*.

Les eudiomètres employés se bornent à
deux principaux : par les uns, on mêle, avec
un volume déterminé d'air atmosphérique,
une susbtance gazeuse susceptible de former
avec l'oxigène un produit fixe ou soluble
dans l'eau : on conclut la proportion du gaz
oxigène, par la diminution de volume de
l'air qu'on a essayé. Cette manière d'analyser l'air atmosphérique constitue essentiellement la méthode de M. Volta, qui
consiste à mêler une certaine quantité de
gaz hydrogène à un volume déterminé d'air
atmosphérique : on enflamme le mélange
par l'étincelle électrique; il se forme de
l'eau : la diminution du volume donne la
proportion de l'oxigène.

Dans la deuxième espèce d'eudiomètre, on combine l'oxigène avec un corps combustible simple et à l'état concret; et on juge de la proportion de l'oxigène, 1°. par la diminution de l'air employé, 2°. par le poids du composé produit.

Le gaz nitreux, employé successivement par presque tous les chimistes depuis Priestley qui l'a fait connoître, forme un moyen d'eudiométrie de la première espèce. Son effet est fondé sur ce que le gaz nitreux passe à l'état d'acide nitrique en prenant de l'oxigène; de sorte qu'en mêlant dans des tubes au-dessus de l'eau, un volume déterminé d'air atmosphérique et de gaz nitreux, il se forme de l'acide qui se dissout dans l'eau; tout l'oxigène est employé à cette conversion, et il ne reste que le gaz azote. Mais Fontana, et sur-tout Ingenhousz, ont observé de grandes variations dans les résultats, selon l'agitation, la température, la proportion, les dimensions de l'appareil, les qualités de l'eau, etc. M. Cavendish a obvié à une partie de ces inconvéniens en faisant parvenir le gaz nitreux dans l'air bulle à bulle; mais il résulte, des observations de ce grand physicien, qu'il est presqu'impossible d'ob-

tenir des résultats comparatifs. M. Humboldt
avoit cru que les gaz nitreux ne différoient
entr'eux que par les proportions d'une
quantité de gaz azote libre plus ou moins
considérable, et il a proposé de la déterminer en faisant absorber le gaz nitreux par
le sulfate de fer et le séparant ainsi de
l'azote; mais M. Berthollet a prouvé qu'il
n'existoit pas de gaz azote dans le gaz nitreux, et que celui qu'on obtenoit par
l'action du sulfate de fer, provient de la
décomposition du gaz nitreux sur le sulfate. M. Berthollet a fait voir, en même
temps, que la force plus ou moins grande
avec laquelle se décompose l'acide, donnoit
du gaz nitreux plus ou moins chargé d'oxigène, et que c'étoit-là la cause des différences entre les gaz nitreux; d'où il conclut
que, de tous les procédés eudiométriques,
celui du gaz nitreux est un des plus infi-
dèles.

Parmi les substances qui se combinent
avec l'oxigène, on doit préférer, pour les
expériences eudiométriques, celles qui forment un produit fixe sans dégagement de
gaz ni absorption de gaz azote. Un sulfure
d'alkali dissous dans une petite quantité

d'eau, est un des eudiomètres les plus parfaits ; il n'a que l'inconvénient d'employer beaucoup de temps pour que l'opération soit achevée ; on peut néanmoins l'accélérer par l'agitation.

MM. Achard, Reboul et Séguin ont successivement proposé des appareils eudiométriques fondés sur la combustion du phosphore : mais la combustion rapide et tumultueuse du phosphore peut entraîner des inconvéniens ; et, dans la combustion lente, le gaz azote dissout du phosphore comme M. Berthollet l'a fait voir, et le phosphore y prend un état élastique d'où résulte une augmentation de volume dans l'azote : de sorte qu'on ne peut pas déterminer rigoureusement la proportion du gaz oxigène par celle du résidu. M. Berthollet a apprécié cette augmentation de volume par la dissolution du phosphore dans le gaz azote à environ $\frac{1}{48}$.

M. Davy a proposé un autre moyen eudiométrique, qui est le muriate de fer imprégné de gaz nitreux : cette dissolution opère l'absorption du gaz oxigène dans quelques minutes ; mais il faut saisir le moment de la plus grande diminution, parce que le gaz nitreux est décomposé en partie, et qu'à mesure que le sel de fer s'oxide, il se dégage et du gaz nitreux et du gaz azote.

Les observations de MM. Cavendish et Davy faites en Angleterre; celles de M. Berthollet, en Egypte; celles de M. Macarty, en Espagne; celles de M. Beddoës, sur l'air de la côte de Guinée; celles de M. Gay-Lussac, sur l'air puisé à 4000 toises (7796,16000 mètres) au-dessus de Paris et comparé avec l'air de la surface de la terre, ont prouvé qu'il n'y a pas de différence sensible dans l'air atmosphérique relativement aux proportions de ses élémens.

M. Macarty qui a opéré sur l'air, avec un sulfure, établit la proportion de l'oxigène de 21 à 23 pour 100. L'épreuve par l'eudiomètre de M. Volta, ne donne que 20. M. Berthollet a trouvé 22 et une fraction. M. Davy évalue à 21 la proportion de l'oxigène.

L'air atmosphérique contient toujours un peu d'acide carbonique qu'on évalue à 0,01. M. de Saussure en a trouvé dans l'air de la cime du Mont-Blanc.

D'autres substances se mêlent ou se dissolvent dans l'air, mais quelques-unes n'y produisent aucune différence dans les résultats eudiométriques , quoiqu'elle soit fortement marquée sur nos sens. Ainsi l'air chargé des corpuscules odorans des plantes ou des émanations des substances en putréfaction , n'a présenté aucune différence à M. Cavendish , sur l'air ordinaire.

CHAPITRE II.

Des combinaisons et du mélange des Terres entr'elles.

La nature ne nous présente , presque nulle part, les terres primitives dans un état de pureté absolue : non-seulement elles sont mélangées à la surface du globe, où tout est en action , et où la vie n'existe que par un mouvement et des changemens continuels qui s'opèrent sur les corps, et qui forment, à chaque instant , des mélanges , des combinaisons et des décompositions ; mais le noyau de notre planète , qui paroît vierge de toutes ces altérations, est composé lui-même d'une énorme masse pierreuse , où tous les principes sont mêlés et confondus.

Il n'en est pas des terres comme des métaux : ceux - ci , inégalement répartis sur quelques points du globe , offrant peu de facilité pour se déplacer par rapport à leur pesanteur, se trouvent , presque par-tout , en masse isolée , et paroissent avoir coulé ou s'être précipités dans des fentes ou rainures que laissoient dans leur sein les masses pierreuses : seulement le fer , très-altérable par l'action de l'air et de l'eau , et formant alors un corps très-divisé , a dû être entraîné plus facilement par les eaux , et se mêler avec tous les corps qu'elles pénètrent ; c'est ce qui fait que ce métal est presque par-tout.

Les matières terreuses, légères, friables, susceptibles d'être divisées et entraînées par l'action des eaux , sont continuellement le jouet de ce fluide qui les pénètre, des vents qui les déplacent, des changemens de température qui en altèrent et modifient, à chaque instant, la solidité. Ainsi la nature, eût-elle séparé et circonscrit toutes les terres primitives, les météores les eussent bientôt mélangées et confondues.

Quoiqu'il y ait une grande différence entre les mélanges terreux et les alliages métal-

APPLIQUÉE AUX ARTS. 225

naison dans ces derniers; il ne faut pas regarder les premiers comme des jeux du
hasard; car, dès-lors, il n'y auroit plus rien
de constant ni de régulier dans la composition de la partie terreuse du globe, et
toute classification deviendroit inutile : les
mélanges fortuits du jour détruiroient l'ordre observé la veille; et les analyses, les propriétés physiques constatées, ne présenteroient des résultats utiles que pour le moment. L'affinité est une force de tous les
instans; elle agit sans relâche sur tous les
corps; les principes terreux très-divisés en
éprouvent une action continuelle qui les rapproche, les unit dans des proportions déterminées et constantes, et imprime le sceau
de la perfection à la plupart, savoir, la cristallisation. Ainsi nous voyons se former des
cristaux pierreux qui présentent constamment à l'analyse les mêmes principes terreux, en même temps que les mélanges acquièrent de la dureté, ce qui annonce un
rapprochement des parties déterminé par
l'affinité plutôt que par la pesanteur ou toute
autre cause mécanique.

Si nous prétendions faire connoître en

III.   15

détail tous les mélanges terreux que la nature nous offre, nous présenterions le tableau de toutes les productions minérales de notre globe. Je me bornerai à parler de ce qui a un rapport plus direct avec les arts.

SECTION PREMIÈRE.

Du mélange des Terres, sous le rapport de la végétation.

LA terre n'est point principe nutritif du végétal ; mais elle en fixe les racines, et reçoit dans son sein ses principaux alimens pour les lui transmettre au besoin. Sous ce double rapport, elle doit avoir des caractères, et réunir des propriétés qu'aucune des terres primitives ne nous présente, et qui ne peuvent exister que dans des mélanges bien assortis.

Les terres les plus communes, sont la chaux, l'alumine, la silice et la magnésie. Les deux premières, qui ont des propriétés très-différentes les unes des autres, donnent leur caractère dominant à presque toutes les terres qui servent à la végétation.

Les terres où l'alumine domine, sont

toutes les terres grasses, pâteuses, argileuses; elles se gercent en séchant, elles s'im-
prègnent d'eau avec facilité, et sont susceptibles d'être façonnées au tour et à la main
de manière à prendre toutes les formes possibles.

Les terres où la chaux prédomine, sont
poreuses, légères, très-perméables à l'eau,
d'un labour aisé ; formant une pâte qui n'a
presque pas de consistance; ne recevant pas
de retraite sensible par le feu, mais s'y
divisant, tandis que la terre alumineuse y
acquiert de la dureté et diminue de volume.

Les premières reçoivent l'eau avec avi-
dité, et la retiennent obstinément: les calcaires la prennent de même, mais elles la
laissent s'échapper avec plus de facilité encore.

Les premières se fendillent, se divisent
et s'entr'ouvrent par l'action d'un soleil ardent ou d'un vent sec ; les secondes se des-
sèchent sans éprouver une retraite aussi
considérable.

L'air pénètre aisément à travers la terre
calcaire, et peut vivifier les germes à une
certaine profondeur, tandis qu'ils pour-

rissent lorsqu'on les dépose dans des couches argileuses.

Un terrein argileux empâte les instrumens aratoires qui l'ouvrent avec peine; et
rarement trouve-t-on des saisons avantageuses pour son labour : lorsque ces terres
sont sèches, elles offrent des obstacles insur-
montables à la charrue; lorsqu'elles sont
humides, elles se collent à tout ce qui les
touche. Le grain qu'on leur confie peut s'y
pourrir par l'effet prolongé de l'humidité;
et, lorsque la plante est sortie de terre, et
que la chaleur ou le vent en dessèche la
surface, la tige se trouve étranglée par la
terre qui se durcit, et il lui est impossible
de se développer.

Les terres calcaires sont d'un travail plus
facile : elles se laissent pénétrer aisément
par l'air et l'eau; elles permettent aux racines de s'étendre, pour aller puiser au loin
les sucs nutritifs, et se donner un support
fixe. Mais l'eau, qui s'y infiltre sans résistance, s'en échappe avec une égale facilité.
Une terre de cette nature est alternative-
ment inondée et desséchée; et la plante qui
ne sauroit résister à toutes ces variations,
languit et s'éteint dans un sol de cette na-

ture, pour peu que la sécheresse ou l'humidité se prolongent

Ces deux sortes de terres ne sont donc propres à la végétation ni l'une ni l'autre : aussi la nature ne nous les offre jamais dans un état de pureté absolue ; elles forment par-tout des mélanges où leurs proportions varient à l'infini, ce qui donne lieu à une grande variété dans les terres, et en établit plusieurs qualités, selon que l'une ou l'autre prédomine.

Le meilleur terrein pour la végétation, est celui qui réunit les qualités suivantes :

1°. Il doit être assez poreux pour permettre aux racines de s'étendre, de se ramifier, et d'aller puiser, au loin, les sucs nutritifs dont la plante a besoin.

2°. Il doit être assez compacte pour donner à la plante un support fixe et solide.

3°. Il doit pouvoir s'imprégner d'eau, et la retenir assez long-temps pour la réserver aux besoins de la plante.

Les terres calcaires et les terres argileuses proprement dites, ne réunissent point ces trois qualités : les unes sont siccatives et chaudes ; les autres humides et froides. Les calcaires prennent et abandonnent l'eau

avec la même facilité; de sorte que le végétal y est exposé à l'alternative d'être inondé
et desséché. Les argileuses prennent et gar-
dent l'eau, de manière qu'une plante peut
périr de sécheresse au milieu d'une terre
qui en est pénétrée.

Les mauvaises qualités de l'une de ces
terres peuvent être corrigées par les propriétés de l'autre: et c'est dans le mélange
des deux, qu'on doit trouver les proportions les plus convenables à une terre destinée à la végétation.

Qu'on n'aille pas conclure de ce que je
viens de dire ici, qu'on ne peut pas faire
entrer dans la composition d'une bonne
terre, d'autres principes que les deux dont
je viens de parler : le sable, les platras, la
silice peuvent amender la terre argileuse
avec le même avantage que le feroit la terre
calcaire.

Tillet a communiqué à l'Académie des
Sciences, en 1774, les résultats de cinquante-
quatre mélanges terreux employés à la cul-
ture du blé : il en résulte que le mélange le
plus favorable à la végétation, étoit formé
de trois huitièmes d'argile de potier, deux
huitièmes de sable de rivière, et trois hui-

tièmes de recoupes de pierre coquillère, le
tout broyé et mélangé avec soin.

Il me paroît qu'en partant de ces principes, on peut juger aisément de quelle
manière on peut amender et bonifier un
terrein; il est aisé d'en conclure que les
moyens doivent varier selon la nature des
terres, et que le premier soin d'un agricul-
teur doit être de bien étudier ses terres,
pour connoître les méthodes d'amélioration
qui leur conviennent.

SECTION II.

*Du mélange et de la combinaison des
Terres, sous le rapport des Poteries.*

AUCUNE des terres primitives, traitée
séparément, ne nous présente la réunion
des qualités nécessaires pour former une
bonne poterie; et c'est encore au mélange
bien assorti de quelques-unes d'entr'elles
que nous devons ce produit des arts.

Nous comprendrons, sous ce titre géné-
rique de *poterie*, tous les produits de l'art,
depuis la poterie la plus grossière jusqu'à
la porcelaine : c'est par-tout le mélange de

deux à trois terres : la seule différence dans les résulsats provient du choix des terres, du soin apporté à leur préparation, des proportions dans lesquelles on les emploie, de la nature de la couverte et du degré de feu qu'on leur fait subir.

Il est donc quelques principes généraux qui s'appliquent à toutes ces opérations, et qui lés lient, pour ainsi dire, à un tronc commun : ce sont ces principes qu'il nous importe de faire connoître pour y rattacher des procédés qui, quoiqu'isolés et séparés par la pratique, dérivent des mêmes loix et doivent être éclairés de la même doctrine.

Nous pouvons regarder l'alumine comme la base de toutes les poteries : la propriété qu'elle a de se diviser dans l'eau et de former une pâte susceptible d'être maniée, tournée, moulée, etc. pour prendre aisément et conserver toutes les formes qu'on veut lui donner ; la faculté qui lui est propre de durcir au feu au point d'étinceler au briquet, de rayer le verre, de se lier par l'application d'un feu violent de manière à prendre une surface lisse et presque vitreuse sans fusion, et de ne pouvoir plus se diviser ou se délayer dans l'eau, l'ont fait adopter de préférence à toutes les autres terres.

Mais cette terre n'est pas exempte d'inconvéniens : elle prend de la retraite par la cuisson et supporte difficilement le passage un peu brusque du froid au chaud. On remédie à ces défauts, en la mêlant avec le sable ou la terre siliceuse, qui, infusible comme elle, ne prend pas sensiblement de retraite au feu, et forme une espèce de charpente qui en isolant, pour ainsi dire, les molécules argileuses, leur permet de recevoir sans inconvénient le passage alternatif du froid au chaud.

D'ailleurs le mélange de ces deux substances forme, par l'acte même du feu, une espèce de composé dont les propriétés peuvent différer de celles de ses principes constituans.

En examinant, de plus près, les principales qualités des terres cuites, on sentira la raison de leur plus ou moins de résistance à la rupture, par le changement subit de température : en effet, il est connu que les corps terreux sont mauvais conducteurs du calorique ; de sorte que, lorsqu'on l'applique

à la surface, il y produit ses effets de con-
traction ou de dilatation avant d'avoir pu
pénétrer au même degré, tout le tissu ; il
doit donc y avoir des efforts inégaux qui
tendent à rompre l'ensemble. Cet effet doit
être encore plus sensible, lorsque la poterie
présente une grande inégalité d'épaisseur.
Mais, lorsqu'on multiplie les pores ou les
petites ouvertures par le moyen du sable,
le fluide de la chaleur circule plus librement, la masse s'échauffe plus également et
à peu près en même temps, et le vase résiste
à l'alternative du chaud et du froid. On lui
donne encore cette propriété en appliquant
la chaleur peu à peu et graduellement, alors
les changemens s'opèrent lentement et à la
fois sur tous les points.

Mais l'alumine est rarement pure, elle
est naturellement mélangée de chaux, de
silice, de magnésie, d'oxide de fer, de
cuivre, de manganèse, etc. et c'est la nature de ces mélanges et les proportions entre
les corps qui les forment, qui donnent aux
argiles des modifications infinies dans leurs
propriétés.

Dans le nombre de ces mélanges natu-
rels, il en est qui ne demandent que la main

du potier pour être façonnés en vases utiles. C'est ainsi qu'on voit les ateliers de poterie grossière établis sur la couche d'argile qui les alimente; mais plus souvent ces argiles exigent un travail particulier et demandent à être mêlées avec d'autres terres, pour pouvoir servir aux usages auxquels on les destine.

En général, ce n'est que par des épreuves bien faites qu'on juge de la qualité d'une argile, et qu'on détermine la nature et les proportions des substances qu'il convient d'y ajouter pour la rendre propre à former une bonne poterie.

Il est presqu'inutile d'observer qu'on ne doit pas exiger les mêmes qualités dans tous les ouvrages de poterie, attendu que ces qualités sont relatives à leurs usages : ainsi, pour qu'une terre soit propre à fabriquer des tuyaux d'aqueduc, ou des tuiles de couvert, ou des briques de carrelage, il seroit ridicule de prétendre que cette terre résistât au feu le plus violent et subît sans accident l'alternative du chaud au froid. Il suffit, dans ce cas, que le mélange acquière assez de dureté pour que l'eau ne puisse ni le ramollir, ni le pénétrer.

Les poteries destinées à éprouver un feu

violent et le passage rapide du froid au chaud, telles que celles qui forment les cornues, les creusets, les fourneaux, etc. doivent, en outre de ces propriétés, être inattaquables par tous les corps qu'on travaille au feu par leur secours.

Les poteries employées dans nos cuisines ne serviroient qu'à des usages bornés, si elles ne passoient, sans altération, du chaud au froid, et si leur tissu n'étoit pas assez compacte pour que les liquides ne pussent pas s'y infiltrer.

Lorsqu'on possède une argile pure douée des qualités nécessaires pour faire la base d'une bonne poterie, on peut l'approprier à tous les usages par des mélanges bien entendus. Il s'agit donc de connoître les qualités qui constituent une bonne argile, avant de s'occuper de la nature et des proportions des terres qu'on doit mêler avec celles qui ne réunissent pas toutes ces propriétés, pour les approprier à tous les usages.

Une bonne argile a les caractères suivans: 1°. elle se divise ou se *fond* dans l'eau sans qu'il reste aucun noyau; 2°. elle se précipite dans ce liquide sans rien laisser de suspendu qui en trouble la transparence; 3°. le dépôt qui se forme dans l'eau, desséché jusqu'à consistance d'une pâte molle, doit avoir assez de liant et de ductilité pour qu'on puisse aisément le travailler à la main et au tour; 4°. elle ne doit perdre ni sa forme ni sa consistance en séchant à l'air; 5°. elle doit durcir par l'application de la chaleur, sans éclater, sans se déformer, sans se fondre; 6°. elle doit éprouver sans altération, lorsqu'elle est cuite, le passage du froid au chaud et du chaud au froid.

Une argile douée de toutes ces qualités, est un mélange naturel de diverses terres; car aucune en particulier ne les possède toutes.

Lorsqu'une légère partie d'oxide de fer, de chaux ou de plâtre se trouve unie à la terre dont nous venons de parler, les poteries qu'on en fabrique présentent une cassure et un enduit brillant et vitreux, en même temps qu'elles acquièrent une telle dureté qu'elles étincellent au briquet et cassent net comme le verre. Ces poteries sont bien *sonnantes*, et capables de contenir des liquides corrosifs sans en être ni pénétrées ni altérées. Elles seroient les premières poteries connues si elles pouvoient subir, sans accident, le passage subit du froid au chaud. Ce sont ces poteries qu'on appelle des *grès* ou des *terres mises en grès :* elles se rapprochent beaucoup du biscuit de porcelaine dont elles ne diffèrent essentiellement que par le grain, la couleur et la demi-transparence.

La terre argileuse la plus commune, qu'on appelle *terre grasse, terre à potier,* et dont on fait des poteries grossières, presque dans chaque commune, est un mélange naturel d'alumine, de silice, de chaux et d'un peu d'oxide de fer. La silice y prédomine assez généralement ; l'alumine y est dans la proportion d'environ moitié : c'est au moins là le résultat moyen de toutes les analyses que j'ai faites de ces terres.

Lorsque la terre argileuse est trop riche en alumine, on est dans l'usage d'y mêler des cailloux broyés ou du sable, afin de corriger les défauts qui appartiennent à l'argile trop pure. Pott avoit déjà observé que, lorsqu'on mêle du sable à l'argile, il est plus avantageux d'employer celui qui est d'une médiocre grosseur, ce qui confirme la théorie que nous avons déjà donnée sur la perméabilité des vases à la chaleur.

Souvent, au lieu de sable nous employons l'argile cuite : ce mélange est préférable pour la fabrication des creusets et des pots de verrerie qui doivent tenir en fusion des alkalis, parce que ces substances attaqueroient le sable pour former du verre.

Lorsque l'argile contient des matières nuisibles, dont on veut la dépouiller, on la trie avec soin, on rejette les veines ocreuses, les pyrites et autres matières qui en altèrent la pureté. A l'aide de l'eau, on peut ensuite en dégager la terre calcaire qui surnage, et le sable qui se précipite.

Tels sont à peu près les principes généraux sur lesquels est fondé l'art de la poterie: et, quoiqu'on ait établi, dans la société, une énorme différence entre la poterie grossière dont le peuple se sert, et la porcelaine dont l'homme riche orne sa table et décore ses appartemens, il n'est pas moins vrai de dire que, dans ces deux cas, la nature, la préparation, le travail des terres, de même que la conduite du feu, ne diffèrent que sous quelques rapports. Ainsi, après avoir rapporté ce que la science nous offre de principes applicables à l'art de la poterie, il ne nous reste qu'à nous occuper de quelques détails qui

appartiennent essentiellement à chacune des
parties qui forment cet art.

Le choix des terres et les proportions
dans leur mélange diffèrent selon la nature des ouvrages qu'on se propose d'exécuter. Mais, une fois que le choix et le mélange sont faits, la préparation ultérieure
des terres, le travail de la pâte et la cuisson
de la pièce, présentent une suite de procédés dans lesquels il n'y a de différence que
dans le plus ou moins de soin que donne
l'artiste à ces diverses opérations.

La préparation des terres se borne, dans
tous les cas, à leur donner une division extrême à l'aide de l'eau dont on les imprègne.
On les dispose à cette opération prélimi-
naire, en les réduisant en petits fragmens
ou en poudre par le secours des *battes*, des
moulins, ou par d'autres moyens mécaniques.

L'eau qu'on emploie doit être pure, sur-
tout lorsqu'il est question d'ouvrages délicats; c'est pour cette raison que, dans quelques fabriques de porcelaine, on ne se sert
que de l'eau de pluie.

On laisse tremper ou *pourrir* les terres,
plus ou moins de temps, selon la nature de
la terre et celle de l'ouvrage qu'on veut en

fabriquer. Plus on laisse la terre dans la fosse, mieux elle est préparée. Non-seulement les principes bitumineux ou végétaux qui se trouvent dans quelques terres se détruisent, mais les sels sulfuriques qui peuvent y exister se décomposent; et il arrive, presque toujours, qu'il se dégage, après un certain temps, du gaz hydrogène sulfuré.

Par leur séjour dans la fosse, les terres acquièrent plus de liant et plus de tenacité, de manière qu'on les travaille avec plus de facilité. C'est pour cela que dans les belles fabriques d'Allemagne, on ne met la terre à *pourrir* qu'à deux époques de l'année, et on choisit le temps des équinoxes, parce qu'on croit généralement que l'eau de la pluie est plus chargée de principes fermentescibles dans ces deux saisons.

Lorsqu'on prépare les terres pour des ouvrages délicats et précieux, tels que la porcelaine, on a l'attention d'écarter soigneusement tout ce qui pourroit en altérer la pâte, et de n'employer que des outils qui ne puissent y mêler aucune substance préjudiciable. On purifie même la terre par un procédé très-simple: à cet effet, après avoir

III.   16

broyé la terre, qu'on délaye ensuite dans
de l'eau très-propre, telle que l'eau de
pluie, on la met dans un tonneau cylin-
drique de trois à quatre pieds (un mètre
environ) de haut, percé sur sa hauteur de
robinets placés à six pouces (0,162 mètre)
l'un au-dessus de l'autre, de manière que le
plus bas soit à deux ou trois pouces (0,054
mètre) au-dessus du fond. On remplit ce
tonneau avec l'argile délayée; on remue
avec soin cette pâte liquide; et, après quelques secondes de repos pour laisser précipiter le sable, on ouvre le robinet supérieur
pour faire écouler tout ce qui est au-
dessus; on ouvre ensuite le second, puis le
troisième : et, de cette manière, on soutire
la totalité du liquide qui tient la terre en
suspension.

On met la liqueur décantée dans des vases
de terre cuite : on laisse précipiter, par le
repos, l'argile suspendue; on décante l'eau,
et l'on ramasse l'argile qu'on fait sécher à
l'ombre et à l'abri de la poussière.

Cette argile mêlée, dans de justes proportions, avec le silex calciné, pilé et
moulu, quelquefois avec des tessons broyés,
avec du gypse cuit et tamisé, et autres ma-

tières reconnues nécessaires ; forme la composition de la porcelaine ; mais cette composition est encore tamisée, à plusieurs reprises, à travers des tamis de crin. On arrose ensuite ce mélange avec de l'eau de pluie, pour en former une pâte, qu'on met dans des bassins ou dans des tonneaux couverts. C'est cette pâte qu'on appelle la *masse*. Il ne tarde pas à s'y produire une fermentation qui en change l'odeur, la couleur et la consistance. Il s'y forme du gaz hydrogène sulfuré ; sa couleur passe du blanc au gris foncé, et la matière est plus moelleuse et plus douce. Plus la masse est vieille, mieux elle réussit. On a l'attention de l'humecter, de temps en temps, avec de l'eau de pluie, pour qu'elle ne sèche pas.

Le dosage ou les proportions du mélange, et l'art de bien conduire la masse, sont le secret de presque toutes les fabriques.

Il est inutile d'observer que les soins qu'on donne à la préparation des terres, varient selon l'ouvrage qu'on a le projet d'exécuter. On se borne, pour les poteries grossières, à faire pourrir la terre dans des fosses pratiquées à ciel ouvert, et on les arrose avec l'eau la plus commune.

Lorsqu'on veut les employer ensuite , on en extrait de la fosse la quantité qu'on veut travailler.

La seconde opération de l'art du potier, a pour but de donner à la pâte la forme qu'on desire, et on y parvient de trois manières : 1°. par le travail à la main ; 2°. par le moyen des moules ; 3°. à l'aide du tour.

Le choix de l'un ou l'autre de ces moyens n'est pas au pouvoir de l'artiste : c'est la nature des ouvrages, leur volume et leurs formes qui déterminent l'emploi de telle ou telle méthode.

Dans tous les cas, lorsque la pâte est bien préparée pour le travail, on lui donne une nouvelle perfection en la malaxant, la maniant et la pétrissant fortement avec les mains, et même en la battant sur des tables avec de gros morceaux de bois ronds : c'est ce qu'on appelle *corroyer la terre.* Par ces opérations mécaniques, on s'assure que toute la terre est bien divisée, bien mêlée, et d'une égale consistance sur tous les points.

Les ouvrages qui se font à la main, sont, 1°. toutes les sculptures, qu'on cuit ensuite pour leur donner la dureté convenable ; les bustes et quelques ornemens sont de ce genre. 2°. Les bons creusets de verrerie ; car, par ce moyen, on corroie mieux la terre qu'on ne peut le faire au tour.

Les ouvrages qu'on fait au moule, sont les tuiles, les briques, les carreaux. Le moule, de bois ou de fer, a la forme qu'on se propose de donner à la pièce : il est ouvert par les deux faces, de manière que ce n'est, à proprement parler, qu'un cadre destiné à donner des dimensions toujours égales aux divers ouvrages qu'on exécute. On applique le cadre sur une table, dont on recouvre la surface d'un peu de sable ou de cendre, pour éviter l'adhésion de la pâte : on remplit le cadre de terre préparée ; à l'aide de la *plaine*, qu'on fait couler dessus en appuyant des deux mains, on enlève la terre excédente.

Presque tous les vases qui ont des formes cylindriques, ou qui sont creux, sont travaillés au tour : on commence par humecter la pâte qu'on veut tourner, et on la pétrit avec les mains pour l'amollir au point qu'on le desire. Ensuite l'ouvrier en prend la quantité qu'il juge nécessaire pour son travail. Il pose ce *pâton* sur le milieu de la

roue horizontale, à laquelle il imprime un
mouvement de rotation, en appuyant et
poussant du pied la roue inférieure paral-
lèle et fixée au même axe; et, avec les
mains, qu'il applique fortement sur la pâte,
il dégrossit son ouvrage, qu'il termine avec
des outils de bois qu'il appuie contre les parois de la pièce qui est mue circulairement
et avec rapidité par le mouvement imprimé
à la roue, de manière que l'action de ces
agens mécaniques est égale sur tous les
points de la circonférence; l'ouvrier emploie successivement ses mains et ses outils
pour terminer son ouvrage.

Lorsqu'on veut donner à un ouvrage le
fini le plus parfait possible, on le reporte
sur le tour, après qu'il est parvenu à un
degré de siccité convenable, pour rendre
ses formes plus délicates et les traits plus
finis à l'aide de divers outils d'acier bien
tranchans. C'est ce que les ouvriers appellent *tournasser*.

On réunit quelquefois plusieurs de ces
procédés pour exécuter un seul ouvrage.
Par exemple, après avoir développé les
formes principales d'une pièce, l'ouvrier
la trempe dans l'eau et la met dans un

moule de plâtre : ensuite , à l'aide d'une éponge humide, avec laquelle il presse sur tous les points de la surface, il applique sa pièce sur toutes les parties du moule , et lui en fait prendre la forme exacte. On retire de là les figures moulées pour les faire sécher.

Le travail du potier qui fait des figures n'est pas si long, mais il exige plus d'adresse. Le modeleur a, de même que le tourneur, des moules de plâtre dans lesquels il enfonce la pâte ; et, après l'y avoir laissée quelque temps pour qu'elle prenne un peu de consistance, il en retire les figures moulées. Mais, rarement ces figures pourroient se retirer entières , et alors on les moule par parties et on réunit les morceaux avec un ciment. On achève de les réparer avec des outils d'ivoire , un pinceau et une éponge : après quoi on les fait sécher.

Il est inutile d'observer que les moules demandent la main d'un très-habile sculpteur ; chaque pièce est numérotée pour en reconnoître la place.

Les ornemens, les fleurs, les fruits , les feuillages se forment à part dans des moules, et on les attache avec de la pâte délayée.

Une troisième opération, commune à toutes les poteries, est la *cuisson :* la construction des fourneaux varie selon la nature des poteries ; en général, ce sont des tours rondes ou carrées, dont l'intérieur présente deux parties bien distinctes, séparées par une voûte percée de plusieurs trous qui donnent passage à la flamme.

On peut employer, presqu'indistinctement, toutes sortes de combustible pour cuire des poteries grossières ; mais, en général, on préfère celui qui donne beaucoup de flamme ; et, lorsqu'on cuit de la porcelaine, on ne se sert que de bois blanc très-sec et coupé en petites bûches d'égale grosseur.

La cuisson de la porcelaine et de toutes les poteries fines demande quelques soins particuliers : on est obligé d'enfermer chaque pièce dans un étui ou *gazette,* formé d'une pâte très-poreuse, et qui résiste bien à l'action du feu ; par ce moyen, on empêche que les pièces qu'on cuit ne coulent les unes sur les autres ; et on prévient l'altération qu'apporteroit la fumée dans la couleur.

Le feu de porcelaine dure ordinairement trente-six à quarante-huit heures. On juge de

l'état de la cuite par des *morceaux d'épreuve*
qu'on place dans des endroits convenables,
et qu'on retire, de temps en temps, pour
les examiner.

Il arrive souvent que les pièces de porcelaine adhèrent au sable dont on a parsemé
le fond de la gazette pour éviter le contact
immédiat : on présente la pièce qui en est
salie à une roue de fer sur laquelle on met
de l'émeril broyé à l'eau, et on emporte
complètement le sable demi-vitrifié. C'est
la raison pour laquelle les pieds des vases
de porcelaine ne sont jamais couverts de
vernis dans la partie qui posoit sur le sable.

Il est des poteries qui, après une première cuisson, sont déjà portées au degré
de perfection convenable pour leurs usages :
tels sont les fourneaux, les creusets, les
terres cuites en grès, etc. Mais celles qui
sont destinées à contenir des liquides, et qui
ne sont pas de nature à être cuites en grès,
sont poreuses, et rempliroient mal le but
qu'on veut atteindre, si on les employoit
après une première cuisson. On est dans
l'usage d'en recouvrir la surface d'une
couche vitreuse qui ne permet plus que
l'eau les pénétre : c'est cet enduit vitreux

qu'on appelle *vernis* sur les poteries grossières, *émail* sur la faïence, *couverte* sur
la porcelaine.

Le vernis des poteries grossières se fait
avec le plomb : on emploie à cet usage les
oxides de plomb, tels que le minium ou
la litharge, ou mieux encore le *sulfure de
plomb* que les minéralogistes appellent *ga-
lène*, et qui est connu sous le nom d'*alqui-
foux* dans le langage du commerce et des
potiers.

Quelle que soit la nature de la substance
qui forme le *vernis*, on ne l'emploie que
lorsqu'il est tellement broyé qu'il peut rester suspendu dans l'eau pendant quelque
temps; et on l'applique sur la surface des
poteries préalablement bien desséchées, ou
en les trempant dans l'eau qui en est chargée
lorsqu'on veut en revêtir toutes les surfaces,
ou en jetant de cette même eau sur quelques parties qu'on a l'intention de vernisser
séparément et isolément.

J'ai eu occasion de me convaincre que,
dans le plus grand nombre des établissemens en poterie commune, on commençoit
par dessécher à l'ombre les pièces qu'on
veut vernisser ; et que, lorsqu'elles ont

acquis le degré de consistance convenable, on les plonge dans de l'eau qui tient en suspension une terre grasse extrêmement divisée, et préalablement passée au tamis de soie; on retire promptement les pièces qui se trouvent recouvertes, par cette opération, d'une légère couche de cette terre. La couleur de ces terres forme le fond de couleur de la poterie; et, lorsqu'on veut l'obtenir verte, on ajoute un peu de limaille de cuivre.

Sur cette couche de terre grasse foiblement desséchée, on peut appliquer l'*alqui-foux*, en y projetant de l'eau chargée de ce minerai : mais, presque par-tout, on le mêle avec parties égales de sable; on broie le mélange de ces deux substances, de manière à les rendre impalpables; on les détrempe avec de l'eau, et on en revêt la pièce dans les parties qu'on veut vernisser.

Il est aisé de voir que, par ce moyen, on peut varier et nuancer, à volonté, l'enduit d'une poterie : il ne s'agit que de porter séparément, sur les divers points de la surface, les terres grasses, jaunes, blanches ou rouges, et mélangées ou non de limaille de cuivre.

Quelques potiers n'appliquent le vernis que lorsque les pièces ont éprouvé une première cuisson ; alors ils en emploient moins, et ils ne vernissent que des pièces qui ont l'avantage d'avoir résisté au feu ; mais la seconde cuisson qui devient nécessaire, emploie de la main-d'œuvre, consomme beaucoup plus de combustible, et c'est à l'artiste à calculer les avantages et les inconvéniens de ces deux méthodes.

On peut donner à quelques poteries une couleur noire et vitreuse en projetant, dans le foyer bien embrasé et au moment de la plus forte chaleur, du charbon de terre en poussière ; on modère de suite le tirage du four, de manière qu'il se remplit d'une fumée épaisse qui se dépose sur les pièces, et y forme une couche qui se vitrifie dès qu'on rétablit l'aspiration.

En jetant du sel marin sur un foyer bien échauffé, le sel se volatilise et va s'attacher en partie sur les surfaces ramollies de la poterie, où il détermine un commencement de vitrification.

Ces deux derniers moyens ne conviennent que dans les cas où le foyer est très-ardent, où la poterie peut recevoir un coup de feu violent sans se *tourmenter* ni se fondre. Il seroit impossible de les pratiquer dans les fourneaux ordinaires de nos potiers.

Je me suis occupé assez long-temps des moyens de remplacer l'alquifoux par des vernis qui réunissent les mêmes avantages et présentassent plus d'économie. J'ai d'abord essayé le verre pilé; et j'en ai obtenu des résultats très-satisfaisans.

Je commence d'abord par broyer, avec un soin extrême, des cassons de verre blanc; et, lorsque je les ai réduits en une poussière très-fine, j'en saupoudre la surface de la poterie recouverte d'une foible couche d'argile grasse, d'après le procédé décrit ci-dessus.

On peut aussi mêler cette poussière de verre avec l'argile grasse, délayer le tout dans l'eau, et y plonger les pièces desséchées: ce second procédé m'a très-bien réussi.

Ce vernis recouvre bien, il ne présente aucun danger, il est très-économique et n'exige pas un degré de feu très-considérable. Depuis 1782 que je l'ai fait connoître et exécuter en grand, il a reçu d'utiles applications dans des poteries de Normandie, du Languedoc et du Comtat Venaissin.

J'ai encore employé avec succès les produits volcaniques que j'ai traités avec le même soin et par les mêmes procédés que les autres vernis. J'ai adressé, en 1785, au contrôleur général des finances une quantité considérable de bouteilles de lave et de pièces d'une poterie vernissée avec la lave, pour qu'on pût les soumettre à l'expérience et en constater la bonté ; les résultats des expériences ont été très-favorables. M. Fourmy a tiré un très-grand parti de cette découverte en l'appliquant à la fabrication des hygiocérames, qu'il a établie à Paris. (*Voyez* son Mémoire couronné à l'institut.)

L'émail dont on recouvre la poterie qu'on appelle *faïence*, n'est qu'un verre rendu opaque par l'interposition de l'oxide d'étain, qui exige, pour passer à la vitrification, un plus grand degré de feu que les autres matières qui lui sont mélangées.

Chaque artiste a sa recette et son procédé pour former son émail, mais tous prennent pour base le plomb et l'étain, qu'on oxide et qu'on mêle, à diverses proportions, avec du sable bien fritté.

La composition qui m'a fourni l'émail le plus beau, est la suivante : on commence par calciner avec soin parties égales de plomb et d'étain : lorsque les deux métaux ont passé à l'état d'oxide, et ne présentent plus qu'une poudre fine, on broie avec soin et on passe au tamis : on fait bouillir dans l'eau, et on jette l'eau après que le dépôt s'est formé; on verse sur le dépôt une nouvelle quantité d'eau, dans laquelle on le délaie; on décante l'eau qui tient en suspension les parties les mieux divisées, et on laisse déposer. On broie le résidu, on le tamise, on le traite à l'eau de la même manière; et, en répétant cette suite d'opérations plusieurs fois, on porte la totalité au même degré de finesse et de ténuité : on dessèche ensuite cette poudre pour s'en servir au besoin.

D'un autre côté, on calcine des cailloux très-blancs et exempts de toute matière étrangère, et l'on purifie du sel de tartre au point de n'avoir plus qu'un carbonate de potasse.

Ces trois matières ainsi préparées, on pèse 100 parties d'oxides mélangés de plomb et d'étain, 100 parties de cailloux frittés, et 200 parties de carbonate de potasse : on mêle bien ces trois substances, et on les fait fondre dans un creuset.

Merret a proposé de remplacer l'oxide
d'étain par l'oxide blanc d'antimoine;
Darcet a aussi observé qu'on obtenoit un
bel émail en fondant l'argile blanche avec
le gypse. Mais ces procédés ne sont pas
encore suffisamment éprouvés pour être
reçus dans les ateliers.

On colore l'émail de la faïence en ajoutant divers métaux à la composition.

Composition des Emaux colorés.   *Couleur.*

1°. Trois onces safre et 60 grains cuivre
calciné, ajoutés à 6 livres de la composition
d'émail... Bleu d'azur.

2°. Six livres émail blanc, 3 onces cuivre
oxidé, 96 grains safre, 48 manganèse.... Bleu turc.

3°. Six livres émail blanc, 3 onces cuivre
oxidé, 60 grains pailles de fer.......... Vert.

4°. Six livres émail blanc, 3 onces safre,
3 onces manganèse..................... Noir brillant foncé bleu.

5°. Six livres émail blanc, 6 onces tartre
rouge, 3 onces manganèse............. Noir très-brillant.

6°. Six livres émail blanc, 3 onces manganèse................................ Pourpre.

7°. Six livres émail blanc, 3 onces tartre,
72 grains manganèse.................. Jaune.

8°. Six livres émail blanc, 3 onces oxide
de laiton, 60 grains safre........... Vert de mer.

9°. Six livres émail blanc, 2 onces manganèse, 48 grains oxide de cuivre.... Violet.

Quelle que soit la couleur de l'émail, lorsqu'on veut l'appliquer, on le pile, on le broie, on le délaie dans l'eau, et l'on verse de cette eau qui le tient en suspension, sur les vases qu'on a déjà cuits une première fois; l'eau s'imbibe dans le tissu de la pièce, et la poudre d'émail reste à la surface. On leur fait subir une seconde cuisson plus forte que la première pour fondre l'émail.

Comme il importe de conserver à la faïence son beau blanc, on la cuit dans des gazettes, à l'instar de la porcelaine.

Les poteries du célèbre M. Wedgwood, ayant reçu une très-grande réputation dans tous les pays de la terre où elles sont connues sous le nom de *terre anglaise*, *faïence anglaise*, *poterie anglaise*, nous croyons devoir faire connoître les principales compositions qui forment leurs couleurs. Elles pourront être imitées chez nous, où ce genre d'industrie commence à faire de grands progrès.

1°. *Matériaux des couleurs.*

Nᵒˢ

1. Terre blanche d'Ayorce, dans l'Amérique du Nord, rougie pendant une demi-heure.

III.   17

2. On dissout l'or dans l'acide nitro-muriatique, et on le précipite par le cuivre ; on lave bien le précipité.

3. Mêlez 2 onces sulfure antimoine, 2 onces potée d'étain, 6 onces céruse, et calcinez le tout avec du verre de Réaumur.

4. Huit onces smalt, une once borax calciné, 4 onces minium, une once nitrate de potasse ; on mêle et fait rougir dans le four à biscuit d'un faïencier.

5. Calcinez au rouge du sulfate de fer pendant deux heures, lavez et séchez.

6. Céruse.

7. Pierre à fusil calcinée et broyée.

8. Oxide noir de manganèse.

9. Safre.

10. Oxide noir de cuivre.

2°. Mélange des couleurs.

A. NOIR BRILLANT. Composé de 3 onces du n° 8, 3 onces du n° 9, 3 onces du n° 10, et 6 onces de la couleur verte *F.*

B. ROUGE. Deux onces du n° 1, 2 onces

du n° 3 , une once du n° 5 , et 3 onces du n° 6.

C. ORANGE. Deux onces du n° 1 , 14 onces du n° 3 , demi-once du n° 5 , et 4 onces du n° 6.

D. NOIR FONCÉ. Une once du n° 4 , 2 onces du n° 8 ; mêlez ensemble.

E. BLANC. Deux onces du n° 1 , 2 onces du n° 6.

F. VERT. Une once du n° 1 , 2 onces du n° 3 , et 5 onces du n° 4.

G. BLEU. Une once du n° 1 , et 5 onces du n° 4.

H. JAUNE. N° 3 seul.

3°. *Application des couleurs. (Bronze.)*

I. LORSQUE les vases sont prêts à être cuits sans être entièrement secs, on broie un peu de la poudre du n° 2 avec l'huile de térébenthine : on en enduit les vaisseaux avec une éponge ou un pinceau. Ensuite on les polit et on les fait cuire ; après quoi, on les polit encore.

4°. *Application du bronze sur les biscuits qu'on ne peut pas exposer à une grande chaleur.*

K. On mêle 4 onces du n° 6 et une once du n° 7. On met une couche de cette poudre sur les biscuits, et on les fait chauffer dans un fourneau ordinaire de faïencier jusqu'à ce que cette couche soit fondue. On y met ensuite la poudre du n° 2; on fait cuire les vases.

5°. *Application du noir brillant à la manière des vases étrusques sur des vases rouges.*

L. On broie la couleur *A* avec l'huile de térébenthine; on en remplit les dessins, et on fait cuire jusqu'au degré auquel la couleur noire commence à se fondre.

6°. *Manière variée du procédé L.*

M. On fait le fond du dessin avec la couleur noire sur des vases rouges, et ensuite on met la couleur rouge ou autre; on broie toujours les couleurs avec l'huile de térébenthine, et on fait cuire.

7°. *Autre manière du procédé L.*

N. On fait le fond d'un biscuit noir avec le rouge *B* ou la couleur orange *C* ; on couvre avec la couleur noire *D*, avec ou sans addition d'autres couleurs.

La couverte de la porcelaine est une matière vitreuse et transparente qui doit s'appliquer exactement sur tous les points de la surface, et s'incorporer avec la pâte sans se fendiller ni *s'étonner.*

Le Comte de Milly qui, dans son ouvrage sur la porcelaine, nous a fait connoître trois compositions pour la couverte, y fait entrer les mêmes matières dont il ne varie que les proportions.

	1${}^{\text{re}}$ composition.	2${}^{\text{e}}$ compos.	3${}^{\text{e}}$ compos.
Quartz très-blanc.	8 parties.	17	11
Tessons blancs...	15	16	18
Cristaux de gypse calcinés......	9	7	12

On n'emploie, pour la couverte, que des matières pures et sans couleur.

On se sert aussi du feld-spath.

Quelle que soit la composition, on broie, avec le plus grand soin, les substances qui en font partie, on délaie leur poussière dans l'eau, et l'on en forme une pâte qu'on fait macérer comme la *masse* de la porcelaine.

Lorsqu'on veut s'en servir, on la délaie dans l'eau de manière à lui donner une liquidité moyenne, et l'on plonge dans ce liquide le *biscuit de porcelaine.* (On appelle de ce nom la porcelaine qui a déjà reçu un premier degré de feu.)

Les figures, et généralement les ouvrages en porcelaine qui ne doivent être ni peints ni exposés à l'eau, n'ont pas besoin de couverte; on les emploie alors à l'état de *biscuit.*

Lorsque le biscuit a reçu la couverte, il constitue la porcelaine blanche; et, dans cet état, elle peut servir à tous les usages.

Jusqu'ici, nous n'avons considéré la poterie que sous son rapport d'utilité; mais l'art a tellement perfectionné cette branche précieuse de notre industrie, qu'on est parvenu à exécuter sur la poterie, avec une élégance et une précision qui étonnent, les dessins les plus compliqués. Il n'est personne qui n'admire journellement la beauté des formes, la correction du dessin et l'éclat des couleurs dans les porcelaines de Sèvres et celles de MM. Dilh et Guérard.

Parmi ces prodiges de l'industrie française, les uns appartiennent au dessin, les autres à la chimie, et c'est particulièrement de ceux-ci que nous allons nous occuper.

L'application des couleurs sur la porcelaine, nous présente plusieurs points de vue très-intéressans : d'un côté, la nature et le choix des couleurs ; de l'autre, l'art de les appliquer et de les incorporer.

Les couleurs sont toutes prises dans les oxides métalliques : eux seuls réunissent assez de fixité pour que le feu ne les détruise point. Il y a plus, c'est que les couleurs métalliques, ternes en général lorsqu'on les applique, prennent de l'éclat par la cuisson.

On incorpore les couleurs avec un fondant qui varie dans les différentes fabriques : la composition suivante est assez généralement adoptée.

Poudre de verre exempt
    de plomb.......... 4 gros.
Borax calciné........ 2 gros 12 grains.
Nitre purifié........ 4 gros 24 grains.

On mêle et divise ces matières avec soin, et on les vitrifie dans un creuset.

Ce verre est ensuite broyé et incorporé avec la couleur. On se sert de la gomme ou de l'huile d'aspic pour servir de véhicule lorsqu'on veut le porter sur la pièce. On emploie à cet effet un pinceau et tous les moyens connus pour la peinture.

L'oxide d'or, appelé *précipité d'or de Cassius*, fait le *pourpre*.

L'or précipité par l'étain et l'argent, donne le *violet*.

Le cuivre précipité de ses dissolutions dans les acides par les alkalis, fournit un *beau vert*.

Le safran de mars et le colcholar, donnent les *rouges*.

Le safre fait le *bleu*.

L'antimoine diaphorétique, mêlé de verre de plomb, forme les *jaunes*.

Les bruns et les noirs sont faits avec les battitures de fer et de fortes doses de safre.

L'oxide de chrome forme un beau vert.

M. Brongniart, directeur-général de la porcelaine de Sèvres, a déjà porté, dans cette branche d'industrie, plusieurs perfectionnemens très-importans; et la fabrication de porcelaine doit attendre de grands progrès du zèle et des lumières de cet habile physicien.

SECTION III.

Des Combinaisons minérales, sous le rapport de la vitrification.

Nous avons déjà fait connoître, dans le premier volume de cet ouvrage, l'action de la chaleur sur un grand nombre de substances minérales simples ou composées : ici nous devons nous occuper de l'art de former le verre.

Le verre offre une grande variété dans ses qualités : mais, comme cela tient essentiellement aux proportions des matières qu'on emploie, et sur-tout à leurs divers degrés de pureté, nous nous bornerons à faire connoître les principes généraux sur lesquels sont fondées la vitrification et les principales opérations par lesquelles on l'exécute.

Les substances pures se vitrifient difficilement, et le verre qui en provient est, en général, sec et très-cassant. Mais les mêmes substances mélangées entrent plus aisément en fusion. L'alumine et la chaux, invitrifiables séparément, se réduisent aisément en verre, lorsqu'elles sont mêlées ensemble.

Les alkalis facilitent la fusion et la vitrification de tous les principes terreux. C'est à raison de cette propriété qu'on emploie ces sels pour en former la base de la composition des verres qui sont fabriqués pour nos usages.

Outre le degré de fusibilité que les alkalis communiquent aux substances terreuses, ils donnent au verre qui provient de leur mélange avec les terres, un liant qui permet de le travailler, de le souffler, de l'étendre, de le malléer tant qu'il est chaud et ramolli.

Les ateliers dans lesquels on fabrique le verre, sont connus sous le nom de *verreries*. Les compositions, les travaux, les fourneaux varient dans les divers ateliers, d'après la nature du verre qu'on y fabrique : de-là, les dénominations des verreries en *verre à bouteille*, en *verre à vitre*, en *verre chambourin*, en *gobeleterie*, en *glacerie*, etc.

Mais, quelle que soit la nature du verre

qu'on fabrique, il y a des principes essentiellement dépendans de la science, qui sont applicables à toutes les verreries, et d'après lesquels tous les travaux sont dirigés.

Ces principes généraux ont pour objet tout ce qui a rapport à la fabrication des pots, à la composition des matières, à la construction du four, à la conduite du feu, à la manière de travailler le verre. Nous allons jeter un coup-d'œil sur chacun de ces grands objets.

ARTICLE PREMIER.

De la fabrication des Creusets ou Pots de verrerie.

DE bons creusets assurent le succès d'une verrerie. Cette vérité ne peut être bien sentie que par celui qui peut apprécier à-la-fois la perte qu'occasionnent des pots qui cassent ou qui coulent, le temps qu'on perd et la difficulté qu'on éprouve pour les remplacer.

L'argile fait la base des pots de verrerie. Mais, comme la qualité des argiles est très-variable, parce qu'elles sont naturellement et constamment mêlées en diverses proportions avec la chaux, la silice, le fer, la magnésie, ce qui les rend plus ou moins fusibles, il faut essayer l'argile avant de l'employer.

Les qualités d'une bonne argile pour la verrerie, sont :

1°. De ne pas se vitrifier par une exposition de plusieurs jours à l'endroit le plus chaud du fourneau.

2°. De conserver sa forme sans s'affaisser ni se ramollir.

3°. De pouvoir être travaillée et moulée facilement.

4°. De prendre sa retraite par le feu sans se gercer ni se fendiller.

5°. D'acquérir, par la cuisson, une très-grande dureté et beaucoup de compacité.

Lorsqu'on a reconnu toutes ces qualités à l'argile, on a besoin encore de la trier pour en séparer tout ce qui peut s'y trouver d'étranger et de nuisible. A cet effet, on l'épluche avec soin pour en retirer les pyrites, et toutes les petites veines colorées qui la rendroient fusible; on se contente de racler les morceaux qui sont teints d'ochre, et d'en séparer tout le principe colorant.

Après avoir enlevé à la main ou avec le couteau tout ce qui est visible, on délaie et laisse *pourrir* l'argile dans l'eau ; on la passe ensuite à travers des cribles pour en séparer les corps pesans, grossiers et insolubles.

Le sable, le quartz, le mica, ne nuisent point sensiblement aux qualités de l'argile, sur-tout s'ils sont en petite quantité ; mais les mélanges de terre calcaire, de plâtre, de pyrite et d'oxides métalliques la rendent impropre à l'usage de la verrerie.

Comme il importe de ne donner aux parois d'un creuset qu'une épaisseur qui soit capable de résister à l'effort de la matière qu'il contient et aux chocs qu'on lui imprime dans le travail, M. Loysel a proposé de calculer la tenacité de l'argile en en formant de petits bâtons parallélipipèdes qu'il dessèche à une température de 25 degrés et dont il réduit une des extrémités à un diamètre de 6 lignes (13,53508 millimètres). Il assujétit cette extrémité dans une cavité cubique ; et, à 18 lignes (6,76754 millimètres) de distance, il suspend un bassin de balance dans lequel il met des poids jusqu'à ce qu'ils décident la rupture du bâton. Il a vu que de la bonne argile employée pour des creusets de 3 pieds (un mètre) de diamètre sur 3 pouces 6 lignes (un décimètre) d'épaisseur, ne rompoit que par un poids de 56 onces (1,71328 kilogrammes); et celle d'un fourneau de fusion de 8 pieds de diamètre, par un poids de 24 onces (0,73426 kilogrammes).

Mais l'argile employée seule prend trop de retraite, et on la mêle, pour former la composition des pots, avec des débris de creusets broyés et bien nettoyés de toute matière vitrifiée, ou avec de l'argile fortement cuite.

On se garde bien d'employer le sable pour composer les pots, parce que l'alkali qu'on emploie à fabriquer le verre porteroit son action sur lui, le dissoudroit et détruiroit promptement les creusets.

Après avoir bien préparé l'argile, on la mêle avec le ciment formé par les fragmens de creusets broyés, et on en forme une pâte qui ait une telle consistance qu'une balle de plomb, du poids de 4 onces (1,22376 hectogrammes), s'y enfonce de tout son diamètre en tombant d'une hauteur prise entre 66 et 83 pouces (environ 2 mètres).

On corroye cette pâte avec le plus grand soin dans un lieu propre, et à l'abri de la poussière et du mélange de toute matière étrangère.

Lorsque la pâte est ainsi préparée, on peut employer l'un ou l'autre des deux procédés suivans pour former le creuset.

1°. Dans quelques verreries, on a un moule de bois, garni intérieurement d'une toile forte et bien tendue. On applique contre la surface intérieure de cette toile des rouleaux de pâte, et on élève successivement la charpente du creuset en diminuant graduellement son épaisseur depuis le fond jusqu'au bord supérieur.

2°. Dans d'autres verreries, l'ouvrier n'a qu'un rondeau de bois un peu plus large que ne doit être le creuset, et il élève à la main et sans moule son creuset sur cette sorte de support.

Cette dernière méthode est préférable à la première, en ce que l'ouvrier manie et travaille sa pâte sur tous les points, qu'il ne laisse dans le corps du creuset ni fentes ni gerçures, et qu'il en lie parfaitement et uniformément toutes les parties. Ce procédé est sur-tout nécessaire dans les verreries en

verre noir, parce que cette composition
corrode plus les creusets que toute autre.

Lorsque les pots sont fabriqués, on les
laisse sécher à l'ombre et à une température
de 10 à 15 degrés du thermomètre de Réaumur. On craint également une chaleur trop
forte qui peut fendiller le pot, et un froid
trop vif qui peut déterminer la gelée ; on
doit encore éviter avec soin l'humidité et
les courans d'air : la chambre qui sert de
séchoir doit être fermée et peu fréquentée.

Lorsque les pots commencent à être secs,
on les enferme dans un lieu clos où l'on
entretient une chaleur constante de 25 à 30
degrés. On ne les tire de-là que pour les
employer. A cet effet, on les expose par
degrés à une chaleur qui les porte au rouge,
et, dans cet état, on peut les enfourner,
c'est-à-dire les faire passer sur le siége du
four. La prudence exige, dès qu'ils sont en
place, qu'on ne les charge de composition
que lorsqu'ils ont éprouvé vingt-quatre
heures de la chaleur la plus forte.

ARTICLE II.

De la Construction des Fours de verrerie.

ON prépare la pâte destinée à former les briques d'un four de verrerie, en mélangeant l'argile crue avec l'argile cuite ou les débris des creusets : on emploie encore le quartz blanc et infusible ou un sable très-réfractaire au lieu de l'argile cuite.

Pour parvenir à broyer plus exactement les morceaux de quartz, on les fait rougir au feu et on les éteint dans l'eau dès qu'ils sont rouges. Cette opération les rend pulvérulens sans nuire à leur qualité réfractaire.

On forme des briques en mêlant, dans des proportions dont l'expérience a fait connoître les plus convenables, l'argile crue bien pourrie avec le principe réfractaire.

On emploie assez généralement les briques sans les faire cuire, et on se borne à les dessécher à l'air jusqu'au point où la balle de plomb tombant d'une hauteur entre 25 et 45 pieds, ne s'y enfonce que de son demi-diamètre.

III.   18

Les fours de verrerie s'établissent partout au milieu d'une halle très-spacieuse, pour que les travaux et le service y soient aisés.

L'aspiration du fourneau se fait par quatre courans d'air qui partent du dehors de la halle et se réunissent, à angle droit, à la grille du foyer.

La forme intérieure des fours est presque toujours celle d'un carré ou d'un parallélogramme rectangle dont les côtés les plus larges sont occupés par les pots qui sont portés et établis sur des *siéges* ou *banquettes*. L'intervalle que laissent entr'elles ces banquettes forme la grille sur laquelle on établit le combustible. On alimente le feu par des ouvertures qu'on pratique dans les côtés les plus étroits : on charge et l'on vide les pots par des ouvreaux qui sont au-dessus d'eux et qui leur correspondent pour que le service soit plus facile.

Le fourneau est surmonté ou terminé par une voûte qui s'appuie sur les deux côtés les plus longs, et qui est percée de trous pour établir une aspiration convenable et livrer passage à la flamme qui va chauffer encore des *arches* placées en avant des angles ou au-dessus de la voûte.

Lorsqu'au retour des croisades, Louis IX donna à quelques gentilhommes qui l'avoient suivi le privilége de faire du verre vert ou verre *chambourin* sans déroger, les principaux établissemens de ce genre furent faits dans le Midi, où ils ont été constamment servis par des gentilhommes; aussi y a-t-on conservé, sans aucun changement, les formes et les compositions bizarres du temps. Les fours sont de forme ronde; le foyer est au milieu; la voûte est percée à son centre pour livrer passage à la flamme et la verser dans un espace supérieur et voûté qui sert à recuire le verre qu'on y dépose à mesure qu'on le souffle. Les nobles travaillent exclusivement dans ces sortes de verreries; ils se contentent d'un salaire très-modique, et négligent ou méprisent, par une suite de leurs principes, tous les avantages pécuniaires qu'ils recevroient dans des verreries conduites par des hommes qui n'appartiennent pas à leur caste.

ARTICLE III.

Du Choix des Matières employées à la composition du Verre.

La silice et les alkalis forment par-tout la base du verre : les autres matières ne sont, à proprement parler, qu'accessoires, soit pour faciliter la fonte, soit pour décolorer et purifier le verre, soit pour lui donner quelque qualité particulière.

La silice et l'alkali les plus purs forment le verre le plus blanc, et c'est cette composition qui fait la base et la règle de toutes les opérations des verreries.

Mais la silice et l'alkali n'existent purs nulle part : ce n'est que par des procédés pénibles, difficiles et coûteux qu'on peut les porter à ce degré de pureté. Aussi emploie-t-on généralement ces matières, telles que la nature et le commerce nous les présentent. On a néanmoins l'attention de choisir, parmi les variétés que présentent ces deux substances, celles que l'expérience a fait connoître pour donner constamment le produit qu'on desire obtenir.

Néanmoins, dans quelques travaux délicats, tels que ceux qui ont pour objet la fabrication du beau cristal ou celle des glaces, on purifie l'alkali du commerce pour le débarrasser de tout ce qu'il peut contenir de corps étrangers.

En général, le sable blanc est le plus pur, mais il est aussi le plus réfractaire : les sables colorés entrent en fusion avec beaucoup plus de facilité.

La soude d'Alicante tient le premier rang parmi les soudes du commerce. On l'emploie pour les opérations délicates de la verrerie.

Les cendres de Sicile, le salicor de Narbonne, la blanquette d'Aigues-Mortes, le varec de Normandie sont employés, selon leur nature respective, pour la fabrication de tous les verres blancs communs.

La potasse et le salin sont aussi très-propres à la vitrification : on emploie ce dernier sel dans la plupart des fabriques de gobeleterie et de bouteilles blanches.

Les cendres de nos foyers fondues avec du sable forment la composition la plus ordinaire du verre à bouteille. Lorsque le sable est très-fondant, on peut employer les cendres lessivées. J'ai vu former de l'excellent verre noir avec la charrée (cendres lessivées) et un sable de rivière mélangé de parties égales de quartz et de débris de lave.

Les sels contenus dans les alkalis entrent en fusion et viennent nager à la surface de la matière dans l'état d'un liquide très-fluide qu'on a soin d'enlever avec une cuiller avant de commencer à travailler le verre. Cette précaution n'est nécessaire qu'autant qu'on emploie des soudes très-chargées de sel marin, telles que celles d'Aigues-Mortes, de Frontignan, etc. Les verreries où l'on emploie ces soudes faisoient un commerce considérable de ce sel, qu'on vendoit sous le nom de *sel de verrerie*, lorsque la gabèle grevoit le sel marin d'un droit énorme. Le sel de verrerie est encore connu sous le nom de *fiel de verre*; et, lorsque la matière n'est pas bien fondue, ou lorsque, par l'affinage, tout le sel marin ne s'est pas évaporé, on en trouve de petits grains dispersés dans le verre, ce qui nuit à la solidité et à la beauté des vases qu'on fabrique.

Lorsqu'on veut purifier la soude pour la faire servir à des opérations délicates, on la dissout dans l'eau pour séparer, par une

première opération, tout ce qui y est insoluble; on évapore et concentre ensuite la dissolution jusqu'au 40ᵉ degré de l'aréomètre
de Baumé, pour précipiter les sels étrangers
qui cristallisent : on rapproche ensuite jusqu'à siccité la liqueur restante, et l'on a,
par ce moyen, un sel de soude très-pur.
On pourroit même l'obtenir en cristaux en
arrêtant l'évaporation au degré d'une consistance sirupeuse.

Les proportions des matières qui forment
la composition du verre varient, selon la nature du sable, la pureté des alkalis, la qualité
du verre, le degré de chaleur du fourneau. Il
n'appartient qu'à l'expérience de prescrire
et de déterminer ce qui est le plus convena-
nable : plus le sable est fusible, moins il
faut d'alkali ; plus l'alkali est pur, plus il
faut de sable dans la composition.

Pour faciliter la fusion des matières et
donner au verre plus de liant, plus de pesanteur et moins de dureté, on ajoute, à
la composition, de l'oxide de plomb, dans
des proportions variables, selon le but qu'on
se propose. On préfère le *minium* pour ces
usages, et on s'en sert dans toutes les verreries de cristal.

L'oxide de manganèse est encore usité, sous le nom de *savon des verriers*, pour décolorer le verre. Je présume que son effet tient essentiellement à la facilité avec laquelle il cède son oxigène, qui doit se combiner avec les principes colorans et les détruire.

Trop de minium jaunit le verre; on corrige ce défaut en employant un peu d'oxide de cobalt, lequel, à son tour, s'il est en excès, donne une teinte bleue.

Trop de manganèse le colore en violet et forme des stries ou rubans violets dans l'épaisseur du verre. On corrige ce vice en portant dans la masse fondue un corps combustible.

Il est des circonstances où une composition éprouvée arrive péniblement à une fusion convenable, ce qui provient ou de ce que l'aspiration du fourneau est contrariée, ou de ce que le feu a été mal conduit; dans ce cas, on a recours au borax ou à l'arsenic pour rétablir la fusion. On porte ce dernier dans le fond des pots et on l'y promène jusqu'à ce qu'il se soit évaporé en fumée; il traverse toute la masse, la remue et en précipite la fonte. L'arsenic sert, sur-tout, pour détruire la couleur verte du verre, outre l'avantage qu'il a de faciliter la fonte.

On colore le verre avec des oxides métalliques : le cobalt fait bleu ; le manganèse, violet ; le verre d'antimoine, jaune ; le précipité de Cassius, pourpre ; le chrome, vert, etc. On varie les couleurs par le mélange de ces oxides, et l'on peut obtenir toutes les nuances qu'on desire.

ARTICLE IV.

De la Fonte des Matières formant la composition du Verre.

LA fonte des matières embrasse deux principales opérations ; 1°. la fritte, 2°. la fusion.

Si l'on jetoit dans les creusets la matière qui forme la composition sans l'avoir préparée par une forte calcination préalable, les creusets seroient détruits, en peu de temps, par l'eau qui se dégage à la première impression du feu ; la fonte deviendroit presqu'impossible par suite de la plus grande fusibilité de l'alkali qui se porteroit à la surface ; le verre seroit coloré, et la pâte éprouveroit elle-même un boursoufflement qui la porteroit au-dehors du creuset. C'est pour obvier à tous ces inconvéniens qu'on procède à la *fritte* des matières, dans toutes les verreries, avant de s'occuper de leur fusion dans les pots.

On fritte les matières, ou séparément, ou dans leur état de mélange et de composition. La seconde méthode est préférable, d'après les raisons que j'ai rapportées ci-dessus.

La fritte s'exécute dans des fourneaux qui sont pratiqués dans la halle de la verrerie, et qui très-souvent communiquent avec le fourneau de fusion dont ils reçoivent la chaleur par des ouvertures qu'on a faites à la naissance de la voûte et sur les angles. On les appelle alors des *arches à fritter*.

On fritte les matières, pendant quelque temps, en les tenant au rouge, et on leur donne assez souvent, par ce seul moyen, un commencement de fusion pâteuse qui lie les parties de la composition de manière à ne faire qu'un tout.

Les fabricans de verre chambourin dont nous avons déjà parlé, donnent à leur composition la forme de boules pour en opérer la fritte plus exactement.

Il est d'autres fabricans qui jettent la composition bien mêlée sur le sol de l'arche, avec l'attention de n'en former qu'une couche assez mince pour que la calcination puisse agir également sur toutes les parties.

Lorsqu'on veut *enfourner*, on donne une nouvelle activité au foyer, et on l'excite pendant deux ou trois heures avant de mettre la composition dans les pots.

On charge les pots en deux et même en trois reprises; on n'ajoute de nouvelle composition que lorsque la première est fondue.

Dès que le pot est rempli, on entretient le feu avec soin pendant plus ou moins de temps, selon la fusibilité de la composition et l'aspiration du fourneau. Dix à douze heures doivent suffire pour bien fondre la matière. Mais, dès qu'elle est bien fondue, elle n'est pas encore pour cela propre à être travaillée; il faut qu'elle s'affine, qu'elle se débarrasse des bulles nombreuses qui sont dispersées dans la pâte; et cet effet ne peut être produit qu'en maintenant la matière à une fusion très-liquide, pendant quelques heures. C'est cette opération qu'on nomme l'*affinage*.

Du moment que le verre est *affiné* ou rendu propre à être travaillé, on fait la *braise*, c'est-à-dire qu'on diminue la chaleur du feu en ne mettant plus de combustible au foyer. La masse vitreuse prend alors un peu plus de consistance, ce qui facilite le travail.

ARTICLE V.

Du travail du Verre dans les verreries.

LE travail du verre est très-simple : mais, malgré cela, il demande une grande pratique, et on ne peut espérer de devenir un artiste habile dans cette partie, si on n'a pas contracté de très-bonne heure l'habitude de ces travaux.

On peut réduire tout ce qui regarde le travail du verre, à l'art de le *souffler* ou de le *couler*.

Les ouvrages qu'on fait en soufflant le verre, s'exécutent par le moyen d'une canne de fer creuse, longue d'environ cinq pieds (un mètre deux tiers), à l'aide de laquelle, l'artiste cueille dans le pot la quantité de verre nécessaire à son opération : l'air qu'il pousse de sa poitrine, par l'intérieur de la canne, dans la masse de verre qu'il a cueillie, distend le verre ; il donne ensuite à cette masse de verre, à mesure qu'elle se distend par le souffle, la forme et les dimensions qu'il desire. Les compas, les ciseaux et autres outils de fer ou de bois sont employés avec intelligence pour façonner, arrondir ou dilater ce verre. On a l'attention de le présenter à l'ouvreau dès qu'il se refroidit ; et on l'en retire pour le travailler encore, lorsqu'il s'est ramolli et qu'il commence à couler.

La mollesse du verre, tant qu'il est chauffé au rouge, forme un tel contraste avec sa fragilité lorsqu'il est froid, qu'on a quelque peine à concevoir la facilité avec laquelle on le pétrit, on le soude, on le distend, si on n'a pas vu travailler cette matière étonnante.

On a beaucoup parlé de la malléabilité du verre ; on a fait des recherches pour retrouver cet art si important qu'on croyoit que les anciens avoient connu ; et l'on n'a pas voulu voir qu'il n'y a pas de métal qui soit plus ductile, plus malléable que le verre lorsqu'il est rouge; et que, chaque jour, cet art qu'on cherche chez les anciens, est exercé parmi nous dans toutes les verreries.

Le coulage du verre se fait en versant le verre fondu sur une table de cuivre dont la surface est bien unie, et en promenant un niveau par-dessus le bain, pour donner à toute la planche une épaisseur bien uniforme. C'est de cette manière qu'on prépare les *glaces coulées*. L'opération a beaucoup de rapport avec celle par laquelle on coule, sur le sable, des tables métalliques.

Pour que le verre soit moins fragile, il demande à se refroidir très-lentement: c'est cette dernière opération qu'on appelle *recuisson*. Dans les grandes verreries de verre noir, on recuit le verre dans des fours qu'on fabrique dans les angles de la halle où se trouve le fourneau de fusion: on entretient ces fours au rouge lorsqu'on y dépose le verre qu'on veut recuire; et, dès qu'ils sont pleins, on en ferme les ouvertures pour en laisser tomber la chaleur d'elle-même.

Dans les petites verreries, le four de recuisson est ordinairement placé sur le fourneau de fusion ou à côté, de manière à être chauffé par le courant de flamme qui s'échappe du fourneau; ce n'est, à proprement parler, qu'un commencement de cheminée très-élargi, et qui diminue insensiblement de largeur à mesure qu'on s'éloigne du foyer : de sorte que le verre qu'on dépose à sa base se refroidit peu à peu à mesure qu'on l'attire vers l'extrémité. Le verre est ici recuit très-imparfaitement, parce que son refroidissement est trop prompt.

ARTICLE VI.

Du Combustible employé dans les Verreries.

ON connoît deux sortes de combustibles employés dans les verreries : le bois et le charbon de terre.

L'emploi du charbon-de-terre est très-avantageux, mais il colore le verre en produisant une fuliginosité qui se dépose sur le verre fondu, qui le pénètre et le teint en jaune. Ainsi, lorsqu'on veut travailler un verre blanc ou un cristal, on prend la précaution de couvrir les pots auxquels on ne laisse qu'une ouverture qui répond à l'ouvreau ; c'est ce qu'on appelle travailler à *pots couverts.*

Lorsqu'on emploie le bois, il faut le sé_
cher avec soin : le travail en est plus prompt
et la fonte plus facile. Le charme, le hêtre
et le chêne sont trois sortes de bois qui occupent le premier rang pour le chauffage
des fours de fusion. Les bois résineux donnent trop de fumée.

Le service du feu, dans une verrerie,
demande une personne active et intelligente :
il faut soigneusement éviter d'*engorger* et
de *laisser manquer le feu*. Il faut le nourrir
en renouvelant le combustible par petites
quantités à-la-fois, et à petits intervalles.

Le verre blanc ordinaire a une pesanteur
par rapport à l'eau :: 23 : 10. Celui d'argile
et d'alkali :: 25 : 10. Celui de chaux et d'alkali :: 27 : 10. Les oxides métalliques ajoutent à sa pesanteur.

CHAPITRE III.

De la combinaison des Métaux entr'eux, ou des Alliages métalliques.

De toutes les substances minérales, telles
que la nature nous les présente le plus isolément, ce sont les métaux : et, quoique nous

en rencontrions quelques-uns naturellement alliés avec d'autres, nous pouvons poser en principe qu'on les trouve presque par-tout, un à un ; et que les principales matières qui leur sont unies ou combinées, sont le soufre ou l'oxigène.

Mais, dès que les métaux sont extraits ou débarrassés de leurs *minéralisateurs;* du moment qu'ils sont ramenés par les procédés de l'art à l'état métallique, on peut les allier, et former, par la combinaison ou l'alliage de plusieurs, des composés dont les arts se sont enrichis.

C'est cette combinaison, cette fusion réciproque, cette pénétration intime de deux ou d'un plus grand nombre de métaux, qu'on appelle *alliage.* On a affecté la dénomination d'*amalgame* aux seules dissolutions des métaux par le mercure.

Mais, pour qu'un alliage s'effectue, il faut réunir et faire concourir plusieurs circonstances : la première, c'est qu'il est nécessaire, pour que l'alliage ait lieu, qu'au moins l'un des métaux soit en fusion ; et c'est celui qui se trouve en fusion, ou qui entre en fusion le premier lorsqu'on les allie, qu'on peut regarder comme le dissolvant des

III. 19

autres : la seconde , c'est que les métaux soient à l'état métallique ; car, s'ils sont oxidés , ils se refusent à tout alliage.

Il est aisé de concevoir que tous les métaux ne s'allient pas avec la même facilité : cette opération , ainsi que toutes les autres opérations chimiques , obéit aux loix particulières des affinités très-différentes que les métaux exercent entr'eux.

Il est des métaux que l'art n'a pas pu allier jusqu'ici : ils se refusent à toute pénétration , ils se repoussent, pour ainsi dire, tandis qu'il en est d'autres auxquels il suffit d'être dans un contact immédiat pour qu'ils se combinent et s'allient : le mercure nous en fournit des exemples.

Il dérive encore de ces principes une conséquence bien naturelle : c'est que l'alliage forme un corps *sui generis* , dont les propriétés ne peuvent être prévues ni déduites d'après la nature des élémens qui le constituent ; ce qui prouve que les alliages sont de véritables combinaisons, et non de pures dissolutions ni de simples mélanges , comme on pourroit le croire.

L'examen et la comparaison des principaux alliages connus nous offrent, presque par-tout, les caractères suivans, que nous pouvons regarder comme des corollaires qu'on peut déduire des faits que présentent les alliages.

1°. La ductilité de l'alliage est toujours moindre que celle des parties composantes. L'union de deux métaux très-doux forme souvent un alliage très-aigre.

2°. La pesanteur spécifique d'un alliage est rarement un terme moyen entre celles des métaux alliés. Glauber et Becher avoient déjà observé que les pesanteurs spécifiques des alliages des métaux différoient essentiellement de la pesanteur comparée de leurs élémens métalliques.

3°. La fusibilité présente, à son tour, de grandes variations : mais, en général, les alliages sont plus fusibles que chacun des métaux qui les forment.

4°. La dureté de l'alliage est généralement plus forte que celle des métaux qui le constituent ; je dis généralement, parce les amalgames du mercure paroissent faire exception à cette règle générale.

5°. La fixité des métaux se modifie dans ces combinaisons, et devient, en général, plus intense. L'arsenic qui est si volatil, lorsqu'il est seul, résiste fortement lorsqu'il est allié au platine et à d'autres métaux.

6°. Chaque alliage affecte des couleurs qui ne sont plus la combinaison des couleurs propres aux métaux de l'alliage. Elles sont assez constamment plus vives.

Nous devons donc faire rentrer les alliages dans la classe des composés dont les propriétés ne sauroient dériver rigoureusement des caractères connus des métaux qui les constituent : un alliage est donc une composition, une combinaison nouvelle dont les élémens sont des métaux.

La différence qu'il y a entre les combinaisons salines et les alliages métalliques, c'est que, dans ces derniers, il n'y a pas un terme de saturation aussi marqué que dans les premières, et que le composé conserve toujours les qualités caractéristiques des principes constituans; tandis que, dans les sels, il y a saturation des propriétés antagonistes des élémens, et que le produit de la combinaison n'a plus aucun des caractères des acides et des alkalis qui le forment.

L'affinité réciproque entre les métaux, à laquelle il faut rapporter les phénomènes des alliages, est si forte, dans plusieurs cas, qu'il suffit de mettre les métaux en contact pour décider un alliage lorsque l'un des métaux est fluide.

Dans plusieurs cas, on se borne à appliquer des lames métalliques contre les surfaces bien polies d'autres métaux pour déterminer une adhésion qui équivaut à un alliage, parce qu'elle dépend principalement de l'affinité respective des deux métaux.

Nous nous occuperons bien moins de faire connoître tout ce que les chimistes ont déjà publié sur les alliages, qu'à extraire de leurs travaux et de la pratique journalière des arts tout ce qui peut intéresser la société.

Dans le grand nombre d'alliages, il en est dont les usages sont très-répandus, et c'est sur-tout de ceux-ci qu'il sera question dans les articles suivans.

SECTION PREMIÈRE.

De l'alliage du Cuivre avec l'Arsenic (Cuivre blanc).

DE tous les métaux, le cuivre est celui qui nous présente le plus de facilité pour contracter des alliages ; et c'est cette sorte de prostitution avec la plupart des matières métalliques qui lui a mérité le nom de *Vénus*, de la part des adeptes.

L'arsenic forme avec le cuivre un alliage blanchâtre et très-aigre.

On peut former directement cet alliage, ou par la fusion de l'arsenic avec le cuivre, ou par la fusion de ce dernier métal avec l'arseniate de potasse.

Mais, quoiqu'on emploie ces deux substances à parties égales, il est rare que la couleur disparoisse de suite complètement : l'alliage retient toujours une teinte de la couleur de cuivre.

Pour décolorer entièrement l'alliage, il faut répéter la fonte, en employant les mêmes proportions, quatre ou cinq fois. Alors l'alliage est d'un blanc semblable à celui de l'argent, sans cesser cependant d'être aigre et cassant.

Si on fait évaporer l'arsenic par une chaleur convenable, le cuivre reprend sa ductilité, et conserve néanmoins sa couleur blanche.

Lorsque l'opération est bien faite, on pourroit confondre, au premier coup-d'œil, le cuivre blanc avec l'argent ; mais il est aisé de constater la différence par les propriétés inhérentes à chacun de ces métaux.

Le cuivre blanc est employé pour la fabrication d'une foule de bijoux et autres meubles ou ustensiles de ménage, tels que chandeliers, cafetières, vases, etc.

SECTION II.

De l'alliage du Cuivre avec le Zinc (Cuivre jaune, Laiton, Tombac, Similor, Or de Manheim, Métal du prince Robert, Etamage par le zinc).

L'ALLIAGE du zinc et du cuivre est très-facile : les diverses proportions entre ces deux principes constituans, établissent une telle différence dans la couleur et dans la qualité de l'alliage, qu'on a donné des dénominations particulières à chacune de ces combinaisons.

L'alliage de ces deux métaux présente une grande ductilité : en outre, il ne s'oxide pas aisément ; et ces deux propriétés en ont tellement multiplié les usages dans les arts, qu'il en est peu qui soient plus employés et plus utiles.

Cet alliage est si ductile, sur-tout lorsqu'il est légèrement chauffé, qu'on peut le filer en cordes très-déliées. Il est plus ductile à la filière que sous le marteau : lorsqu'on le frappe à chaud, il s'écrouit et se réduit en poudre. Il conserve, sous ces rapports, les principaux caractères du zinc.

L'alliage du cuivre et du zinc peut s'opérer par la fusion directe des deux métaux. M. de Saussure a proposé de fondre le cuivre dans un creuset de plombagine, et d'y jeter ensuite le zinc enveloppé dans un papier : on recouvre le tout de verre phosphorique ; on coule l'alliage, et l'on saupoudre encore de verre phosphorique avant qu'il se fige. On a l'attention de ne pas ajouter le zinc, tant que le cuivre bouillonne.

Mais, dans les ateliers où on le fabrique pour le commerce, on emploie les mines de zinc calcinées, sur-tout celle qu'on nomme *calamine, pierre calaminaire*.

De toutes les fabriques de laiton qu'il y a en Suède, celle de Norkioping dans l'Ostrogothie, est la plus considérable : elle renferme quatre fonderies, dans chacune desquelles il y a quatre fourneaux à huit creusets chaque, que l'on retire toutes les douze heures pour couler en tables. Chaque table pèse 540 livres, poids de Suède. On tire la calamine de la Silésie, de la Pologne, de la Hongrie, et quelquefois du pays de Limbourg.

Les mines de calamine, dans le comté de Derby en Angleterre, et celles du pays de Limbourg, fournissent de la calamine à presque toutes les fabriques de laiton en Europe. Dans les environs de Wirks-Worth et de Bousall (comté de Derby), on extrait quantité de pierre calaminaire qui se trouve en filons étroits, à une petite profondeur dans la terre; elle est souvent mêlée à du minerai de plomb qui en altère la qualité. On y en distingue plusieurs espèces : la brune, la jaune, et une qui est presque blanche.

Comme les filons sont dans différentes communes, les ouvriers qui les exploitent vendent la calamine à une compagnie qui, après l'avoir triée et réduite en morceaux de la grosseur d'une noix, la grille dans un fourneau de réverbère. Le feu dure quatre à cinq heures, et l'on opère à-la-fois sur 10 à 12 quintaux (50 à 60 myriagrammes). On en sépare les gros morceaux, et le surplus est passé au crible; le produit est lavé dans des *caisses allemandes*. Ensuite on fait sécher la calamine; après quoi on la broie sous une meule; et c'est dans cet état qu'elle est vendue : la principale vente se fait à Birmingham pour les divers établissemens de laiton.

Les fabriques de laiton, établies à Graslitz en Bohème, à Rubisch dans le Voigtland, à Achenrain près de Briclegge en Tyrol, à Cheadle dans le comté de Stafford en Angleterre, à Stolberg, pays de Juliers, dans le département de la Roër, présentent bien peu de différence dans les procédés qu'on y exécute. C'est par-tout la calamine calcinée et le charbon qui forment le ciment dans lequel on met les lames de cuivre; il n'y a de différence que par quelques modifications dans la construction des fourneaux, la forme et la capacité des creusets, la conduite du feu, etc. Nous nous bornerons, par conséquent, à décrire ce qui se pratique dans le pays de Juliers.

Dans la commune de Stolberg, à deux lieues d'Aix-la-Chapelle, il y a plusieurs fabriques de laiton. Le nombre s'élevoit à trente-huit avant la révolution qui a réuni ce pays à la France.

Le cuivre qu'on y emploie se tire de Norwège, de Hongrie, de Suède, du Levant et de Cornouailles.

La calamine s'extrait de la Vieille-Montagne près d'Aix-la-Chapelle. On en retire encore du territoire de Cornely-Monster près de Stolberg.

On mêle 40 livres (2 myriagrammes), cuivre rouge, et 65 livres (3 myriagrammes $\frac{1}{4}$), de calamine calcinée et en poudre, avec le double en volume de charbon pulvérisé.

On remplit des creusets de ce mélange, et on les place sur deux rangs dans le fourneau.

On entretient un feu violent pendant douze heures, après quoi on coule la matière sur le sable.

Le laiton, obtenu par cette première opération, est grossier, inégal et aigre.

On l'affine comme il suit :

On met dans le creuset une couche de calamine et de charbon mélangés dans les proportions ci-dessus; on place, par-dessus, une couche de laiton; on met une seconde couche de ciment, puis du laiton qu'on recouvre ensuite de ciment, et ainsi de suite, jusqu'à ce que le creuset soit rempli.

On chauffe pendant douze heures, et on coule la matière fondue sur des masses de granit préalablement chauffées, et dont on frotte la surface avec de la bouze de vache. On détermine la largeur et l'épaisseur des lames, à l'aide de barres de fer plus ou moins épaisses, qu'on assujétit par le moyen d'un autre bloc de granit superposé, qu'on peut élever par le secours d'une poulie.

Quarante livres (2 myriagrammes) de cuivre, donnent 55 à 56 livres (2 myriagrammes $\frac{3}{4}$) de laiton.

On destine à la filière une partie de ce laiton : à cet effet, on le coupe en filets ou lanières, à l'aide d'un grand ciseau; on dispose ces lanières à l'opération de la filière, en les plaçant en tas dans un fourneau, et les trempant dans un bain de suif.

Les fils de laiton servent à fabriquer des cordes d'instrumens de musique, des cribles, des épingles, etc.

Dans les fabriques de Suède, les lames de laiton destinées à la filière, sont passées au laminoir à plusieurs reprises, et recuites à chaque fois dans un fourneau de réverbère. Elles sont redressées sur l'enclume à l'aide d'un petit marteau qui se meut par l'eau, et coupées ensuite avec une cisaille à main en verges propres à passer à la filière.

Les mines de Rammelsberg, dans le Bas-Hartz, fournissent une quantité si considérable de cadmie (oxide de zinc), qui s'attache aux parois des fourneaux, qu'on l'emploie à la place de la calamine pour convertir le cuivre en laiton.

Gellert avoit donné un procédé pour faire du laiton avec la blende (sulfure de zinc); mais ce laiton étoit cassant et n'avoit pas une belle couleur. MM. Duhamel et Jars ont repris le travail, et ont obtenu du beau laiton en n'employant que la blende calcinée. Je m'étois convaincu moi-même que, lorsque la blende n'étoit pas préalablement dépouillée de tout le soufre qu'elle contient, le laiton étoit noir et très-cassant.

Le laiton exposé à un feu violent se décompose; le zinc brûle et se volatilise; il ne reste plus que le cuivre.

On peut séparer le zinc du cuivre en dissolvant le laiton dans l'acide nitrique, et précipitant par l'alkali caustique qui dissout l'oxide de zinc et ne touche pas à l'oxide de cuivre.

En fondant le cuivre jaune, dans diverses proportions, avec le cuivre rouge, il en résulte des alliages ductiles dont la couleur approche plus ou moins de celle de l'or : ce qui lui a fait donner les noms de *similor*, *or de Manheim*, *métal du prince Robert*, *tombac*, etc.

Parties égales de laiton et de cuivre rouge forment un métal ductile, couleur d'or, un peu pâle.

Trois cinquièmes de cuivre rouge, sur deux de cuivre jaune, donnent un alliage dont la couleur se rapproche et se confond avec celle de l'or.

Une partie cuivre jaune et deux de cuivre rouge, présentent une couleur d'or plus intense.

Si, au lieu d'employer le cuivre jaune, on se sert du zinc, et qu'on l'allie par la fusion avec le cuivre, on peut également former l'or de Manheim. Il faut, dans ce dernier cas, tant pour éviter la déperdition d'une bonne partie de zinc, que pour faciliter la combinaison, recouvrir les deux métaux fondus d'une couche de charbon. La proportion la plus avantageuse pour opérer cette composition, c'est d'employer une partie de zinc sur quatre de cuivre rouge;

on couvre de suite le mélange avec de la poussière de charbon, et on porte à la fusion.

La facilité qu'a le zinc à s'allier avec le cuivre, l'a fait proposer pour être substitué à l'étain dans l'étamage; et il résulte des travaux de Malouin, que ce demi-métal s'étend plus également sur le cuivre que l'étain, qu'il y adhère avec plus de force, et qu'il coule plus difficilement par la chaleur.

On a objecté que les acides végétaux pourroient le dissoudre et former des sels nuisibles à la santé. Mais M. Laplanche a dissipé toutes les craintes qu'on pouvoit concevoir à cet égard, en prouvant, par des expériences faites sur lui-même, que les sels de zinc, pris à bien plus forte dose que ne peuvent en contenir les alimens préparés dans des vases étamés avec le zinc, n'étoient pas du tout dangereux.

La pesanteur spécifique du cuivre rouge étant à celle de l'eau, comme 77,880 : 10,000, celle du cuivre jaune passé à la filière est de 88,755; le pied cube péseroit donc 621 livres 7 onces 7 gros 26 grains, et celui du cuivre rouge, 545 livres 2 onces 4 gros 35 grains.

La pesanteur spécifique du cuivre jaune fondu, est de 83,958 ; le pied cube péseroit donc 587 livres 11 onces 2 gros 26 grains.

Le cuivre jaune est donc plus pesant que le cuivre rouge, et la pression de la filière augmente la densité du premier d'un cinquième à un septième, tandis que celle du cuivre rouge ne gagne qu'un huitième.

Il résulte de-là, 1°. que la pesanteur spécifique de l'alliage l'emporte sur celle des deux métaux qui le forment; 2°. que la pesanteur s'accroît par la pression.

On peut donc conclure que dans l'alliage, il y a pénétration et formation d'un nouveau composé, dont les propriétés ne sauroient être déduites de la connoissance de celles des élémens qui le forment.

SECTION III.

De l'alliage du Cuivre avec l'Etain (Airain, Bronze, Etamage).

L'ALLIAGE de ces deux métaux forme l'airain ou le bronze, selon que l'étain y est dans une proportion plus ou moins forte.

En général, soixante et quinze parties de cuivre rouge fondues avec vingt-cinq parties d'étain, forment le métal des cloches.

Lorsqu'on veut fabriquer des pièces d'artillerie, on emploie le cuivre dans une plus forte proportion, pour rendre l'alliage moins cassant.

On ajoute quelquefois du zinc, de l'antimoine et autres métaux ; mais ces additions paroissent inutiles. Les fondeurs de cloches ont abusé quelquefois de la crédulité du vulgaire, en faisant croire qu'ils ajoutoient à l'alliage une certaine quantité d'argent, pour le rendre plus sonore ; mais ils savoient habilement convertir, à leur profit, l'argent qu'ils prétendoient employer dans l'opération.

L'alliage du cuivre et de l'étain présente les propriétés suivantes :

1°. Il est plus sonore qu'aucun des métaux employés.

2°. Il est plus dur que chacun d'eux pris séparément.

3°. Il est plus fusible que le cuivre, et beaucoup moins que l'étain.

4°. Il est moins oxidable et moins ductile que les deux métaux qui le forment.

III. 20

Pærner a observé, à ce sujet, que beaucoup de cuivre et peu d'étain, donnent un
métal malléable, de même que beaucoup
d'étain et peu de cuivre ; mais que, lorsqu'on allie, depuis parties égales jusqu'à
huit à dix de cuivre sur une d'étain, on
obtient des alliages aigres. Cette aigreur diminue au-dessous et au-dessus de ces proportions.

Cet alliage a une pesanteur spécifique
plus grande que celle qui devroit résulter
de la combinaison de leurs pesanteurs particulières. Macquer a observé que deux
onces (0,61188 hectogrammes) d'alliage
composé de quatre cinquièmes d'un cuivre
rouge très-pur, et d'un cinquième d'étain,
également pur, ont sept grains et un dixième (0,71805 décigrammes) de plus en
pesanteur spécifique, que n'auroit la même
quantité de ces métaux non alliés.

Tillet a vu que la couleur du cuivre
disparoît par son alliage avec un quart
d'étain ; et l'on ne peut raisonnablement
attribuer ce phénomène qu'à la pénétration
ou combinaison intime des deux métaux.

L'étain s'applique sur le cuivre, et y
forme une couche qui le garantit de l'oxi-

dation et de l'action corrosive des acides, des sels, des graisses, etc. et c'est par le secours de l'étamage qu'on est parvenu à approprier les vases de cuivre à la préparation de nos alimens.

Ainsi, étamer un vase de cuivre, c'est en revêtir la surface d'une couche d'étain.

La théorie de l'étamage est fondée sur des principes simples, dont la connoissance peut jeter une grande lumière sur cet art.

Le premier principe sur lequel repose la certitude d'un bon étamage, c'est que, pour que les deux métaux s'appliquent bien et contractent une adhésion intime, il faut que les deux métaux soient à l'état métallique.

Il s'ensuit de cette vérité fondamentale, que l'opération préalable à l'application de l'étain, consiste à nettoyer, à polir la surface du cuivre, de manière qu'il n'y ait aucun vestige d'oxidation, et que, partout, il présente le *faciès metallica*. C'est cette opération préparatoire qu'on désigne par les mots *décaper le métal*.

Les moyens qu'on emploie pour décaper le métal, se bornent à en racler fortement la surface avec des instrumens de fer, ou à la corroder par des acides qui dissolvent l'oxide qui peut la recouvrir.

Dès que cette première opération est exécutée, on fait fondre l'étain dans le vase qu'on veut étamer, et qu'on place sur les charbons embrasés pour maintenir une chaleur suffisante; et, à l'aide de vieux linges ou d'étoupes, on promène le métal fondu sur la surface décapée du vase. On y ajoute quelques corps charbonneux, tels que des résines, pour éviter ou détruire l'oxidation que la chaleur facilite. On peut substituer aux résines, le muriate d'ammoniaque (sel ammoniac) et tous les corps huileux ou graisseux. Le muriate a un avantage qu'aucun autre corps ne partage avec lui : c'est qu'étant pourvu d'un peu de suie qu'il a pris dans sa sublimation, jouissant en outre d'une vertu corrosive très-décidée, il présente à-la-fois la propriété de décaper, et celle de s'opposer à l'oxidation : c'est sur cette double propriété qu'est fondée la pratique des ouvriers qui l'emploient. Et nous pouvons en déduire encore la cause de la différence que font tous les artistes, entre le sel ammoniac noirci par la suie, et le sel ammoniac blanchi par une seconde sublimation : le premier est préféré pour l'étamage ; le second, pour la teinture, parce que, dans le premier cas, il faut un corps qui décape et prévienne l'oxidation, tandis que, dans le second, il ne faut qu'un sel pur et sans couleur.

Pour que l'étamage présente tous les avantages qu'on doit en attendre, il faut qu'il recouvre pleinement le cuivre sur lequel on l'applique, afin de soustraire ce métal à l'action corrosive des sels, des graisses et des huiles. L'étamage d'étain fait avec soin, offre cet avantage, mais il a l'inconvénient de couler à une chaleur modérée : c'est surtout ce qui a engagé les chimistes à rechercher les moyens de lui substituer le zinc.

SECTION IV.

De l'alliage de l'Etain avec le Fer (Fer-blanc, Fer étamé).

LE fer se rouille aisément ; et cet inconvénient en restreindroit considérablement les usages, si on n'avoit pas trouvé le moyen de le prévenir, en revêtant ses surfaces

d'une couche d'étain. Il porte alors le nom
de *fer étamé*, et celui de *fer-blanc* lorsqu'on l'a étamé en feuilles.

Pour étamer le fer, il faut employer les
mêmes précautions que pour étamer le cuivre, c'est-à-dire, bien nettoyer, bien décra-
per le métal, et prévenir avec soin l'oxidation des surfaces au moment qu'on les revêt
de la couche d'étain. On parvient à ces résultats, en recurant les lames de fer avec
du grès, et en les faisant tremper ensuite
dans des eaux rendues acidules par de la
farine de seigle qu'on y fait fermenter. On
les recure une seconde fois; après quoi on
les essuie très-ferme, et on les expose dans
un lieu très-chaud.

Il est des ustensiles de fer qu'on ne peut
décaper qu'à la lime : il en est d'autres, et
c'est le plus grand nombre, qu'on décape
avec le sel ammoniac. La manière d'employer ce sel varie dans les divers ateliers :
les uns le dissolvent dans l'eau, et font
tremper dans la dissolution les pièces à étamer. Les autres exposent les pièces de fer
à la fumée du sel ammoniaque qu'on volatilise en le jetant sur les charbons. D'autres encore font chauffer leurs pièces, et

les frottent avec le sel ammoniaque lui-même.

Mais, de quelle manière qu'on ait décapé le fer, il suffit, pour l'étamer ensuite, de le plonger dans un bain d'étain, et de l'y retourner jusqu'à ce que les surfaces décapées soient recouvertes d'une couche bien adhérente de ce métal.

C'est de cette manière qu'on étame une foule d'objets, tels que des mors-de-bride, des étriers, des boucles de harnois, etc.

Mais lorsqu'on prépare, pour le commerce, les feuilles de fer-blanc, on se sert d'un procédé qui, quoique peu différent de celui que nous venons de décrire, n'en mérite pas moins d'être rapporté avec quelque détail.

Nous nous bornerons, pour donner un exemple du procédé, à décrire ce qui se pratique dans une des principales fabriques de la Bohême, entre Heinricssgrun et Graslitz.

On commence, comme par-tout ailleurs, par réduire en feuilles, à l'aide du martinet, le fer qu'on veut étamer. On peut remplacer le martinet par le laminoir, ou au moins terminer l'opération par le laminoir; on a l'avantage d'avoir des faces plus unies.

Ensuite, pour décaper les feuilles de fer battu ou fer noir, et les disposer à recevoir l'étain, on a une étuve voûtée, au milieu de laquelle on entretient continuellement un feu de charbon. Tout autour sont des barriques pleines d'une eau aigrie par la farine de seigle qu'on y fait fermenter: on met 1154 pouces cubes de farine par chaque barrique : l'eau qui la délaye ne tarde pas à aigrir. La chaleur de l'étuve est si forte, qu'on a quelque peine à y séjourner.

On place 300 feuilles dans chaque barrique; on les y dispose verticalement: elles y restent vingt-quatre heures, après quoi, on les plonge dans une eau sûre nouvelle, c'est-à-dire qu'on vient d'y mettre de la farine. Elles y restent encore vingt-quatre heures, et on les en retire pour les mettre dans une très-ancienne lessive, dans laquelle on jette tous les quinze jours un plein chapeau de farine : ainsi, les feuilles passent en tout trois fois vingt-quatre heures dans l'étuve.

Lorsqu'on les sort de l'étuve, on les met

dans des barriques pleines d'eau pure, où elles séjournent jusqu'à ce qu'on veuille les nettoyer, ce qui se fait avec du sable et de l'eau, jusqu'à ce qu'il n'y ait plus de taches noires.

On les remet ensuite dans l'eau, où elles restent jusqu'à ce qu'on veuille les étamer.

L'étamage, proprement dit, se fait comme il suit : on fait fondre 18 quintaux d'étain (90 myriagrammes) dans une chaudière de fer : lorsque l'étain est en bonne fusion, on met un peu de suif sur la surface du bain, et on y verse un peu d'eau pure qui y occasionne un boursoufflement et le fait écumer. On apporte alors 100 feuilles de fer toutes mouillées : on les met par-dessus l'écume, et on les fait entrer peu à peu dans le bain, en les enfonçant avec des tenailles, et les couchant à plat dans le fond : on apporte 100 autres feuilles qu'on fait entrer de la même manière : on les y laisse un quart-d'heure ; on remue bien avec un bâton ; on ôte, avec une cuiller, le suif et l'eau, qu'on verse dans une terrine ; on retire ensuite les feuilles les unes après les autres avec les mêmes tenailles, et on les place, de champ, sur deux barres de fer où elles sont soutenues par des pointes.

Alors un ouvrier prend les feuilles une à une, et les trempe dans un espace de la chaudière, qu'on a formé et presque isolé de la masse par le moyen d'une plaque de fer qu'on y a plongée verticalement : il les retire aussi-tôt, et les porte sur une grille de fer pareille à la précédente : c'est là qu'elles s'égouttent.

Une femme les prend une à une, les net- toie avec un morceau d'étoffe, et les frotte avec de la sciure de bois.

On remet dans la chaudière l'étain qui a coulé; on y met du suif par-dessus, et on jette de l'eau sur le tout. On observe que la chaudière ne reste jamais vide.

On porte ensuite les feuilles de fer-blanc près d'un fourneau, où elles se tiennent chaudes : une femme les nettoie dans une caisse avec du son d'avoine : une autre femme les reprend et fait la même ma- nœuvre : ces femmes ont un vieux mor- ceau d'étoffe à chaque main : une troisième femme achève de les nettoyer avec un linge plus fin.

On ajoute ordinairement 2 livres de cuivre (un kilogramme) par 140 livres d'étain (70 kilogrammes).

Lorsque l'étain est trop chaud, la couleur de l'étamage est jaune; et, lorsqu'il ne l'est pas assez, il s'en attache trop sur les feuilles.

Comme les feuilles présentent une couche d'étamage plus épaisse sur le bord, vers lequel l'étain a coulé lorsqu'on a posé les plaques de champ en les sortant du bain, on corrige cette inégalité de deux manières: 1°. en mettant sous ces lames un peu de charbon allumé pour ramollir et faire couler l'étain qui est en excès sur le bord : 2°. en trempant le bord le plus épais dans une petite chaudière dans laquelle il y ait de l'étain en fusion, et frottant avec de la mousse pour détacher ce qui est de trop sur les côtés.

Lorsque l'étamage est fait, on met 30 ou 40 feuilles ensemble ; on les bat dessus et dessous avec un marteau plat, sur une grosse pièce de bois; et, par ce moyen, on lisse les surfaces, on les unit et on les lie ensemble. On les plie un peu dans le milieu pour leur donner la courbure des barils.

On consomme une livre de suif pour 3oo feuilles, et 14 livres d'étain lorsque les plaques sont petites, c'est-à-dire, 11 pouces 2 lignes de long, sur 8 pouces $\frac{1}{2}$ de large.

SECTION V.

De l'alliage de l'Etain avec le Mercure (Etamage des glaces).

LE mercure dissout l'étain avec une telle facilité, qu'il suffit de mettre ces deux métaux en contact pour qu'ils s'amalgament : une baguette d'étain, plongée par un bout dans une capsule contenant du mercure, soutire ce métal, s'en pénètre, et, dans peu, le mercure s'élève jusqu'à l'autre bout de la baguette, de manière à former un alliage très-cassant dans toute la longueur.

C'est cette grande affinité entre ces deux métaux, qui les a fait employer pour étamer les glaces, c'est-à-dire pour donner au verre la propriété de réfléchir les objets avec netteté et vivacité.

Pour étamer une glace, préalablement bien polie et bien dressée par les procédés ordinaires, on commence par la nettoyer

avec de la cendre lessivée et bien tamisée :
on la frotte avec une flanelle, et on l'essuie
ensuite avec un linge très-propre. Pour que
l'amalgame prenne par-tout, pour qu'elle
adhère à toutes les surfaces, et qu'en un
mot la glace soit sans défauts, sous le rapport de l'étamage, il faut que la surface soit
bien nette, très-propre, sans poussière ni
tache de suif, d'huile ou de cire.

On prend ensuite une feuille d'étain
battu, mince comme du papier, et on en
fait un rouleau pour pouvoir la manier
plus commodément. On porte ce rouleau
sur un marbre bien uni et dont la surface
soit plus grande que celle de la feuille dé-
veloppée. Ce marbre ou cette pierre est
elle-même posée sur une table à rebords,
autour de laquelle règne une rainure destinée à recevoir le mercure surabondant.
Quelques échancrures sont pratiquées sur
ces rebords pour laisser couler le métal
excédant dans des baquets de bois qui sont
disposés tout autour. La table est montée
de manière à être parfaitement de niveau,
et à pouvoir, à volonté, être inclinée, de
plusieurs pouces, par le moyen d'une
bascule.

On développe la feuille d'étain et on, l'applique sur la pierre avec une règle polie et arrondie du côté qu'elle presse sur l'étain, afin d'ôter les bulles et les rides qui peuvent se former.

On *avive* d'abord cette feuille en la frottant avec une pelotte trempée dans le mercure.

On répand ensuite beaucoup de mercure sur la feuille d'étain; et l'on colle une bande de papier sur le bord inférieur de la feuille.

Lorsque tout est ainsi disposé, on présente la glace, qu'on soutient sur deux barres de bois fixées sur le bord de la table: on en applique l'extrémité sur la couche d'étain et de mercure, et on la fait glisser horizontalement, de manière qu'elle *tranche* dans la couche de mercure et chasse devant elle la lame supérieure. Le vif-argent, retenu par la bande de papier collée au bord inférieur, s'échappe et s'évacue des deux côtés.

On pose alors, sur la glace et à des distances à-peu-près égales, plusieurs écuelles de bois qu'on charge de gros poids: on fait servir, quelquefois, à cet usage, des plaques de plomb qu'on applique sur des flanelles pour ne pas rayer le verre. On laisse ces poids six à huit heures, pour que tous les points de la surface de la glace contractent une adhérence intime avec l'amalgame.

Dès qu'on a enlevé les poids, on porte la glace sur une autre table de bois bien unie, ou on la pose sens dessus dessous. Elle y est retenue par des crochets, pour qu'elle ne s'en détache pas lorsqu'on incline la table.

On la laisse vingt-quatre heures dans cette position horizontale; alors, on soulève la table de 6 pouces (0,162 mètre) de hauteur, sur un de ses angles seulement, afin de faire égoutter le mercure. On la laisse pendant vingt-quatre heures sans y toucher; et, de vingt-quatre heures en vingt-quatre heures, on la relève de 6 pouces (0,162 mètre) chaque fois, jusqu'à ce qu'elle soit dressée perpendiculairement.

On la pose contre la muraille, toujours appuyée sur un angle, où on la laisse quelque temps encore pour que tout le mercure qui n'est pas en amalgame solide puisse couler.

Il s'en faut bien que l'étamage des glaces

soit aussi adhérent que celui des métaux :
dans le premier cas, ce n'est que l'application ou une juxta-position d'un alliage
très-uni sur une surface de verre avec laquelle le métal n'a pas une affinité bien
sensible; tandis que, dans l'étamage des métaux, il y a affinité, dissolution, pénétration; de sorte que, pour séparer deux
lames métalliques réunies par l'étamage,
non-seulement il faut vaincre le poids de
l'air, mais surmonter encore la force d'affinité qui, de deux corps, n'en fait qu'un;
il faut, en un mot, déchirer le nouveau
corps qui s'est formé pour en séparer les
élémens.

SECTION VI.

De l'alliage de l'Or avec le Mercure.

POUR amalgamer l'or avec le mercure,
il suffit de les mettre en contact : l'or blanchit dans le moment, le mercure perd sa
fluidité, et, en peu de temps, le mercure
dissout l'or, et l'amalgame forme une masse
cassante, plus ou moins fluide, selon les proportions.

L'amalgame la plus ordinaire de l'or avec le mercure se fait comme il suit : on met dans un mortier de marbre une partie d'or en feuilles et sept parties de mercure ; on triture le mélange avec un pilon de verre jusqu'à ce que l'or ait disparu ; on lave cette amalgame à plusieurs reprises dans de l'eau tiède.

C'est cette vertu dissolvante du mercure qui a fait recourir à ce métal pour extraire l'or de ses mines, et pour le dégager de toutes les matières avec lesquelles il peut être mélangé. Ce procédé pour amalgamer est d'autant plus sûr, que l'or, presque inoxidable par sa nature, se présente, presque par-tout, à l'état de métal, de manière qu'il suffit de bien broyer les substances qui en contiennent et d'y mêler ensuite du mercure, pour s'emparer de tout l'or qui peut s'y trouver.

On fait ordinairement l'amalgame à l'eau dans des auges, à l'aide de meules qui divisent la matière ; et, du moment que l'amalgame est faite, on la met dans un appareil distillatoire pour séparer le mercure qui s'évapore, de l'or qui reste fixe dans la cornue.

III. 21

Très-souvent, préalablement à l'opération de l'amalgame, on lave la matière qui
contient l'or, afin d'en séparer les parties
de terre qui, comme plus légères, sont entraînées par l'eau.

Le mercure sert presque toujours d'intermède pour porter l'or sur d'autres métaux, sur-tout sur le cuivre, comme nous
le verrons dans l'article suivant.

SECTION VII.

De l'alliage de l'Or avec le Cuivre (Dorure
au feu ou sur métaux, Or moulu, Or
haché).

Lorsqu'on veut dorer une pièce de cuivre, on commence toujours par bien préparer, *dérocher* ou *décaper* la pièce : à cet
effet, on la recure avec du sable; puis on
la fait tremper pendant quelque temps dans
de l'eau-forte affoiblie par beaucoup d'eau,
et réduite à ce que, dans les arts, on appelle *eau seconde.* Ensuite on la fait chauffer ; et, lorsqu'elle est convenablement
chaude, on lui applique des feuilles d'or
qu'on étend avec un tampon de coton : on

les assujétit, et on les polit avec la pierre-sanguine ou *brunissoir*.

Cette application immédiate de deux surfaces métalliques bien unies et parfaitement décapées, ne détermine pas une très-grande adhérence : aussi cette dorure n'est-elle pas réputée très-solide ; et on n'emploie ce procédé que pour les objets qui sont peu exposés au maniment, au choc et aux frottemens.

La dorure en *or moulu* est infiniment plus solide : ici, c'est le mercure qui est l'intermède entre l'or et le cuivre. Pour dorer de cette manière, on décape la pièce qu'on veut dorer par le procédé que nous venons de décrire : on la plonge ensuite un instant dans une dissolution de mercure très-affoiblie. La pièce devient toute blanche par la précipitation du mercure sur le cuivre : on lave la pièce dans l'eau ; après quoi on y applique dessus une couche bien égale d'amalgame d'or et de mercure.

Lorsque toute la surface est bien recouverte de cette amalgame, on porte la pièce sur un feu de charbon pour faire évaporer le mercure.

Si, pendant la cuisson de la pièce, on

s'apperçoit que quelque point de la surface n'ait pas été recouvert de l'amalgame, on répare ce défaut en y mettant une nouvelle couche.

Lorsqu'on veut rendre la couche d'or plus épaisse, on plonge de nouveau la pièce dans de la dissolution de mercure affoiblie; on applique une seconde couche d'amalgame qu'on chauffe comme la première; et, par cette manœuvre simple, on peut charger la pièce d'une couche d'or aussi épaisse qu'on le desire.

On polit et brunit ensuite avec la pierre-sanguine.

Lorsque la dorure est pâle et terne, on la ravive par le moyen de la *cire à dorer*, qui n'est qu'une composition de cire jaune, de bol d'Arménie, de vert-de-gris et d'alun. Il suffit de frotter la pièce avec cette composition et de la chauffer ensuite pour faire couler la cire.

Il y a encore une troisième manière d'appliquer l'or sur le cuivre, et c'est cette dorure qu'on appelle *or haché*. Elle a reçu son nom d'un nombre infini de petites hachures qu'on fait dans tous les sens avec le *couteau à hacher* formé d'une lame d'acier courte et large enmanchée de bois ou de corne.

On applique jusqu'à dix ou douze couches d'or pour couvrir ces hachures, au lieu que pour la dorure unie, il n'en faut que trois ou quatre.

Cette dorure est très-belle et très-solide.

On fait encore une très-jolie dorure sur les métaux, et particulièrement sur l'argent, en trempant des linges dans la dissolution de l'or, et les brûlant ensuite pour en conserver les cendres. Cette cendre humectée et appliquée sur l'argent par le moyen d'un chiffon, y laisse les molécules d'or très-adhérentes.

On lave la pièce pour enlever la partie terreuse, et on avive et développe la couleur d'or en brunissant avec la pierre-sanguine.

Cette manière de dorer est très-économique : les ornemens qui sont sur les éventails, les tabatières et autres bijoux, ne sont que des lames d'argent très-minces dorées par ce procédé.

On a proposé d'appliquer l'or sur les métaux en y portant l'éther qui enlève l'or à l'eau-régale : mais ce procédé ne m'a paru produire qu'une dorure très-imparfaite,

et je doute que, par ce moyen, on soit jamais parvenu à recouvrir d'or une surface
quelconque de métal.

L'or s'allie encore au cuivre par la fusion;
et c'est cet alliage qu'on emploie pour les
soudures qu'on est dans le cas de faire lorsqu'on travaille ce métal précieux. Cet alliage, quoique plus dur, est plus fusible.
C'est néanmoins à raison de la dureté que
prend l'or lorsqu'on l'allie avec un peu de
cuivre, qu'on ajoute de ce dernier métal à
l'or dont on fabrique des bijoux, de la vaisselle et de la monnoie. Le cuivre augmente
même la couleur de l'or, et une petite quantité n'en altère pas sensiblement la ductilité.

SECTION VIII.

De l'alliage de l'Argent avec le Cuivre
(Argenture au feu ou sur métaux).

POUR recouvrir le cuivre d'une couche
d'argent, on commence par décaper le métal avec l'eau seconde; ensuite on le ponce,
c'est-à-dire qu'on l'éclaircit en le frottant
à l'eau avec une pierre-ponce. On fait chauf-

fer de nouveau la pièce et on la plonge, avant qu'elle soit complètement refroidie, dans l'eau seconde, de manière qu'on entende un léger sifflement au moment de l'immersion.

Toutes ces opérations, outre qu'elles décapent complètement la pièce, lui donnent de petites aspérités qui la disposent à prendre et à retenir plus efficacement les feuilles d'argent.

Lorsque la pièce est ainsi préparée, on la monte sur une tige de fer ou sur un châssis de même métal qui porte le nom de *mandrin*, et qui sert à manier commodément la pièce sur le feu. Dès qu'elle est montée, on la chauffe ou *bleuit* ; et, du moment qu'elle est bleuie, on la charge, c'est-à-dire qu'on y applique les feuilles d'argent : à cet effet, on prend deux feuilles de la main gauche avec des pinces qu'on appelle bruxelles, et on ravale et on applique de l'autre main avec le brunissoir.

Si la pièce est trop frappée par le feu en quelques endroits, on s'en apperçoit par une espèce de poussière noire qui se forme à la surface et qu'on enlève avec une espèce de brosse qui est faite de petits fils de laiton.

Après que la pièce a été chargée de deux feuilles d'argent, on la rechauffe et on la charge de quatre nouvelles qu'on fait de même adhérer avec les deux premières par le moyen d'un brunissoir. On continue à charger de quatre en quatre ou de six en six feuilles jusqu'à ce qu'on en ait mis depuis vingt jusqu'à soixante, suivant le degré de beauté et de solidité qu'on veut donner à l'argenture.

Les feuilles d'argent dont on se sert ont 5 pouces en carré (un décimètre $\frac{1}{2}$).

Pour terminer l'ouvrage, on le polit à fond avec un brunissoir.

Lorsqu'on desire une argenture très-solide et très-belle, on hache les pièces de la même manière que pour la dorure en *or haché* : et le cuivre argenté par ce procédé, s'appelle *argent haché*.

L'argent de toutes nos monnoies, de même que celui qui compose la vaisselle, est allié d'un peu de cuivre. L'argent en devient moins ductile, mais plus dur et plus élastique.

Les orfèvres emploient encore l'alliage d'argent et de cuivre pour les soudures sur les pièces d'argent. Cet alliage est infiniment plus fusible que le métal ; et c'est ce qui en a déterminé l'emploi. On reconnoît aisément l'existence du cuivre à la propriété qu'ont les soudures de se charger de vert-de-gris.

SECTION IX.

De l'alliage du Plomb avec l'Étain (Soudure des plombiers).

LE plomb s'allie très-bien avec l'étain, et l'alliage est plus fusible qu'aucun des deux métaux qui le constituent.

En général, une partie d'étain fondue avec deux de plomb, forme la soudure des plombiers. Mais on peut diminuer la proportion du plomb, et faire alors ce qu'on appelle *soudure forte* : on peut également l'augmenter, ce qui se pratique, sur-tout, lorsqu'on veut souder des vases qui sont destinés à contenir des acides, parce que le plomb se laisse plus difficilement dissoudre ou corroder que l'étain.

Les ustensiles d'étain sont rarement exempts de l'alliage du plomb. Les fondeurs l'y font entrer dans une proportion plus ou moins forte pour diminuer le prix de la matière.

SECTION X.

De l'alliage du Plomb avec l'Antimoine (Caractères d'imprimerie).

L'ANTIMOINE donne de la dureté à presque tous les métaux avec lesquels on peut l'allier.

Lorsqu'on fond l'antimoine avec du plomb, il lui communique d'autant plus de dureté, que la proportion est plus forte.

C'est l'alliage de ces deux métaux qui forme les caractères d'imprimerie : quelques essais que j'ai faits sur cette composition m'ont présenté l'alliage de 80 parties de plomb sur 20 d'antimoine, comme le plus parfait : une plus grande proportion d'antimoine rend l'alliage trop dur, trop sec et trop fragile : une proportion moindre le rend trop mou.

Gmelin a fait une longue suite d'expériences sur la combinaison de l'antimoine avec le plomb, d'où il conclut ce qui suit :

1°. Parties égales de ces deux métaux forment un alliage poreux qui s'écrase sous le marteau.

2°. Une partie d'antimoine et deux de plomb produisent un métal plus compacte et très-cassant.

3°. Une partie d'antimoine et trois de plomb donnent un métal plus dur que le plomb et malléable.

4°. Une partie d'antimoine et huit de plomb donnent un alliage plus fusible et plus dur que le plomb, mais malléable.

5°. Une partie d'antimoine et douze de plomb forment un alliage dur, dense, susceptible d'être battu en feuilles.

SECTION XI.

De l'alliage du Plomb avec le Zinc.

GMELIN a allié le plomb avec le zinc, et il s'est convaincu que le plomb acquiert, par ce moyen, de l'éclat et de la dureté.

Pour empêcher que le zinc ne s'enflamme lorsqu'on le jette sur du plomb fondu, on met du suif dans le creuset en même temps que le zinc, et on retire le creuset du feu dès qu'on voit que le zinc est fondu.

Beaucoup de zinc allié au plomb donne un métal dont les couches sont feuilletées : il est plus dur que le plomb, et est très-malléable : il est en même temps d'un éclat très-vif.

Deux parties de zinc et une de plomb forment un alliage ductile, souple et très-dur.

Parties égales de plomb et de zinc produisent un alliage très-susceptible de poli, dur et sonore.

L'alliage d'une partie de zinc sur huit de plomb se rapproche du plomb, mais il est plus dur, plus sonore, plus malléable, plus susceptible de poli.

En général, le zinc donne toujours de l'éclat, de la dureté et du sonore au plomb, dans quelles proportions qu'on les allie.

SECTION XII.

De l'alliage du Mercure avec l'Étain et le Zinc.

KIEN-MAYER a fait connoître l'amalgame suivante, composée de deux parties de mercure, d'une de zinc et d'une d'étain. On fond le zinc et l'étain; on les mêle ensuite avec le mercure; on agite le mélange dans une boîte de bois enduite intérieurement de craie, et on le réduit en poudre fine.

On emploie cette poudre, seule ou incorporée avec de la graisse, pour frotter les coussinets de la machine électrique. L'effet en est prodigieux.

SECTION XIII.

De l'alliage du Cuivre avec l'Argent et le Mercure.

On fond et grenaille parties égales d'argent et de cuivre, on les distille avec du muriate de mercure.

Le mercure passe dans le récipient.

On porte ce qui reste dans un creuset; on le fond; on y projette de la limaille de fer, et on tient long-temps en fusion.

Cet alliage est très-sonore, blanc comme l'argent, et très-ductile.

SECTION XIV.

De l'alliage du Platine avec le Cuivre et l'Étain.

M. Rochon, en alliant le platine au cuivre et à l'étain, en a construit des miroirs de télescope à réflexion, dont l'effet surpasse, de beaucoup, ceux qu'on avoit faits jusqu'à lui avec l'acier.

Cette supériorité est due à la densité et à l'inaltérabilité du platine.

SECTION XV.

De l'alliage du Bismuth avec le Plomb et l'Étain.

Newton, Muschenbroeck, Homberg avoient déjà observé que ces trois métaux formoient un alliage très-fusible.

Mais Darcet a trouvé des proportions qui rendent cet alliage si fusible, qu'il coule dans l'eau chauffée à un degré inférieur à celui de l'eau bouillante. Ces proportions sont huit parties de bismuth, cinq de plomb et trois d'étain.

CHAPITRE IV.

Du Départ des Métaux.

ON a donné, depuis long-temps, la dénomination de *départ*, à l'opération par laquelle on sépare l'or et l'argent l'un de l'autre : mais, comme les alliages entre les divers métaux, nous sont présentés fréquemment par la nature et par l'art, et qu'il nous importe de connoître les moyens d'en opérer la séparation, nous généraliserons le mot *départ*, en l'appliquant à toutes les opérations qui effectuent ces séparations.

Il ne peut être question, dans ce chapitre, que de ces procédés qui sont usités dans les ateliers des arts; et je passerai sous silence tous les moyens chimiques qui peuvent être employés par un habile analyste, pour découvrir et séparer quelques atomes de divers métaux confondus dans une masse minérale. Cette opération tient à l'analyse proprement dite, et ne forme pas un procédé journalier et habituel du commerce.

Comme tous les métaux ne se comportent pas également, ni avec les acides, ni avec l'oxigène ; et que leur fixité au feu, et leurs degrés de fusibilité varient infiniment, nous pouvons profiter de ces propriétés naturelles pour les séparer de leurs alliages, et je crois pouvoir, conséquemment, réduire à cinq tous les procédés que l'art peut employer pour en opérer le départ.

SECTION PREMIÈRE.

Du Départ par les Acides.

Nous avons déjà observé que tous les acides n'agissent pas de la même manière sur tous les métaux : il est des corps métalliques qui ne sont solubles que dans un très-petit nombre d'acides, tandis que d'autres se dissolvent dans presque tous.

On peut donc profiter de cette propriété reconnue, pour séparer, d'un alliage métallique, certains métaux, sans toucher aux autres.

Mais, pour que l'action de l'acide qu'on emploie soit libre et enlève jusqu'au dernier atome du métal qu'il peut dissoudre, il faut que les métaux soient alliés dans une proportion convenable ; sans cela, celui qui est susceptible d'être dissous pourroit être dans une proportion si foible, qu'il seroit soustrait à l'action de l'acide. C'est pour prévenir cet inconvénient, qu'on est dans l'usage de s'assurer, préalablement à l'opération du départ, que les métaux existent dans l'alliage dans une proportion convenable, ou de les y porter, par l'addition d'une partie du métal soluble, si ces proportions ne sont pas telles qu'on le desire.

Il est encore indispensable d'employer des acides purs : sans cela, leur effet ne peut pas être calculé, et l'opération n'est plus rigoureuse.

Lorsque l'acide n'a pas une action très-énergique sur le métal, il est utile, 1°. de diviser l'alliage pour multiplier les points de contact, ce qui se fait en le réduisant en lames minces, en poudre ou en grenaille ; 2°. d'aider l'effet de l'acide par la chaleur.

L'opération la plus commune du départ, est celle par laquelle on sépare l'or d'avec l'argent, le cuivre, et autres métaux qui peuvent lui être alliés. Si, par exemple, on veut juger du titre de l'or, on allie l'or qu'on veut essayer avec quatre parties d'argent pur, ce qui s'appelle *inquart* ou *quartation*. On peut même, comme M. Sage l'a

III.   22

proposé, former cet alliage avec deux parties et demie d'argent contre une d'or.

La loi prescrit d'opérer sur 24 grains (12,74760 décig.) d'or ; elle tolère à 12 (6,37380 décig.) ; et défend à 6 (3,18690 décig.), par rapport à la difficulté d'apprécier les divisions qui résultent de ces petites quantités.

On met les deux métaux dans une lame de plomb exempt de tout alliage, et formant quatre fois le poids des deux métaux : on procède à la coupellation comme à l'ordinaire : le plomb se dissipe en fumée et s'absorbe en partie dans le corps poreux de la coupelle. Il ne reste, après la disparition du plomb, qu'un *bouton de fin*, qui contient l'or et l'argent. Déjà, par cette première opération, on a fait le départ du plomb : mais il reste à séparer l'argent, encore uni à l'or, pour connoître ce que celui-ci a perdu, et, par conséquent, ce qu'il contenoit de corps étrangers.

A cet effet, on aplatit le *bouton de fin*, on le lamine et on le roule en cornet : on le met ensuite dans un petit matras, où l'on verse 6 gros (2,29458 décagrammes) d'acide nitrique pur, qu'on appelle, par rapport à cet usage, *eau-forte de départ*. Cet acide marque ordinairement de 35 à 40 degrés au pèse-liqueur de Baumé. Dès que le matras est chauffé, le cornet brunit, l'argent se dissout, et, au bout de quinze minutes, on fait la *reprise*, c'est-à-dire qu'on décante la dissolution, et qu'on ajoute une once (0,30494 hectogrammes) d'acide très-pur et un peu plus concentré que le premier, pour enlever les portions d'argent qui peuvent avoir échappé. On décante, après 15 à 20 minutes, et on lave le cornet avec de l'eau tiède : on dessèche le cornet dans un creuset : on le pèse avec soin, et on juge, par la diminution de son poids primitif, de la quantité de matière étrangère qu'il contenoit. Mais, pour avoir des termes de comparaison, on suppose que l'or très-pur est à 24 karats (950,028 millièmes de fin); on divise les karats en trente-deuxièmes, de sorte que, si on a employé dans l'opération du départ, 24 grains (12,74760 décig.) d'or allié; et qu'après l'opération le cornet d'or ne pèse que 22 (11,08530 décig.), on dira que le titre de l'or éprouvé est à 22 karats (916,674 millièmes de fin), c'est-à-dire qu'il y a un douzième de matière étrangère dans l'or sur lequel on vient d'opérer.

SECTION II.

Du Départ des Métaux par l'oxidation.

LES métaux n'ont pas tous la même affinité avec l'oxigène, de manière qu'il en est qui résistent fortement à l'oxidation, tandis que d'autres se combinent avec l'oxigène, et avec une telle facilité, qu'on a de la peine à les préserver de son action.

Il est des métaux, tels que le fer, qui s'oxident à l'air ; qui décomposent l'eau et les acides, pour s'emparer de leur oxigène : il en est d'autres pour qui l'action de la chaleur est presque nécessaire, tels sont le plomb et l'étain qui, à la température de l'atmosphère, conservent, à peu de chose près, leur brillant métallique, tandis que, dès qu'ils sont fondus, ils se recouvrent d'oxide.

Il en est d'autres enfin qui ont si peu d'affinité avec l'oxigène, que la fusion elle-même ne sauroit en provoquer l'oxidation : l'or, l'argent, le platine, sont de ce nombre.

On peut donc profiter de cette propriété
constante et caractéristique, pour séparer
certains métaux d'un alliage, sans altérer
ceux qui leur sont unis. Et, d'après ce que
nous venons d'observer, il est possible de
procéder à ce départ, de plusieurs manières: 1°. par l'action de l'air, aidée de la
chaleur; 2°. par la décomposition des acides;
3°. par l'application d'un métal oxidé à un
autre métal qui puisse prendre son oxigène.

Lorsqu'il s'agit de séparer un métal presque inoxidable, tels que l'or, l'argent, le
platine, d'avec d'autres métaux très-oxi-
dables, il ne s'agit que de fondre l'alliage,
et de le tenir, assez long-temps, à un degré
de chaleur capable d'oxider pleinement les
métaux qui en sont susceptibles : alors, ou
l'oxide qui se forme reste confondu avec
les métaux non altérés, et, dans ce cas, on
le sépare par le tamisage attendu qu'il est
presque constamment en poudre, en ra-
clant et enlevant la couche oxidée à mesure qu'elle se forme ; ou bien l'oxide se
volatilise en fumée, comme dans le départ
de l'alliage du plomb avec l'argent et l'or.

Il se peut encore que les métaux alliés

soient oxidables les uns et les autres, à tel point que le même procédé d'oxidation ne puisse pas les séparer : mais, dans ce cas, on a encore la ressource de profiter de la plus ou moins grande facilité que présentent ces oxides à leur réduction , pour opérer une séparation qui étoit démontrée impossible par le premier procédé : ainsi l'alliage de l'étain et du cuivre pourra s'oxider en entier par la fusion ; mais ce mélange de deux oxides étant traité par les procédés de réduction , le cuivre coulera à l'état de métal, sans que l'étain se revivifie.

L'oxidation des métaux par la décomposition des acides, est encore d'un très-grand secours pour en opérer le départ. Par exemple , on peut décomposer et désunir un alliage de plomb et d'étain , ou d'étain et de cuivre , en l'exposant à l'action de l'acide nitrique, qui corrode et oxide tous les métaux, sans dissoudre l'oxide d'étain , tandis qu'il dissout ceux de cuivre et de plomb.

Il y a des cas où l'acide dissout l'un des métaux de l'alliage sans toucher à l'autre : c'est ce qui arrive toutes les fois qu'un métal imparfait est allié à un métal parfait : et c'est de cette manière qu'on traite les pyrites aurifères, le cuivre contenant de l'or, etc.

SECTION III.

Du Départ des Métaux par l'action d'autres Métaux.

Si un métal a plus d'affinité avec l'oxigène qu'un autre, on peut oxider le premier aux dépens du second qui reprend son caractère métallique, en cédant son oxigène. Le transport de l'oxigène d'un métal à un autre, est sur-tout marqué dans tous les cas où l'on précipite un métal d'une dissolution par le moyen d'un autre métal : ainsi le cuivre précipite l'argent et le mercure de leurs dissolutions dans l'acide nitrique, par ce qu'ayant plus d'affinité avec l'oxigène, il l'enlève à ces deux métaux qui paroissent de suite à l'état métallique, et prend leur place dans la dissolution. C'est par suite des mêmes principes que le fer précipite le cuivre, que l'étain précipite le même métal, que le mercure précipite l'argent, etc.

Il suit encore de la différence d'affinité que les divers métaux ont avec l'oxigène, que, dans les alliages métalliques qu'on soumet à la calcination, il y a des échanges d'oxigène qui ramènent à l'état métallique les métaux les moins oxidables.

SECTION IV.

Du Départ des Métaux par leurs degrés de fusibilité respective.

Les degrés très-variables de la fusibilité des métaux fournissent les moyens de séparer certaines de ces substances en les faisant couler de leurs alliages par l'application de divers degrés de chaleur.

C'est par ce moyen qu'on sépare l'étain, le plomb et le bismuth, de presque tous leurs alliages avec des métaux durs et réfractaires; mais il faut, dans tous ces cas, qu'il n'y ait pas une grande affinité entre les métaux alliés : car, si elle existoit, le métal plus fusible entraîneroit l'autre comme nous le voyons dans les alliages de plomb et de mercure avec l'or et l'argent.

D'ailleurs, lorsque les liens de l'affinité sont puissans, le métal le plus difficile à fondre communique quelques degrés d'infusibilité à celui qui lui est allié, et dès-lors il coule bien plus difficilement que lorsqu'il est seul.

SECTION V.

Du Départ des Métaux par sublimation.

Il est des métaux qui se subliment sans s'oxider, tels que le mercure, l'or, l'argent, etc.

Il en est d'autres qui se volatilisent en se réduisant à l'état d'oxide, tels que l'antimoine, l'arsenic, le zinc, etc.

Il en est plusieurs qui sont très-fixes, à l'état de métal et dans leur état d'oxide, tels que le cuivre, le fer, l'étain. Il ne faut pas cependant regarder cette fixité comme absolue, puisqu'ils se subliment en partie à l'état d'oxide, mais pas assez complètement pour que nous puissions les confondre avec ceux de la seconde classe.

Cette manière différente de se comporter au feu, présente des moyens d'en opérer un départ facile, lorsqu'ils sont alliés : si l'arsenic se trouve uni à un métal, il suffit d'exposer l'alliage au feu pour le voir s'échapper en fumée blanche.

On peut également séparer le zinc du cuivre, en portant l'alliage au rouge-blanc, et provoquant, par ce moyen, l'oxidation, la combustion et la sublimation du zinc.

On sépare l'antimoine et le mercure de leurs alliages, par le même moyen.

Il nous reste à fournir quelques exemples pratiques des divers procédés que nous venons de faire connoître.

1°. C'est par la coupellation qu'on sépare, de l'argent, tous les métaux qui peuvent lui être alliés, à l'exception de l'or et du platine.

Pour procéder à la coupellation, on pèse 36 grains (0,19121 décagrammes) de l'argent qu'on veut essayer, et on les enveloppe dans un cornet de plomb exempt de fin.

D'un autre côté, on a de petits creusets formés avec la terre des os fortement calcinée ; on a l'attention de laver cette terre avec le plus grand soin, et de la bien dessécher ; on forme ensuite les petits creusets ou *coupelles* dans des moules, dans lesquels on presse fortement la terre, foiblement humectée, pour lui donner la consistance convenable.

Lorsqu'on veut se servir de ces petites *coupelles*, on les place dans une mouffle de fourneau, entourée de charbon ; on la porte au rouge; et, dans cet état, on dépose le cornet d'essai dans la petite cavité ou dépression qui est au milieu de la coupelle.

L'alliage ne tarde pas à entrer en *bain;* on voit fumer le plomb qui s'évapore en oxide, pour la majeure partie, dans le même temps qu'une autre partie est absorbée par les pores de la coupelle. Lorsque tout le plomb a été ou évaporé ou absorbé, il ne reste qu'un bouton blanc dans le milieu de la coupelle; et c'est là ce qu'on connoît sous le nom d'*argent pur, argent de coupelle,* lorsque toutefois il n'y avoit aucune partie d'or dans l'alliage.

La perte de poids qu'a éprouvée l'argent dans cette opération, répond à la quantité de matières étrangères qui lui étoient alliées. On a donc supposé que l'argent le plus pur étoit à 12 deniers (999,996 millièmes de fin): on a ensuite divisé chaque denier en 24 grains; de sorte que, si l'argent a perdu dans l'essai un demi-denier, on conclut que le titre de l'argent essayé est à 11 deniers 12 grains (958,329 millièmes de fin).

2°. Si on soumet à l'action de l'acide nitrique un alliage de plomb et d'étain, l'acide oxide l'étain sans le dissoudre, tandis qu'il

dissout le plomb. Pareille chose arrive lorsqu'on traite avec le même acide un alliage
d'étain et de cuivre.

Mais, si on expose au même acide très-
pur, un alliage d'or et de cuivre, ou de tout
autre métal, le dernier se dissout et le premier reste intact.

Lorsque le cuivre, le fer, le zinc, et autres métaux très-solubles dans les acides,
sont alliés avec d'autres qui le sont moins,
les acides foibles s'emparent des premiers
sans toucher aux seconds.

3°. Pour donner un exemple frappant du
départ des métaux par les métaux eux-
mêmes, d'après leurs divers degrés d'affinité
avec l'oxigène, nous nous bornerons à citer
les procédés proposés ou pratiqués pour opérer le départ du cuivre dans l'alliage du métal des cloches.

Soixante-quinze parties de cuivre fondues avec vingt-cinq d'étain, forment le
métal des cloches.

Aucun alliage métallique n'a été d'un
usage plus répandu que celui-ci. Dans les
momens terribles de la révolution, le gouvernement a cru trouver dans le départ de
ce métal, une mine abondante de cuivre

pour servir à la composition de ses pièces d'artillerie. Et, presque dans le même temps, MM. Pelletier, Fourcroy, Auguste, Dizé, Jeanety, ont proposé et exécuté des procédés pour opérer le départ de cet alliage.

Tous les procédes se réduisent à oxider les deux métaux qui forment l'alliage, par l'air atmosphérique, les nitrates ou le manganèse.

M. Fourcroy a proposé d'ajouter à ce métal fondu un tiers de ce même alliage oxidé, et de brasser avec soin le mélange. Dans ce cas, l'affinité de l'oxigène étant plus prononcée pour l'étain que pour le cuivre, il s'ensuit que l'oxigène, déjà fixé sur le cuivre, l'abandonne pour se porter sur l'étain, et le cuivre coule en métal.

4°. Lorsque le cuivre contient une quantité d'argent suffisante pour en permettre l'extraction, on y procède comme il suit : on fait fondre 75 livres de cet alliage de cuivre et d'argent, avec 275 livres de plomb; on coule cet alliage en pains ou *gâteaux* qu'on nomme *pains de liquation;* on pose ces pains dans un fourneau, et l'on donne un degré de feu suffisant pour fondre le plomb : ce métal entraîne avec lui l'argent

qu'il enlève au cuivre, de sorte qu'il n'est
plus nécessaire que de le coupeller pour extraire l'argent qu'il a entraîné. Le cuivre
criblé par les vides qu'a laissés le plomb en
fondant, conserve toujours la forme primitive des pains. Mais ces pains retiennent encore un peu de plomb qu'on en retire par
une plus forte chaleur : c'est cette dernière
opération qu'on appelle *ressuage du cuivre.*

CHAPITRE V.

Des combinaisons de l'Oxigène avec les métaux, ou des Oxides métalliques.

Un des principaux caractères des métaux, c'est leur affinité très-prononcée pour
l'oxigène : on peut même regarder ce caractère comme distinctif entre les substances
métalliques et les matières terreuses ; car
celles-ci ne paroissent pas susceptibles de
combinaison avec l'oxigène.

Quoique tous les métaux aient de l'affinité pour l'oxigène, et que tous puissent
brûler lorsqu'on facilite la combinaison
par une température très-élevée, ou en
abaissant la force de cohésion qui lie les

élémens métalliques, tous ne se combinent point dans la même proportion avec l'oxigène, ni avec la même facilité.

La force de cohésion est un premier obstacle à l'action de l'oxigène : on parvient à la surmonter, ou à l'aide de la chaleur qui dilate les métaux et en rend les molécules plus accessibles à l'oxigène, ou par le mélange ou l'alliage du métal avec d'autres métaux : c'est ainsi que l'or et l'argent qu'on amalgame avec le mercure peuvent s'oxider à la température de l'atmosphère.

Une autre propriété qui modifie l'affinité des métaux pour l'oxigène, c'est la volatilité que quelques-uns acquièrent par la chaleur. Un métal qui se liquéfie se trouve dans un état très-favorable à la combinaison ; et il prend, dans cette circonstance, une dose déterminée d'oxigène : il acquiert même souvent une telle fixité, que si on expose les oxides à une chaleur supérieure, il s'en dégage de l'oxigène, de manière qu'on peut regarder cet état d'oxidation comme un terme assez constant.

Les oxides formés de cette manière ont plus de fixité que les métaux eux-mêmes.

Ainsi, les oxides de mercure, d'antimoine, de zinc, d'arsenic, une fois formés, résistent à une chaleur capable de volatiliser les métaux : ce qui annonce une véritable combinaison entre le métal et l'oxigène qui se fixe, se condense et forme un nouveau corps.

Si les métaux, susceptibles de se volatiliser, prennent des proportions d'oxigène qu'on peut regarder comme constantes, il n'en est pas de même des autres métaux qui sont fixes au feu, et sur lesquels on peut graduer l'oxidation, en leur faisant éprouver une suite successive de degrés de chaleur, de manière à développer une série de couleurs, et à présenter une accrétion progressive en poids par la fixation de l'oxigène (1).

_____

(1) Cette marche graduée de l'oxidation ne prouve pas que les degrés d'oxidation ne soient bien déterminés et peu nombreux dans les dissolutions par les acides ; M. Proust ne laisse pas de doute à ce sujet, et la différence d'opinion entre cet habile chimiste et M. Berthollet ne roule que sur le nombre de *degrés fixes*.

Il y a des termes d'oxidation qui sont fixes ; les degrés intermédiaires ne sont que des passages où l'oxide ne reste qu'autant qu'on lui refuse les moyens d'aller plus loin. C'est alors un état forcé qu'on ne peut pas regarder comme un état constant. Il faut même convenir que, sans cela, il n'y auroit rien de fixe dans les combinaisons salines. C'est dans ce sens qu'il faut entendre le *pondus naturæ* du célèbre *Stahl*.

Cependant, les oxides des métaux qui sont susceptibles d'être volatilisés, peuvent prendre ou perdre de l'oxigène par le moyen d'un feu plus violent appliqué à l'oxide : M. Thénard a fait varier l'oxidation de l'antimoine depuis 16 jusqu'à 20 pour cent, en exposant l'oxide à une chaleur variée; MM. Clément et Desormes se sont assurés que l'oxide de zinc perdoit de son oxigène par une chaleur forte, et prenoit une couleur jaune.

Il y a un degré déterminé de chaleur qui est le plus favorable à l'oxidation d'un métal : lorsqu'on reste en-deçà ou en-delà, l'oxide perd de son oxigène par une trop forte chaleur, et ne s'en sature pas à une chaleur trop modérée. Il paroît que le degré propre à volatiliser, est celui qui produit la plus forte oxidation dans les métaux volatils.

Il s'agit donc de déterminer avec précision les divers degrés de chaleur nécessaires pour produire des oxidations constantes et invariables : l'expérience a déjà donné quelques principes de conduite aux artistes qui préparent divers oxides pour le commerce : mais leurs observations ne sont point suffisamment arrêtées; tout est vague dans leurs procédés; aussi sommes-nous encore réduits à fabriquer des produits médiocres sur plusieurs objets essentiels, tels que les oxides de plomb, ceux de cuivre et de mercure. Par une suite de ces principes on voit pourquoi, en variant le degré de chaleur, on fait passer les oxides d'une couleur à une autre : le minium, par exemple, devient jaune en perdant une portion de son oxigène par l'application d'une chaleur plus forte; par une cause semblable, le blanc de zinc passe au jaune; le noir de manganèse, au blanc; le rouge du fer, au noir, etc.

Lorsqu'on est parvenu au dernier terme d'oxidation par le degré le plus convenable de température, on peut l'augmenter encore en appliquant à l'oxide déjà formé un corps qui contienne l'oxigène condensé et peu adhérent à la base sur laquelle il est fixé : c'est ainsi qu'on donne encore de l'oxigène à l'oxide rouge de plomb, par le moyen de l'acide muriatique oxigéné et de l'acide nitrique. M. Thénard a prouvé que, par des procédés semblables, l'oxide d'antimoine sublimé prenoit 12 pour 100 de plus d'oxigène. M. Chenevix a produit la suroxidation du mercure par le même moyen. Il suffit d'une chaleur modérée pour dégager le surcroît d'oxigène et ramener ces oxides à leur état primitif.

C'est en faisant concourir les deux moyens dont nous venons de parler, qu'on fait passer à l'état acide ceux des oxides métalliques qui, par leurs dispositions naturelles, peuvent recevoir une grande proportion d'oxigène. Ainsi, 100 parties d'arsenic peuvent recevoir, par la calcination ordinaire, 33 parties oxigène, selon M. Proust; mais, si on présente à cet oxide l'oxigène condensé, il en prend encore 20 parties pondérales, et développe tous les caractères d'un acide. Le fer peut se charger de la même dose d'oxigène sans contracter aucune propriété acide. Les oxides du chrome, du molybdène et du tungstène, prennent aisément le caractère acide, et en ont toutes les propriétés.

Les métaux qui, par eux-mêmes, ne jouissent d'aucune couleur bien brillante, prennent par l'oxidation les nuances les plus riches et les plus variées. Elles sont, en général, assez fixes au feu, où la plupart acquièrent une plus grande vivacité, ce qui les fait employer, comme principes colorans, pour le vernis des poteries, l'émail des faïences, la couverte des porcelaines et la couleur des verres.

On peut oxider les métaux de plusieurs manières.

1°. Il suffit quelquefois d'exposer le métal à l'air pour déterminer son oxidation : le fer, l'arsenic, le manganèse, le cuivre, sont dans ce cas-là. Leur affinité avec l'oxigène est telle, que le simple contact suffit pour vaincre la résistance qu'opposent à la combinaison l'élasticité du fluide et la cohésion du métal.

2°. On détermine l'oxidation de plusieurs métaux et on facilite celle de tous, en élevant leur température : c'est par ce moyen qu'on oxide l'étain, le plomb, le mercure, etc. Lorsque les métaux peuvent éprouver la fusion sans se volatiliser, c'est dans cet état qu'ils sont les mieux disposés à l'oxidation. Cette disposition de température a néanmoins des bornes; et, si l'on dépasse le point le plus favorable à l'oxidation, on désoxide le métal ou on vitrifie l'oxide.

3°. L'action combinée de l'air et de l'eau facilite beaucoup l'oxidation : les métaux sont préservés de toute rouille ou oxidation, lorsqu'on les garde dans un lieu sec, lorsqu'on en frotte la surface avec soin ; et, sur-tout, lorsqu'on les garantit du contact d'un air humide. Pour se rendre raison de ces effets, il suffit de se rappeler que l'eau dissout et condense une certaine quantité de gaz oxigène ; et que l'oxigène présenté sous cette forme se combine avec d'autant plus de facilité, qu'il n'a plus à vaincre son élasticité ; de sorte que, lorsqu'on mouille un métal et qu'on l'expose à l'air, on établit un intermède d'union entre l'air et le métal ; et, lorsqu'on met le métal en contact avec un air humide, l'oxigène lui est présenté, à chaque instant, en dissolution dans l'eau et dans les dispositions les plus favorables à sa combinaison.

C'est à une cause semblable que nous pouvons rapporter les progrès de l'oxidation qu'on obtient en humectant les métaux par quelque acide qui n'ait pas, par lui-même, la propriété de se décomposer sur le métal à la température de l'atmosphère : dans ce cas, l'oxigène qui se

condense dans le liquide, oxide le métal et
le dispose à l'action dissolvante de l'acide :
l'oxidation est encore ici facilitée par l'affinité qu'exerce l'acide sur le métal, laquelle
diminue nécessairement la cohésion.

4°. L'eau seule peut se décomposer sur
les métaux et en produire l'oxidation : mais,
dans ce cas, il faut que la température soit
élevée. C'est de cette manière qu'on décompose l'eau en la faisant tomber sur du fer
rougi au feu ; il ne se dégage que du gaz
hydrogène, et l'oxigène reste en combinaison avec le métal.

On peut décomposer l'eau à une température bien inférieure, en la faisant agir,
concurremment avec l'air atmosphérique,
sur un métal facilement oxidable, tel que
le fer : il suffit de faire présenter à ce métal beaucoup de surfaces, et de l'offrir en
grand volume pour que l'effet soit plus sensible ; c'est ce qui arrive lorsqu'on entasse
des copeaux humides de tourneur : alors,
l'air pénètre dans toute la masse, agit sur
tous les points, détermine, par sa concré-
tion sur le fer, une chaleur qui s'accroît à
chaque instant par le travail de l'oxidation;
la cohésion du métal diminue nécessaire-

ment, ce qui facilite la décomposition de l'eau qui le mouille ; et on ne tarde pas à se convaincre de la réalité de cette décomposition, lorsqu'on sent l'odeur du gaz hydrogène qui se dégage. La chaleur est quelquefois portée à un tel degré, qu'il survient inflammation de l'hydrogène et combustion plus rapide de la masse.

5°. Les acides dissous dans l'eau et appliqués sur un métal facilitent la décomposition de ce liquide, lorsque, par leur nature, ils ne peuvent pas fournir l'oxigène à l'oxidation métallique : c'est ce que nous présentent les acides sulfurique, muriatique, etc. L'affinité puissante qu'a le radical de ces acides avec l'oxigène, ne leur permet pas, à la vérité, d'abandonner une partie du principe acidifiant pour porter le métal à l'état d'oxide et le préparer à être dissous par ce qui resteroit d'acide non décomposé ; mais ils ne cessent pas pour cela d'exercer une force de dissolution sur le métal, laquelle est assez puissante pour diminuer la cohésion des parties, et faciliter la décomposition de l'eau et la fixation de son oxigène. A mesure que l'oxide se forme, l'acide le dissout, et la chaleur qui se produit hâte et complète l'opération. Tandis que l'oxigène de l'eau se combine avec le métal, son hydrogène s'échappe à l'état de gaz.

6°. L'oxidation n'est produite souvent que par la décomposition d'une portion de l'acide qu'on fait agir sur le métal; mais cela n'a lieu que pour ceux des acides dont l'oxigène adhère peu au radical : tels sont le nitrique et le muriatique oxigénés. Ainsi, lorsqu'on présente un de ces acides à une substance métallique, une portion de l'oxigène s'en sépare pour se porter sur le métal qui, réduit à l'état d'oxide, se dissout dans la partie d'acide qui n'est pas décomposée.

Il arrive même, dans quelques cas, que le métal s'oxide, sans qu'il y ait dissolution; dans ce cas, l'oxide se précipite, à mesure qu'il se forme; et l'on peut arriver, par ce moyen, à une décomposition presque complète de tout l'acide et à une érosion ou oxidation entière du métal.

7°. Il arrive quelquefois qu'un seul acide ne peut ni oxider ni dissoudre un métal; mais, qu'en les mêlant ensemble et dans de convenables proportions, on produit l'un et l'autre effet : par exemple, l'or est insensible à l'action séparée des acides nitrique et muriatique, et il se dissout dans le mélange de ces deux acides, parce que, dans ce dernier cas, l'acide muriatique qui exerce son action sur le métal, affoiblit la force de cohésion des molécules, et facilite l'action de l'oxigène de l'acide nitrique, ce qui produit la décomposition de ce dernier et l'oxidation du métal.

8°. Non-seulement les acides, mais les sels qui les ont pour base, peuvent oxider les métaux, pourvu que leur décomposition soit aidée par le secours de la chaleur. Ainsi, si l'on mêle du zinc ou du fer en limaille à des nitrates ou à des muriates oxigénés, et qu'après avoir broyé le mélange, on le projette dans des creusets rougis au feu, il y aura décomposition des sels, et oxidation ou combustion des métaux.

9°. Les phénomènes de la précipitation d'un métal dissous dans un acide, par un autre métal, ont été attribués mal-à-propos à leurs affinités respectives avec le dissolvant. Ils proviennent tous de l'affinité plus ou moins forte qu'ont les divers métaux avec l'oxigène ; de manière que si,

à la dissolution d'un métal par un acide,
vous présentez un nouveau métal qui ait
plus d'affinité avec l'oxigène, celui qui est en
dissolution sera précipité à l'état métallique,
et l'autre prendra sa place auprès de l'acide.
C'est là ce qui arrive lorsqu'on précipite le
cuivre par le fer; l'argent et l'or, par le
cuivre, etc.

SECTION PREMIÈRE.

*Des Oxides d'Arsenic (Arsenic, Fleurs
d'arsenic, Acide arsenique).*

CE qu'on appelle dans le commerce,
arsenic, fleurs d'arsenic, est un oxide métallique.

On extrait cet oxide des mines de cobalt,
en Bohême et en Saxe, par la calcination
du minerai : l'oxide se sublime à une chaleur modérée et se dépose sur les parois
d'une longue cheminée tortueuse dans laquelle on reçoit les vapeurs.

Les lames ou les couches d'oxide qu'on retire de ces cheminées et qu'on répand dans le
commerce sont quelquefois vitreuses et d'une
couleur jaunâtre; cet oxide vitreux se ter-

nit facilement à l'air et devient blanc, opaque et pulvérulent.

On trouve aussi l'oxide d'arsenic à l'état natif dans les mines dont nous venons de parler, de même que dans les débris volcaniques.

Cet oxide se volatilise à une chaleur modérée : si on en jette une pincée sur un charbon ardent, il s'en élève une fumée blanche qui répand une odeur d'ail très-marquée, laquelle odeur forme un des caractères distinctifs de cet oxide, et ne permet pas de le confondre avec d'autres substances sur lesquelles les apparences pourroient tromper, au premier coup-d'œil.

La pesanteur spécifique du verre d'arsénic est à celle de l'eau comme 35,942 est à 10,000. Le pouce cube pèse 2 onces 2 gros 35 grains, et le pied cube 251 livres 9 onces 4 gros 2 grains.

La pesanteur spécifique de l'oxide cristallisé est de 24,775 : le pouce cube pèse une once 4 gros 61 grains, et le pied cube 173 livres 6 onces 6 gros 29 grains.

La pesanteur du régule d'arsenic est de 57,633.

L'eau bouillante dissout $\frac{1}{64}$ d'oxide d'arsenic, celle qui a 12 degrés de température en dissout $\frac{1}{80}$.

L'oxide d'arsenic est également soluble dans l'alcool ; mais l'eau et l'alcool déposent, par le refroidissement, l'oxide qui y est en excès ; et il se forme des cristaux qui m'ont paru des pyramides tétraèdres très-alongées.

L'oxide d'arsenic a peu d'usages dans le commerce; on s'en sert comme d'un fondant très-actif dans les verreries et dans les travaux métallurgiques. J'ai vu plusieurs fois que, lorsque la composition du verre refuse d'entrer en fusion, il suffit de porter dans le fond des pots et en-dessous de la matière, 3 ou 4 onces de cet oxide et de brasser de suite la composition, pour décider la fonte.

Cet oxide s'allie à presque tous les métaux, qu'il rend très-fusibles ; on peut le séparer de tous ces alliages par la chaleur, de manière que cet oxide doit être considéré comme un fondant précieux dans beaucoup de cas.

On emploie l'oxide d'arsenic à titre de poison ; et on le mêle à cet effet avec la farine, avec la graisse, avec le fromage, ou bien on le dissout dans l'eau, pour empoisonner les souris. Mais la scélératesse en a fait trop souvent l'instrument de ses crimes; et, tout bien considéré, ce métal est un présent funeste fait à l'humanité. Il eût mieux valu l'ensevelir dans un oubli éternel, que de le produire dans le commerce pour servir à quelques usages très-bornés.

L'oxide d'arsenic diffère des autres oxides métalliques, en ce qu'il est soluble dans l'eau et en ce qu'il s'unit et s'allie aux métaux : la première de ces qualités le rapproche des substances salines.

Cet oxide est de la nature de ceux qui sont susceptibles de prendre un plus haut degré d'oxidation, et de contracter tous les caractères qui appartiennent aux acides.

On fait l'acide arsenique en distillant six parties d'acide nitrique sur une d'oxide. On peut le fabriquer encore en distillant, de la même manière, l'acide muriatique oxigéné. Dans tous ces cas, les acides se décomposent et cèdent leur oxigène à l'oxide qui passe à l'état d'acide arsenique.

En distillant parties égales de nitrate de potasse et d'oxide d'arsenic, on obtient un acide nitreux presqu'incoercible, et un résidu dont Macquer a parfaitement développé les propriétés et qu'il a appelé *sel neutre arsenical*. C'est un arseniate de potasse dont on peut séparer l'acide arsenique par le moyen de l'acide sulfurique qu'on distille dessus à une forte chaleur.

Pelletier a proposé de décomposer, à la distillation, le nitrate d'ammoniaque par l'oxide d'arsenic ; il reste dans la cornue un arseniate d'ammoniaque dont on sépare l'alkali par une forte chaleur ; le résidu est alors une masse vitreuse attirant fortement l'humidité : c'est *l'acide arsenique pur*.

Cet acide est fixe au feu ; mais, lorsqu'on l'a desséché par la chaleur, il suffit de l'exposer à l'air pour qu'il attire l'humidité et qu'il tombe en déliquium.

Le contact d'un corps charboneux, lorsqu'il est chauffé, le décompose, et il s'exhale de l'oxide d'arsenic et de l'acide carbonique.

L'hydrogène peut aussi lui enlever son oxigène, d'après l'observation de Pelletier.

Il se dissout dans deux tiers son poids d'eau à une chaleur de 12 degrés (thermomètre de Réaumur).

M. Berthollet a vu que, lorsque cet acide

est fortement concentré par le feu, il dissout l'alumine.

Bergmann a cru reconnoître que cet acide avoit plus d'affinité avec la chaux et la magnésie qu'avec la soude et la potasse.

SECTION II.

Des Oxides de Cobalt (Safre, Azur, Empois).

On a établi, à Joachimsthal, à Platten en Bohême, et à Schneeberg en Saxe, l'exploitation des mines de cobalt qui existent dans les contrées voisines.

Sur les frontières d'Espagne, dans les Pyrénées, vallée de Gisten, M. le comte de Beust exploitoit une mine de cobalt vers la fin du dernier siècle; et il est à desirer que ces travaux, suspendus par une suite de la guerre qui éclata entre la France et l'Espagne, reprennent bientôt leur activité. C'est le seul établissement de ce genre qu'ait possédé la France : il étoit monté pour une fabrication de 6000 quintaux d'azur, et on a été assez heureux que de trouver, près du village du Juget, un quartz semé de cobalt, où ces deux substances sont naturellement dans les proportions requises pour former le verre d'azur.

Dans toutes ces fabriques, après avoir trié le minerai, qu'on sépare avec soin de toute matière étrangère, soit pierreuse, soit métallique, on le bocarde à sec : on brise la mine maigre sous le marteau, et on la lave sur les tables pour entraîner les parties pierreuses.

Dans quelques mines où le minerai de cobalt contient du bismuth, on sépare ce dernier métal en exposant le minerai à une chaleur capable de le faire couler.

On porte le minerai, bien préparé, dans un fourneau de réverbère, où on l'agite souvent pour faire dissiper l'arsenic et le soufre; trois ou quatre heures suffisent pour cette opération; trop de calcination rend la couleur foible, et le verre supporte moins de quartz; trop peu donne peu de couleur et d'une mauvaise qualité.

Après le grillage, l'oxide de cobalt est pilé, tamisé et mêlé avec 2 à 3 parties de sable ou de quartz : c'est dans cet état qu'on le vend dans le commerce sous le nom de *safre*.

En Saxe, le safre se fait avec le meilleur cobalt, qu'on pulvérise et qu'on grille pendant cinq à six heures : on en fabrique de quatre espèces.

Le safre commun a une pesanteur spécifique de 35,090, par rapport à celle de l'eau supposée de 10,000.

L'usage du safre paroît borné à colorer le verre et les émaux en bleu, de même que les couvertes des poteries fines : à cet effet, on le fond avec les principes constituans de ces verres.

On prépare encore, pour le commerce, un verre coloré en bleu par le cobalt, et qui y porte le nom d'*azur*. C'est en Bohême et en Saxe que se fabrique presque tout l'azur usité dans les arts : le procédé y est, à-peu-près, uniforme; cependant le bleu de Saxe est préféré à celui de Bohême.

Après avoir grillé, pilé, tamisé et séparé les diverses qualités de cobalt, on fond l'oxide avec le quartz calciné et la potasse frittée : à cet effet, on choisit du quartz bien blanc, on le pile, on le lave, et on le calcine fortement; on mêle 2 quintaux 50 livres cobalt calciné avec 2 quintaux 81 livres potasse calcinée, 6 quintaux cailloux

III. 24

calcinés et environ 40 livres arsenic blanc : on fond ce mélange dans de grands creusets, on remue la matière de temps en temps ; et, au bout de huit ou dix heures d'une forte chaleur, on puise le verre avec des cuillers pour le verser dans une grande caisse où l'eau se renouvelle sans cesse. On remplit de nouveau les creusets, et on continue, sans interruption, jusqu'à ce que les creusets ou le fourneau exigent des réparations qui forcent à suspendre les travaux.

Le verre d'azur est ensuite pilé grossièrement à sec, et tamisé à travers un crible de fer : il est ensuite broyé sous l'eau par des meules enfermées dans des auges de bois : après six heures de broiement, on fait couler la matière par une ouverture pratiquée au bas de l'auge ; on la porte dans une cuve, où elle est délayée dans de l'eau claire ; on laisse reposer, et, après quelques instans de repos, on fait couler, de cette cuve, l'eau chargée de l'azur le plus divisé. On reporte le dépôt sous la meule, où il est broyé une seconde fois.

En répétant cette manœuvre, il est aisé de concevoir qu'on parvient à réduire tout l'azur en une poudre impalpable : et, lorsqu'on l'a ramené tout entier à ce degré de finesse qui lui permet de rester suspendu dans l'eau pendant quelque temps, on emploie encore un procédé ingénieux pour former les divers degrés d'azur qui sont connus dans le commerce sous les noms d'*azur du premier feu*, *azur du second feu*, *azur du troisième feu*, en raison de leur finesse. On délaie le tout dans un cuvier percé sur sa hauteur de trois trous à des distances égales l'un de l'autre : après quelques instans de repos, on fait couler, d'abord la portion du liquide qui est au-dessus de l'ouverture supérieure, et qui entraîne l'azur le plus divisé; et, successivement, on ouvre les autres deux ouvertures pour faire couler tout l'azur suspendu.

Il ne faut pas perdre de vue que l'azur est d'autant plus pesant, qu'il contient plus de cobalt, ce qui ne provient pas toujours des proportions employées dans le mélange, puisqu'une fonte mal faite, ou des matières mal mélangées, peuvent produire ces inégalités. Ainsi l'azur le plus beau, le mieux coloré, peut se précipiter plutôt qu'un azur de qualité inférieure, quoique ramenés tous deux au même degré de finesse.

Le verre d'azur de qualité moyenne a une pesanteur spécifique de 24405 (celle de l'eau supposée de 10,000).

Le verre d'azur, travaillé comme le cristal, forme ces vases bleus dont on orne nos tables et nos appartemens.

L'azur colore l'amidon employé à donner l'apprêt aux étoffes de soie, de fil et de coton. Cet apprêt est connu sous le nom d'*empois*. Le coup-d'œil azuré que laisse le principe colorant sur les batistes, les linons, les mousselines, en rend le blanc moins mat et plus agréable, en même temps que l'amidon donne du corps à l'étoffe.

L'azur est employé par les peintres dans les travaux à fresque.

Les confiseurs se servent des plus grossiers azurs pour sabler leurs plateaux. On en saupoudre encore les écritures.

On évalue à 4,000 quintaux la consommation annuelle de la France en smalths, azurs ou safres.

On desiroit, depuis long-temps, de pouvoir appliquer à la peinture le beau bleu d'azur; mais son état vitreux qui le rendoit peu liant avec l'huile ou la colle, n'avoit pas permis jusqu'ici d'en faire usage, et l'on étoit réduit à se servir exclusivement de l'outremer, dont le haut prix ne permet à l'artiste que de l'employer en très-petite quantité.

M. Thenard, que j'avois chargé, pendant mon ministère, de quelques recherches sur les couleurs, conjointement avec M. Merimée, a trouvé une composition de cobalt qui remplace l'outremer avec avantage ; et, quoique cette composition soit fournie par des sels de cobalt, nous croyons devoir la faire connoître dans cet article.

Trois parties d'alumine précipitée de l'alun par l'ammoniaque, mêlées avec une partie d'arseniate ou de phosphate de cobalt, en gelée l'un et l'autre, desséchées et calcinées dans un creuset pendant demi-heure, forment une composition d'un beau bleu, égal à l'outremer, et pouvant, comme lui, être employé à l'huile. L'expérience a justifié cette assertion, et ce bleu de cobalt est déjà devenu une branche de commerce.

Comme il importe de connoître toutes les circonstances de l'opération pour pouvoir l'imiter, M. Thenard nous a donné la manière de préparer l'arseniate et le phosphate.

Pour obtenir l'arseniate, on emploie la mine de cobalt de Tunaberg, composée d'arsenic, de soufre, de fer et de cobalt. On la dissout dans l'acide nitrique; et, quand l'arsenic est passé à l'état d'acide arsenique, on chasse l'excès d'acide nitrique par la chaleur; on étend d'eau, en y versant peu à peu de la potasse; il se forme d'abord un précipité blanc d'arseniate de fer. Celui-ci étant totalement séparé, on y porte encore de la potasse, et on obtient un beau précipité rose, qui est l'arseniate de cobalt.

On forme le phosphate en grillant fortement la mine de cobalt, traitant l'oxide par l'acide nitrique, qui le dissout en partie et en sépare le fer dans l'état d'oxide rouge; on évapore jusqu'à consistance sirupeuse pour chasser l'excès d'acide nitrique; on l'étend d'eau, et on y verse une dissolution de phosphate de soude; il s'y forme un précipité bleu-violet qui, en se desséchant, devient rose; c'est le phosphate de cobalt.

On peut encore obtenir le phosphate de cobalt en précipitant la dissolution de nitrate de cobalt par un hydro-sulfure, on redissout le précipité dans l'acide nitrique, on fait cristalliser, et on décompose par le phosphate de soude. Le bleu qu'on obtient par ce phosphate est plus beau.

SECTION III.

Des Oxides de Bismuth (Magistère de bismuth, Blanc de fard, Blanc de perle).

LE bismuth calciné dans une capsule, se convertit en une poudre grise et grenue qui pèse un dixième de plus que le métal employé ; mais, lorsqu'on fait éprouver à ce métal un coup de feu très-violent, il se produit une petite flamme bleue, et il s'exhale une fumée jaune, épaisse et fort abondante. Geoffroy le fils a observé que les premières vapeurs formoient des fleurs très-blanches, tandis que les dernières étoient jaunâtres (Mémoire de l'Académie, année 1753). Il en est de l'oxide de bismuth comme de celui de zinc, il ne se volatilise que lorsqu'on le forme à un haut degré de chaleur.

L'oxide de bismuth est très-fixe au feu, il se vitrifie en un verre jaune et transparent qui perce et vitrifie la pâte des creusets.

Darcet a tenu du bismuth dans une boule de porcelaine à un feu de porcelaine; le verre qui s'est formé à l'intérieur étoit transparent, d'un violet sale, couleur de lie de vin; le verre qui avoit coulé à l'extérieur étoit jaune, et approchoit du verre de plomb.

De tous les acides connus, le nitrique attaque le bismuth avec le plus de véhémence; il se décompose sur ce métal avec une rapidité singulière.

On peut précipiter l'oxide de bismuth de cette dissolution, par le moyen de l'eau: et, lorsqu'on veut obtenir le précipité très-blanc, on opère comme il suit: on étend la dissolution de parties égales d'eau pure, et on rejette le dépôt qui se forme; on verse alors sur la dissolution une grande quantité d'eau, il se fait un beau précipité blanc; on décante la liqueur; on lave le précipité; on le fait sécher, et c'est alors ce qu'on appelle *magistère de bismuth, blanc de fard, blanc de perle*, etc. On en retire un neuvième de plus que le poids du métal employé.

Le blanc de fard entre dans la composition des pommades qu'on emploie pour enduire le teint. L'oxide de bismuth a une légère couleur azurée qui imite celle que présente une peau blanche et délicate; mais, outre le très-grand danger qu'entraînent ces enduits, en bouchant les pores de la peau et supprimant la transpiration, ils ont encore l'inconvénient de noircir par l'impression des exhalaisons fortes ou sulfureuses.

Cet oxide forme encore la base des préparations qu'on emploie pour noircir les cheveux. On peut en hâter l'effet, par l'exhalaison du gaz hydrogène sulfuré.

SECTION IV.

Des Oxides de Zinc (Tuthie, Blanc de zinc.)

LORSQUE, par les travaux de la métallurgie, le zinc a été porté à l'état de métal, on peut l'oxider au degré de chaleur convenable pour le tenir en fusion; il se recouvre d'une couche d'oxide gris; et, si l'on a le soin d'enlever cette poudre à mesure qu'elle se forme, on oxide le métal jusqu'au dernier atome. L'oxide pèse un seizième de plus que le métal employé.

Si on élève la température, et qu'on porte le métal au rouge, alors le zinc s'enflamme; il brûle d'une flamme bleu-verdâtre, et il s'envole une quantité considérable d'oxide en flocons blancs, soyeux, lanugineux, qu'on appelle *tuthie, pompholix, nihil-album, lana philosophica.*

Si, du moment que la flamme se déve-loppe, on couvre le creuset, et qu'on le laisse couvert jusqu'à ce que la flamme s'éteigne, la capacité des vases se remplit de cet oxide soyeux.

Mais si, à mesure qu'il se forme par la combustion du zinc, on l'enlève pour con-tinuer la combustion, on peut réduire une quantité donnée de ce métal en oxide blanc qui contient 0,18 d'oxigène.

On peut imprimer une couleur jaune à cet oxide, en le tenant au feu de fusion pendant long-temps; il perd alors de son oxigène, d'après l'expérience de MM. Desor-mes et Clément.

Cet oxide contient plus d'oxigène que le gris: j'en ai obtenu un douzième en sus du poids du métal employé; il est aussi plus difficile à réduire. On peut le convertir en un verre jaune, par un feu violent.

Les acides ont une action très-marquée
et très-énergique sur le zinc : l'acide nitrique, sur-tout, se décompose sur ce métal
avec rapidité; l'acide sulfurique et le muriatique étendus d'eau, le dissolvent très-
bien, et forment des sels usités dans les
arts, dont nous parlerons par la suite.

L'oxide de zinc sublimé (celui obtenu
par la combustion du métal) est employé
dans la médecine comme remède. On s'en
sert à l'extérieur à titre de dessiccatif, dans
les ophtalmies naissantes, et on le mêle avec
du beurre frais. On l'administre intérieurement comme anti-spasmodique, à la dose de
quelques grains.

M. Guyton-Morveau a proposé, il y a
quelques années, de substituer l'oxide blanc
d'étain aux blancs de plomb et aux céruses : cet oxide ne présente aucun danger
dans son emploi; il ne jaunit pas avec les
huiles; mais ces avantages sont compensés
par quelques défauts qui, jusqu'ici, l'ont
fait rejeter : il est plus léger que l'oxide de
plomb;il ne couvre et ne *foisonne* pas assez.
Ce dernier inconvénient peut en restreindre
singulièrement les usages : car l'artiste, ac-
coutumé à couvrir une large surface avec

un pinceau chargé de blanc de plomb, se fera difficilement à charger, à chaque instant, son pinceau, sur-tout lorsqu'il s'agit d'ouvrages grossiers.

Cet oxide a encore l'inconvénient d'être plus cher que celui de plomb; et cette différence de prix fera toujours prévaloir ce dernier, quoiqu'il mine sourdement la santé de l'artiste; car une funeste expérience nous prouve, chaque jour, que l'ouvrier ne cherche jamais à se prémunir contre les dangers qui ne le frappent pas pour le moment.

SECTION V.

Des Oxides d'Antimoine (Verre d'antimoine , Fleurs d'antimoine , Antimoine diaphorétique , etc.).

LE sulfure d'antimoine (antimoine cru) entre en fusion à une chaleur modérée, et sa fonte est fluide comme l'eau.

Mais si, au lieu de porter la chaleur au degré nécessaire pour produire la fusion, on ne donne que le degré capable de brûler le soufre, alors la couleur noire du sulfure disparoît peu à peu, et elle est remplacée par une couleur grise, qui a fait donner à cet oxide le nom d'*oxide gris d'antimoine, chaux grise d'antimoine*. Quelque soin qu'on prenne à agiter et remuer le sulfure qu'on calcine, on évite difficilement qu'il ne se grumèle, ce qui oblige ensuite à broyer l'oxide dès que l'opération est finie.

L'antimoine, dans cet état d'oxidation, retient toujours un peu de soufre, et il est un moment où les proportions sont telles, qu'en portant ce sulfure oxidé à la fusion, il se produit un verre de couleur hyacinthe, qu'on a appelé *verre d'antimoine*.

Lorsque l'oxide est moins dépouillé de soufre, le verre est opaque et brun ; la cassure même n'en est pas si vitreuse, et il a beaucoup moins de dureté : lorsque l'oxide est, au contraire, trop dépouillé de soufre, outre qu'il est plus dur à fondre, la couleur du verre est bien moins intense.

Ainsi, pour obtenir un verre hyacinthe tel que le commerce le desire, et pour que ses effets soient constans et comparables, il faut saisir un juste milieu entre l'état de sulfure et celui d'oxide pur.

M. Thenard nous a donné un Mémoire

très-intéressant sur les oxidations d'antimoine : et il en a reconnu cinq degrés bien
caractérisés, et contenant depuis 0,02 d'oxigène jusqu'à 0,32. Ce métal passe successivement par le noir, le brun, l'orangé, le
jaune et le blanc.

On obtient le premier degré en le précipitant de ses dissolutions par le fer et le
zinc ; l'oxide est noir, et tient 0,02 d'oxigène. Il s'enflamme par la seule dessiccation
à une douce chaleur.

Le second est brun-marron : c'est dans
cet état qu'il existe dans le verre d'antimoine
et le kermès récent. Il contient 0,16 d'oxigène.

Le troisième est orangé : c'est cette préparation qu'on appelle *soufre doré*, et qu'on
fait en versant un acide dans la liqueur d'où
s'est précipité le kermès. Cet oxide n'a présenté à l'analyse que deux centièmes de
plus d'oxigène que le second.

Si, par le moyen de la chaleur, on enlève de l'oxigène aux oxides blancs, on peut
arrêter l'oxidation à tous les degrés dont
nous venons de parler, et même à un degré
supérieur ; l'oxide a, dans ce dernier état, une
couleur jaune et contient 0,19 d'oxigène.

Il paroît que le dernier degré d'oxidation est le blanc : on prépare cet oxide par plusieurs procédés.

1°. Lorsqu'on fond l'antimoine, il s'en élève une fumée blanche, qu'on peut recueillir en plaçant, immédiatement pardessus la fonte, un creuset ou tout autre vase dans lequel cet oxide puisse se condenser : il forme de petites aiguilles très-déliées et très-blanches, dont la figure géométrique est celle d'un octaèdre alongé, d'après Pelletier. On nomme cet oxide *fleurs argentines d'antimoine, oxide blanc sublimé d'antimoine,* etc. Il est soluble dans l'eau, se sublime sur les charbons ardens, et se rapproche, par plusieurs autres caractères, de l'*oxide blanc d'arsenic.*

2°. Lorsqu'on distille deux parties de muriate oxigéné de mercure (sublimé corrosif), avec une partie d'antimoine, on reçoit dans le récipient une matière de consistance butireuse, qu'on a appelée *beurre d'antimoine,* et dont on précipite un oxide très-blanc, en l'étendant d'eau. Cet oxide est connu sous le nom de *poudre d'algaroth :* il retient toujours une portion d'acide qu'il entraîne avec lui.

3°. Les acides sulfurique et muriatique n'oxident l'antimoine que par une longue digestion; mais l'acide nitrique se décompose rapidement sur ce demi-métal, et il se produit une quantité considérable d'un oxide blanc qu'on nomme *bezoard minéral*.

4°. On forme encore des préparations usitées, en oxidant l'antimoine par la décomposition des nitrates : il suffit de projeter dans un creuset rougi au feu, un mélange, à parties égales, de nitrate de potasse et d'antimoine. Il se fait une combustion rapide, dont le résultat est un oxide blanc mêlé de potasse, et qu'on appelle *antimoine diaphorétique, fondant de Rotrou.* Il porte le nom d'*antimoine diaphorétique lavé,* lorsqu'on a séparé la potasse par des lotions d'eau pure. On nomme *céruse d'antimoine,* ou *matière perlée de Kerkringius,* l'oxide précipité par les acides de la dissolution alkaline de l'antimoine diaphorétique.

Les premiers des oxides blancs dont nous venons de parler, ne contiennent que 0,20 d'oxigène; les deux derniers en contiennent 0,32.

L'usage très-étendu qu'on fait aujourd'hui des préparations antimoniales dans la

médecine, doit rendre toutes ces connoissances très-précieuses.

Tous ces oxides sont employés eux-mêmes
comme remèdes, et font la base de diverses
compositions médicales extrêmement acti-
ves; on ne sauroit donc apporter trop de soin
dans leurs préparations qui ne peuvent
être éclairées que par la science.

SECTION VI.

*Des Oxides de Manganèse (Savon des
Verriers, Oxide brun, Oxide blanc).*

LE manganèse est presque constamment
à l'état d'oxide; et lorsque, par des moyens
faciles, nous sommes parvenus à le dépouiller d'une portion de son oxigène, ou qu'on
l'a ramené à l'état métallique, il s'empare
aisément de l'oxigène que peuvent lui fournir l'air ou l'eau, et reprend son état naturel d'oxide.

Dans l'état d'oxidation, sous lequel se
présente naturellement le manganèse, il est
noir et salit les doigts.

On le trouve quelquefois en mamelons,
imitant de légères boursouflures; il est sou-

III.   25

vent en cristaux, et il forme des prismes brillans de couleur, minces, aiguillés, souvent entrelacés. Les mines de fer, sur-tout celles qui sont de la nature des hématites, sont souvent tapissées, dans leurs cavités, d'un duvet de manganèse. J'ai trouvé l'oxide de manganèse mélangé à l'oxide de fer, dans le granit des Cévennes, près Saint-Jean de Gardonenque, département du Gard; ce mélange métallique existe en petits filets dans le granit.

Lorsqu'on porte au rouge l'oxide de manganèse, il perd une partie de son oxigène, et devient blanc. Les acides qu'on fait agir sur cet oxide noir, en dégagent une portion d'oxigène et le dissolvent; si on l'en précipite par les alkalis, il reprend l'oxigène qu'il a perdu, avec une telle facilité, qu'on peut en faire un moyen eudiométrique.

Depuis long-temps, le manganèse sert, dans les verreries, à décolorer le verre, et on l'y connoît sous le nom de *savon des verriers*, à raison de cet usage. L'effet de cet oxide n'a pu s'expliquer que du moment qu'on a su que l'oxigène qui s'en dégage par la chaleur, avoit une affinité marquée avec les principes colorans. La teinte violette que prend le verre dans quelques circonstances, provient, ou de ce qu'on a employé trop d'oxide, ou de ce qu'il n'a pas été mêlé avec assez de soin dans la *composition*.

Lorsqu'on porte cet oxide dans le creuset, au moment où la matière est en fonte, il se produit presque toujours des stries violettes qui proviennent de ce que l'oxide n'a pas pu être également réparti dans toute la masse. C'est cette propriété du manganèse, de colorer le verre en violet, lorsqu'il est employé dans de fortes proportions, qui le fait employer comme principe colorant dans les verreries, les poteries et les fabriques de porcelaine.

Nous avons déjà parlé des propriétés qu'acquiert l'acide muriatique, lorsqu'on le distille sur l'oxide de manganèse, elles ne sont dues qu'à la portion d'oxigène qu'il enlève à cet oxide.

L'oxide brun se mêle bien aux huiles siccatives, et forme une couleur solide dont la peinture peut s'enrichir.

SECTION VII.

*Des Oxides de Plomb (Oxide gris , Massi-
cot , Minium , Litharge).*

LE plomb est celui de tous les métaux
connus, qui fournit le plus grand nombre
d'oxides pour les arts. La variété et la vivacité de leurs couleurs, leur vertu fondante
et les propriétés qu'ils donnent aux verres,
en ont tellement multiplié les usages, que
leur préparation forme plusieurs arts séparés. Le massicot, le minium, la litharge, sont
tout autant d'oxides du même métal, dont
la fabrication se fait en grand pour le service de la peinture, de la verrerie, des poteries, etc.

La plupart de ces oxides se préparent par
la calcination du métal fondu ; et, quoique
très-différens par la couleur, ils proviennent
tous de l'oxidation du métal à divers degrés
de température. Les autres sont dus à l'action des acides sur le métal, et ils ont une
couleur et des caractères propres que nous
ferons connoître.

Dès que le métal est fondu, si l'on entretient la chaleur au même degré, pendant quelque temps, on le voit se couvrir d'une couche d'oxide gris qu'on peut ramener sur les bords du vase pour faciliter le contact de l'air au métal, et continuer l'oxidation. Dans cette opération on peut obtenir une accrétion en poids d'environ 10 pour 100. Cet oxide s'appelle *chaux grise, oxide gris, cendres de plomb.*

Ce premier oxide, chauffé au rouge, prend peu à peu une couleur jaune qui commence par être sale et finit par devenir très-brillante et très-vive : ce nouvel oxide est connu sous le nom de *massicot.* Lorsqu'on veut préparer cet oxide pour les arts, on commence par oxider le plomb en *gris;* on broie avec soin ce premier oxide, et on l'expose, dans un fourneau de réverbère, à une chaleur qui le tienne au rouge sans le fondre. On a l'attention de remuer et d'agiter, de temps en temps, la couche d'oxide, et on arrête l'opération dès qu'on s'apperçoit que le peu d'oxide qui s'attache au ringard dont on se sert pour agiter l'oxide, prend, à l'air et par le refroidissement, une couleur d'un beau jaune.

La fabrication du *minium* exige des soins

et des manipulations plus compliquées. Les Anglais et les Hollandais avoient fait, jusqu'à ces derniers temps, un mystère de cette fabrication ; mais les lumières de la chimie ont fait tomber tous les voiles du secret, et nous possédons plusieurs établissemens dans lesquels on fabrique le minium avec succès. M. Jars a été le premier à nous donner quelques renseignemens sur les fabriques de minium qu'il a visitées dans le comté de Derby.

Le fourneau qui sert à la calcination du plomb, est un réverbère à deux chauffes renfermées sous la même voûte : ces chauffes, qui sont sur les côtés, à la naissance de la voûte, ont 15 pouces de large (0,406 mètre), et 8 à 9 pieds de longueur (3 mètres). La distance d'une chauffe à l'autre, est de 9 à 10 pieds : ces chauffes ne sont marquées et isolées que par un petit mur qui s'élève à 10 pouces (0,271 mètre), et qui empêche que le combustible ne se mêle avec l'oxide qui est dans le milieu du four. C'est contre ces petits murs qu'on place le combustible. En Angleterre, on n'emploie que le charbon de terre. Les fabricans y sont dans l'opinion que le bois ne peut pas servir avec le même avantage que le charbon de terre épuré. En supposant cette opinion fondée sur la pratique et sur les effets comparés des deux combustibles, on ne pourroit en assigner raisonnablement d'autre cause que la volatilisation d'une portion du carbone du bois qui pourroit rendre l'oxidation irrégulière et incomplète. Cependant, en France, on emploie le bois avec succès; et, sans doute, la supériorité du minium anglais a tenu à d'autres causes.

L'air qui s'échappe du fourneau est reçu dans une longue cheminée qui transmet au loin toutes les émanations.

On emploie à chaque opération dix saumons de plomb, dont chacun pèse 150 livres; neuf de ces saumons sont de plomb neuf, très-pur et très-doux, fondu au fourneau de réverbère; le dixième est le produit de la fonte des scories par le charbon épuré appelé *coak*. On croit généralement que le mélange de ce dernier est nécessaire pour fabriquer du bon minium.

Dès que le plomb est fondu, on l'agite continuellement; et, à mesure qu'il s'oxide, l'ouvrier rejette l'oxide sur les côtés.

En quatre à cinq heures, tout le plomb est oxidé. La chaleur nécessaire pour cette opération est celle d'un rouge cerise foncé.

On laisse encore l'oxide dans le fourneau pendant vingt-quatre heures, mais on le remue, de temps en temps, pour l'empêcher de se mettre en grumeaux.

Lorsque l'oxide est parfait, on le fait tomber sur un pavé uni, et on y fait couler assez d'eau pour l'imbiber et le refroidir. Les ouvriers disent que c'est pour lui donner du poids. Cet oxide refroidi a la couleur de l'ocre jaune.

On le broie dans l'eau avec soin ; on agite dans un tonneau rempli d'eau la partie la plus divisée, et l'on sépare le dépôt qui se forme d'avec la partie qui reste quelque temps suspendue. Le dépôt est soumis à une nouvelle calcination, tandis que la matière fine reçoit une dernière opération qui la convertit en minium.

On porte dans l'aire du fourneau toute la matière bien divisée ; on en forme un tas, sur la surface duquel on trace des raies. On remue rarement ; on soutient le feu pendant quarante à quarante-huit heures, de la même manière et au même degré que la première fois. On ne remue jamais le charbon ; on en introduit de nouveau lorsqu'on craint que la chaleur ne se rallentisse.

On reconnoît que la matière est au degré convenable de calcination, lorsqu'en la retirant chaude du fourneau, elle a la couleur de l'ocre rouge foncée, et qu'en refroidissement elle prend un beau rouge.

On met le minium, sortant du fourneau, dans une grande sébille de bois où on le laisse refroidir, pour le passer ensuite à un crible de fer très-fin ; mais, pour ne pas respirer ce qui s'évapore dans cette opération, on place le tamis dans un tonneau où il est supporté par deux barreaux de fer, et on lui imprime le mouvement convenable, à l'aide d'une baguette qui y est fixée et qui sort du tonneau.

Dans les fabriques de minium, dont j'ai pu suivre les travaux, j'ai vu pratiquer le procédé que je viens de décrire, à quelques modifications près qu'il importe de faire connoître :

J'ai vu oxider le plomb dans une chaudière de fer, toutefois sans que la chaudière fût poussée au rouge ; l'oxide prend, dans ce cas, une couleur d'un jaune verdâtre.

J'ai vu placer l'oxide dans un tamis de crin, suspendu sur un tonneau ; l'eau qu'on faisoit passer à travers entraînoit la matière la plus divisée, et la séparoit par ce moyen de tout ce qui étoit peu oxidé.

Le fourneau dans lequel on calcine l'oxide pour le faire passer à l'état de minium, ne m'a paru varier que par la grandeur : il est, en général, beaucoup moins large que celui que décrit M. Jars. La voûte est quelquefois percée de trois ouvertures pratiquées dans la longueur, et qui se réunissent dans une chambre dont le sol est couvert d'une couche d'eau, et d'où s'élève une seule cheminée qui va perdre dans les airs les émanations dangereuses du plomb.

J'ai vu calciner l'oxide à deux reprises : après la première calcination, qui est entretenue pendant quatre ou cinq heures au rouge-cerise, on laisse tomber le feu; et, dès qu'il est sensiblement diminué, on remue la matière avec le râteau de fer; on bouche le four dont on lute toutes les jointures, et on le laisse en cet état pendant vingt-quatre heures. Le lendemain, on ouvre le four pour hâter le refroidissement.

Après cette première calcination, la matière est d'un rouge pâle; on la broie sous l'eau avec beaucoup de soin; on sépare par décantation la matière fine de celle qui est encore grossière; on la fait sécher dans des auges de plâtre, et, dès qu'elle est sèche, on la broie comme il suit :

Deux cylindres, l'un de fer poli, l'autre de bois dur, sont placés sur le même niveau, et parallèlement l'un à l'autre; on peut les éloigner ou les rapprocher à l'aide de deux fortes vis : par-dessous ces deux cylindres, en sont placés deux autres construits de la même manière; et, par-dessous ces deux derniers, il y en a deux de bois dur. Ces trois rangs de cylindres, placés les uns sur les autres, sont surmontés d'une tremie dans laquelle on met le minium; il coule entre tous les cylindres, et est reçu dans une caisse qui est au bas. Le mouvement est imprimé à tous ces cylindres ou à ce triple laminoir par le même mécanisme. Tout l'appareil est recouvert de maçonnerie ou de planches soigneusement assemblées. Le mouvement est donné du dehors par une manivelle, de telle manière qu'il n'y a aucune déperdition, et que la santé des ouvriers ne reçoit aucune atteinte par les émanations. On conçoit que l'écartement entre les deux cylindres supérieurs doit être plus considérable que celui qui est entre ceux du milieu, et ainsi de suite par rapport aux derniers.

Le minium qui a passé par toutes ces filières, a déjà la finesse et le velouté convenables; mais il lui manque encore le brillant de la couleur qu'on ne lui donne qu'en le portant, une seconde fois, au fourneau de réverbère, pour l'y traiter comme la première fois, avec la seule différence qu'on n'ouvre le four que lorsqu'il est presque refroidi.

Si on traite le minium une troisième fois de la même manière, la couleur rouge devient orangée.

Le plomb augmente en poids d'environ 15 pour 100, en passant à l'état de minium.

Quoique nous comptions déjà plusieurs établissemens de minium en France, et qu'à Paris nous en ayons trois ou quatre sous les yeux, nous ne pouvons pas nous flatter de faire constamment et journellement d'aussi bon minium que celui qui forme la première qualité du commerce. Nous avons la douleur de voir que nos verreries en beau cristal s'alimentent, à grands frais, de minium étranger : et j'ai vu, par moi-même, qu'on ne devoit attribuer cette prédilection qu'à la supériorité de ce produit qui fait constamment un verre blanc, tandis que nos minium font brun-jaunâtre, ou laiteux.

J'ai étudié les causes de cette différence, et je me suis convaincu qu'elles étoient nombreuses : 1°. on a employé, pendant long-temps, un plomb provenant de démolitions qui contient plus ou moins d'étain par rapport aux soudures : il résulte de cet alliage d'étain et de plomb que, l'oxide d'étain étant presqu'infusible, il doit donner au cristal un coup-d'œil laiteux presqu'émaillé. 2°. Le plomb de nos mines est assez généralement aigre, et contient plus ou moins de cuivre ; or ce dernier métal, lors même qu'il est allié à très-petite dose, colore le verre en brun, tandis que l'oxide de plomb pur le colore en un beau jaune topaze lorsqu'on les fond à parties égales.

J'ai suivi pendant quelque temps avec le plus grand intérêt la fabrication du minium, dans l'atelier des frères Paillard, à Paris ; et j'ai fait opérer, sous mes yeux, avec toutes les qualités de plomb qu'on a pu se procurer : nous avons vérifié, par l'expérience qu'on a faite de ces divers produits, à la verrerie du Creusot, tout ce que je viens d'énoncer. Le meilleur de tous les plombs pour la fabrication du minium, a été le plomb en saumon d'Angleterre.

M. Pécard fils, fabricant à Tours, m'ayant consulté pour trouver le moyen de vaincre toutes ces difficultés, je lui ai conseillé d'employer la litharge provenant d'un plomb très-pur, et de faire rétrograder l'oxidation pour la convertir en minium ; quelques jours après, il m'a envoyé des échantillons du minium qu'il obtenoit par ce moyen, lesquels n'ont pas paru différer du meilleur minium d'Angleterre. M. Pécard est parvenu, d'après des recherches dirigées par des connoissances exactes, à convertir en bon minium tous les plombs du commerce : à cet effet, il les porte de suite à une parfaite fusion qu'il entretient par une chaleur vive ; il enlève tout ce qui se porte à la surface, c'est-à-dire l'étain, le cuivre et autres corps étrangers ; et, lorsque son bain forme, à la surface, une couche vitreuse et très-unie, qu'on peut soulever comme une peau, il continue l'opération pour former le minium.

Les produits de la fabrique de M. Pécard peuvent être comparés aux meilleurs *minium* anglais; et le gouvernement peut aujourd'hui, sans compromettre le sort de nos verreries en cristal, exclure de notre consommation tout le minium étranger.

Si l'on pousse la chaleur au blanc, on détermine un commencement de vitrification sur l'oxide de plomb, et il en résulte de petites lames ou écailles vitreuses, d'un jaune plus ou moins prononcé, qu'on appelle *litharge*, et qu'on distingue dans le commerce en *litharge d'or* et *litharge d'argent*, d'après la couleur.

La fabrication de la litharge se fait toujours dans les fonderies des mines de plomb, parce que ces mines contenant toutes une quantité plus ou moins considérable d'argent, on l'en sépare par la coupellation qui convertit le plomb en litharge. Cette opération a le double mérite de rendre l'exploitation plus avantageuse par l'extraction de l'argent, et de donner au plomb, qu'on obtient ensuite en traitant la litharge, une ductilité et une sorte de mollesse qu'il n'auroit pas s'il restoit allié à ce premier métal.

Lorsqu'on veut *coupeller* ou séparer l'argent d'avec le plomb, on commence par calciner des os; on lave avec soin la terre des os calcinés; et, lorsqu'elle est sèche, on l'humecte légèrement pour qu'elle ait un peu de consistance : on la mêle quelquefois avec de la cendre bien lessivée; et, dans plusieurs endroits, on n'emploie même que cette dernière substance. On forme une couche de ces terres sur la sole du fourneau. On donne à cette couche environ 6 pouces (0,162 mètre) d'épaisseur ; on la bat fortement pour qu'elle ne se dégrade point, et on lui donne la forme d'une calotte renversée, pour qu'elle serve de creuset au bain de plomb. Son diamètre est de 5 à 6 pieds (2 mètres), sa forme est ronde et les bords en sont plus élevés que le milieu de 4 à 6 pouces (un à 2 décimètres). Cette couche est encadrée par un mur qui s'élève à 8 à 10 pouces (2 à 3 décimètres). Le dôme du fourneau est mobile; on l'enlève à volonté à l'aide d'une grue. La flamme qui s'élève du foyer est versée dans le fourneau qu'elle traverse pour gagner la cheminée qui est vis-à-vis; et deux gros soufflets ou des trompes dirigent sans cesse un courant d'air rapide sur le plomb

en fusion pour faciliter l'oxidation. La chaleur est portée au blanc et entretenue à ce
degré tant que dure l'opération.

A mesure qu'il se forme une couche
d'oxide à la suface du bain, le maître-ou-
vrier écrême le bain et tire au-dehors cette
couche qu'il fait tomber sur le sol. Peu à
peu tout le plomb se convertit en litharge,
tandis que l'argent conserve son état métallique et finit par rester seul au milieu de
la coupelle.

Par-tout où l'on exploite des mines de
plomb, on le convertit d'abord en litharge
pour en extraire l'argent, et on fond ensuite cette litharge à travers les charbons
pour en retirer le plomb.

Lorsqu'on veut conserver le plomb à l'état
de litharge, pour les usages du commerce, il
faut donner plus de soins à sa fabrication
que lorsqu'on la destine à être réduite. En
Angleterre où cette fabrication paroît portée au dernier degré de perfection, on emploie un combustible qui donne beaucoup
de chaleur et peu de fumée; on a l'attention
de n'extraire l'oxide de dessus le bain que
lorsqu'il a acquis une belle couleur; on tamise ensuite la litharge avec soin pour en

séparer les gros morceaux vitrifiés et la poussière impalpable.

Les oxides de plomb dont nous venons de parler ont des usages communs et des propriétés particulières.

Les usages communs à tous, sont les suivans :

1°. Ils facilitent la vitrification, et donnent au verre une pesanteur, une mollesse, une douceur et un coup-d'œil qu'il n'a pas lorsqu'il ne contient pas de plomb.

Le verre vert, privé de plomb, a une pesanteur spécifique de 26,423 ; le verre blanc ou cristal de gobeleterie qui contient du plomb, de 28,922 ; et le cristal dit *flint-glass*, de 33,293.

Le verre, privé de plomb, est sec, cassant et très-dur : le verre, chargé de plomb, est moins cassant, plus tendre, se laissant travailler au burin avec la plus grande facilité.

Le verre, privé de plomb, a des angles vifs et tranchans dans sa cassure, tandis que celui dans lequel il entre du plomb, a un coup-d'œil presque graisseux et des angles moins vifs.

Une autre propriété du verre dans le-

quel entre le plomb, c'est d'être mieux
fondu, plus exempt de *boursouflures*,
d'*éperons*, de *fils*, de *rubans*; de réfracter
plus parfaitement les rayons de la lumière;
de leur présenter un milieu d'une densité
égale dans toutes les parties, et de les ras-
sembler, conséquemment, sur un seul et
même point; ce qui l'a fait adopter exclusivement pour les verres d'optique.

Le verre de plomb ne présente qu'un
seul inconvénient qui me paroît inhérent
à cette nature de verre et inséparable des
autres bonnes qualités qui lui appartiennent : c'est que, étant composé de corps de
pesanteur inégale, tels que alkalis, silice
et plomb, et étant obligés, pour le rendre
propre à ses usages, de porter ce mélange
à une fonte liquide comme l'eau, les principes qui entrent dans sa composition se
placent, par le refroidissement, d'après leur
pesanteur spécifique, de manière que le
fond du culot est plus pesant. De-là vient
qu'il est si difficile d'obtenir constamment
du flint-glass, sur-tout en grande masse.

Quelques essais que j'ai faits moi-même
sur la composition du flint-glass, m'ont

présenté la suivante comme réunissant un plus grand nombre de propriétés.

	liv.	onc.	kilog.
Sable quartzeux très-blanc.	1	8	(0,73426)
Salpêtre très-pur..........		9	(0,27194)
Minium anglais...........		8	(0,24475)

Tous les oxides de plomb fondus séparément donnent un verre jaune, de couleur agréable, demi-transparent, qui ronge, dévore et perce les creusets dans lesquels se fait la vitrification.

2°. Tous les oxides de plomb ont la propriété de rendre les huiles *siccatives*; il n'est question que de les faire digérer à chaud sur ces oxides. Les peintres qui préparent eux-mêmes leurs huiles, ou les vernisseurs qui les leur vendent, mettent l'oxide de plomb dans un *nouet* qu'ils suspendent dans l'huile pendant tout le temps qu'on la chauffe.

Dans cette opération, l'huile acquiert la propriété de se dessécher plus vite et de faire vernis : en outre, elle prend de la consistance, à tel point qu'elle se fige si on la charge trop d'oxide. L'huile prend une partie de l'oxigène du plomb, et dissout une portion de l'oxide en nature : l'oxide l'épaissit en la rapprochant de ces compositions pharmaceutiques, qu'on nomme *emplâtres*, et l'oxigène la rend concrescible en la portant à un état voisin des résines. C'est cette double propriété des oxides de plomb qui les fait préférer à tous les autres oxides.

Les huiles de lin et de noix sont à-peu-près les seules qu'on puisse rendre siccatives.

Indépendamment de ces usages communs, chacun de ces oxides en a de particuliers : le *minium* est employé comme principe colorant dans la peinture, où il remplace, pour des ouvrages peu délicats, le cinabre et le vermillon : on s'en sert pour colorer la cire à cacheter, etc.

SECTION VIII.

Des Oxides de Fer (Ethiops martial, Safran de mars, Colchotar, Terre douce de vitriol, Brun-rouge).

Les qualités précieuses du fer qui en ont si heureusement multiplié les usages pour les divers besoins de la société, perdent bien de leur prix, par la facilité qu'a ce métal à s'oxider ou à se couvrir de rouille : elle est telle cette facilité, qu'il décompose l'air, l'eau, les acides ; et qu'on ne peut le garantir de cette altération, qu'en le mettant à l'abri de l'action de ces agens par le secours des vernis.

Nous parlerons d'abord des moyens de garantir le fer de la rouille, en nous bornant à la simple description des procédés les plus connus.

1°. Chauffez le fer au petit rouge par un feu de bois, frottez de suite avec de la cire, ou trempez le métal dans l'huile.

2°. Chauffez de même, et frottez avec de la corne ; on forme un vernis noir.

3°. Lavez le métal bien poli et bien frotté,

avec une lessive alkaline concentrée, placez la pièce sous une mouffle couverte de charbons allumés, de manière à obtenir une haute température et un courant d'air; le fer prend la couleur de paille, passe au fauve, au gorge de pigeon, puis au bleu et ensuite au gris.

4°. Nettoyez le fer par le même procédé, lavez à l'eau et essuyez avec soin.

Prenez vernis gras à l'huile, dont la base est la gomme copal, mêlez-y de l'essence de térébenthine, depuis moitié jusqu'aux quatre cinquièmes, passez sur la pièce une éponge imbibée de ce vernis. Laissez sécher.

Ce vernis peut s'appliquer sur tous les métaux.

Il importe, sans doute, beaucoup plus de garantir le fer de l'oxidation, que de la provoquer; cependant, comme les arts se sont emparés de la plupart de ces oxides, dont ils font un très-grand usage, nous devons nous occuper de leur préparation.

Lorsqu'on précipite le fer de sa dissolution récente dans l'acide sulfurique par un alkali, il se fait un précipité blanc qui verdit promptement, et ne tarde pas à passer

au rouge. Cette progression rapide d'oxidation est due à l'absorption de l'oxigène ; on
peut s'en convaincre en tenant l'oxide sous
des vases.

C'est dans l'état d'oxide blanc que se
trouve le fer dans la couperose du commerce d'un vert de bouteille foncé ; lorsque l'acide y est en excès, alors la couleur
est d'un vert d'émeraude clair.

Les combinaisons de l'acide avec les
oxides verts et rouges donnent des sulfates
qui diffèrent essentiellement des premiers ;
nous en parlerons par la suite.

Le fer a la propriété de décomposer
l'eau ; il suffit, à cet effet, d'imprégner de
ce liquide une couche de ce métal réduit
à l'état de limaille ou de copeaux. Mais
lorsqu'on tient le fer sous ce liquide pendant quelque temps, il perd peu à peu son
brillant métallique, devient noir et pulvérulent, et forme un oxide noir qu'on
appelle *éthiops martial.* Dans ce cas, c'est
sur-tout à la combinaison de l'oxigène dissous dans l'eau qu'est due l'oxidation.

On peut déterminer un effet semblable
en exposant du fer poli à l'action de la
chaleur : à cet effet, on place sur une plaque

de fer quelques mottes formées avec le tan, et on les couvre de poussière de charbon allumé : lorsque le tout est bien embrasé, on y pose dessus les pièces qu'on veut bleuir, et on les retourne pour que l'effet soit égal sur toutes les parties : dès qu'on présume que la pièce a pris la couleur qu'on desire, on la retire, on la laisse refroidir et on l'essuie avec un linge sec ; la surface ne tarde pas à prendre une teinte d'un bleu noirâtre.

Lorsqu'on entretient le fer au rouge pendant quelque temps, la surface s'oxide et forme des écailles noires qu'on peut détacher par la percussion : ces écailles sont connues sous le nom de *batitures de fer;* elles se brisent sous le marteau, et peuvent être broyées fort aisément; elles peuvent même passer à l'état d'oxide rouge par une calcination prolongée, et alors on y développe, par le broiement, une couleur d'un rouge vif et solide usité dans les arts.

Le fer, exposé à une chaleur vive, brûle avec une flamme très-éclatante; les barres de fer chauffées au blanc et portées sur l'enclume, lancent de toutes parts des aigrettes très-brillantes lorsqu'on les frappe avec le marteau ; et la limaille très-pure et très-tenue, poussée à travers la flamme d'une bougie, brûle avec vivacité. On peut brûler un fil-de-fer roulé en spirale, et à l'extrémité duquel on met un petit charbon embrasé, en le plongeant dans un flacon rempli de gaz oxigène.

Le contact de l'air suffit seul pour oxider ce métal : mais, lorsque son action est aidée par le concours de l'humidité, l'effet en devient plus prompt.

On peut encore accélérer l'oxidation en multipliant les surfaces du métal. L'oxide de fer préparé à la rosée et connu en médecine sous le nom de *safran de mars*, se fait avec de la limaille qu'on expose à l'action de l'air pendant la saison humide du mois de mars; on remue et agite, de temps en temps, pour multiplier les surfaces, et l'on sépare l'oxide à l'aide du crible, à mesure qu'il se forme. Cet oxide a une couleur d'un brun-jaunâtre.

Les acides ont tous la propriété d'oxider le fer : les uns, par eux-mêmes, à raison de la décomposition qu'ils éprouvent ; les autres, par la décomposition de l'eau qui les délaie.

La première impression de certains acides, tels que le nitrique lorsqu'il est très-affoibli, détermine sur le fer un commencement d'oxidation qui porte au noir la couleur du métal.

On décompose le sulfate de fer pour préparer la *terre douce de vitriol* employée à polir des corps durs : par un premier coup de feu, le sulfate perd sa consistance ; il se liquéfie, et il reste une masse blanche qui devient rouge par une chaleur plus vive et forme le *colchotar*. En augmentant le feu, l'acide se dissipe presqu'en entier, et on peut séparer du résidu tout ce qui reste de sel par des lotions et filtrations convenables. Le résidu forme la *terre douce de vitriol* qui, à une division extrême, joint une dureté considérable ; ce qui la rend précieuse dans tous les cas où il s'agit d'user et de polir des corps durs. On emploie la terre douce mêlée à l'huile pour rendre le poli plus doux et plus parfait.

L'acide nitrique se décompose sur le fer avec une telle activité qu'il lâche l'oxide qu'il vient de former pour en former encore ; il en résulte une couche d'oxide précipité, d'un jaune rougeâtre et si divisé qu'il forme une pâte douce qu'on peut couper, manier et étendre en couches minces sans sentir aucun grain. Stahl a connu et décrit avec exactitude tous les phénomènes qui accompagnent l'action de l'acide nitrique sur le fer ; mais il ne voit que la décomposition du fer dans une opération qui démontre aussi évidemment celle de l'acide nitrique.

Les principes colorans que les corps nous présentent sont dus, pour la plupart, à divers degrés d'oxidation du fer.

Les ocres, les brun-rouges, si abondans sur notre globe, doivent leur couleur à des oxides très-divisés de ce métal. On peut même aisément en varier les nuances par la chaleur : c'est ainsi que les ocres jaunes passent au rouge ; et c'est en calcinant les terres bolaires jaunes et pures, qu'on forme les *rouges*, *brun-rouges* ou *rouge-bruns* dont les arts se servent pour passer en couleur les carreaux des appartemens, les portes et fenêtres des campagnes ; les futailles et autres objets qu'on veut garantir de l'action de l'air et de la pluie ; on les mêle, à cet effet, avec les huiles siccatives.

SECTION IX.

Des Oxides de Cuivre (Batitures , Cendres bleues , Vert-de-frise).

La couleur du cuivre s'altère à l'air ; mais l'oxidation y est toujours très-incomplète. Ce n'est que par l'action des acides ou d'une vive chaleur qu'on ox: le ce métal.

Les oxides de cuivre ne présentent pas autant de variétés que ceux de quelques autres métaux, tels que le fer, le plomb, etc. M. Proust, dont on connoît l'exactitude et les lumières qu'il a répandues sur plusieurs parties de la chimie, n'admet qu'un seul oxide cuivreux qui contient 0,20 d'oxigène.

Nous nous occuperons essentiellement de l'oxidation du cuivre par le feu et par les acides.

1°. Lorsqu'on expose une lame de cuivre à un feu capable de la porter au rouge et qu'on la tient à ce degré de chaleur pendant quelque temps; on voit se développer une couleur violette, qui est suivie d'un bleu très-vif, lequel disparoît à son tour et est remplacé par une couleur terne : dans ce dernier état, la consistance du métal est altérée, sa ductilité n'existe plus, et on peut détacher des écailles friables de sa surface qu'on nomme *batitures*.

Tout le monde sait que le cuivre exposé au feu dans le milieu des charbons colore la flamme d'un bleu vert très-agréable, ce qui suffit pour prouver qu'une légère portion du métal se volatilise. Dans les ateliers où l'on fond habituellement du cuivre, ces exhalaisons métalliques s'attachent aux cheminées et y forment une croûte pesante et d'un gris verdâtre : c'est ce qui est connu de tous les fondeurs.

En poussant l'oxide de cuivre à une forte chaleur, on peut le convertir en un verre de couleur rouge-brune.

2°. Quoique le cuivre résiste à l'action des acides qui ne dissolvent les métaux que par leur décomposition ou par celle de l'eau qui les leur présente à l'état d'oxide, on prépare pour les arts plusieurs sels cuivreux, du nombre desquels se trouve le sulfate de cuivre; on peut même le placer au premier rang par rapport à ses usages.

Les *cendres bleues* et le *vert-de-gris* forment les deux préparations d'oxide les plus

importantes. Nous ne ferons connoître, en
ce moment, que la première, attendu que
la seconde est un carbonate dont nous parlerons lorsqu'il sera question des combinaisons salines.

Pelletier nous a laissé quelques renseignemens précieux sur la fabrication des cendres bleues inconnue en France jusqu'à ces
jours.

Il propose de dissoudre le cuivre à froid
dans l'acide nitrique affoibli, et d'ajouter
de la chaux bien broyée à la dissolution ;
en agitant le mélange et en observant qu'il
y ait un excès de nitrate, il se fait un précipité d'un vert tendre. On décante la liqueur ; on lave le précipité à plusieurs reprises, et on y mêle, lorsqu'il est encore
humide, un peu de chaux vive dans la proportion de 7 à 8 pour 100 du précipité ; le
mélange prend une teinte d'un beau bleu,
on le fait sécher et l'on obtient de la cendre
bleue.

Le mélange des nitrates de chaux et de
cuivre précipité par la potasse pure donne
des oxides bleus qui tournent au vert par
la dessiccation.

Ce prodédé de Pelletier m'a toujours

fourni un oxide de qualité inférieure aux belles cendres bleues du commerce.

J'ai repris ce travail, et je crois que les résultats que j'ai obtenus présentent assez d'intérêt pour que je les publie ici.

Si, dans une dissolution de sulfate de cuivre faite à froid, on verse de l'eau de chaux, le mélange des deux liqueurs se trouble, et il se fait un dépôt d'oxide verdâtre.

Si, au lieu de verser de l'eau de chaux, on verse du lait de chaux, ou de l'eau de chaux chargée d'un peu de chaux très-divisée, en suspension dans ce liquide, il se forme un précipité d'un bleu verdâtre qu'on peut séparer par le filtre.

Si on décompose la liqueur bleuâtre qui passe à travers le filtre, par la potasse caustique, et qu'on l'y ajoute en excès, le précipité qu'on obtient est bleu et conserve sa couleur; la liqueur qui passe alors à travers le filtre est limpide comme l'eau.

Si, au lieu de précipiter par l'eau de chaux, on précipite une portion du cuivre tenu en dissolution, par le carbonate de potasse, le précipité est d'un bleu verdâtre et passe au vert en séchant. On peut même l'employer, en cet état, dans les arts : mais, pour l'obtenir, il ne faut pas décomposer complètement le sulfate. En versant du carbonate de potasse ou de la potasse pure en dissolution sur le liquide qui passe par le filtre et qui contient encore beaucoup de sulfate de cuivre, on a un précipité bleu d'autant plus intense, qu'on fait prédominer davantage l'alkali.

En général le carbonate de potasse doit être préféré pour la préparation des verts, et la potasse caustique pour celle des bleus. Mais, soit qu'on emploie le carbonate ou la potasse, l'effet constant qui en résulte, c'est que le premier précipité est verdâtre, tandis qu'il devient bleu lorsque la décomposition est complète et qu'on fait prédominer le corps décomposant.

Les produits obtenus par le carbonate sont grumeleux et de couleur souvent inégale.

En général, pour obtenir du vert ou du bleu à volonté, on commence par verser du lait de chaux très-délayé dans la dissolution de sulfate; il se fait un précipité qu'on filtre : ce premier précipité est d'abord plus ou moins vert, mais il le devient complètement en séchant.

On verse sur la liqueur filtrée et bleuâtre un peu de lait de chaux et de la potasse pure avec excès; le précipité est d'un beau bleu; on filtre; la liqueur qui passe doit être claire comme l'eau, ce qui annonce une décomposition complète.

Ces précipités n'ont besoin que d'être lavés et séchés; il faut opérer leur dessiccation dans un lieu obscur et assez promptement pour que l'air altère, le moins possible, les oxides.

Il suit de ce que nous venons de dire, que pour obtenir un précipité bleu qui ne s'altère pas à l'air, il faut enlever avec soin tout l'acide uni à l'oxide. D'après cette idée, j'ai évaporé jusqu'à siccité le nitrate de cuivre, j'ai dissous le résidu dans l'eau et précipité ensuite par un excès d'eau de chaux. L'oxide conserve sa couleur bleue, pourvu que la dessiccation se fasse assez promptement et sous des papiers.

Une partie du nitrate est décomposée par l'évaporation à siccité, de manière que tout le précipité ne se dissout pas dans l'eau.

L'eau de barite donne encore un plus beau bleu et plus foncé que l'eau de chaux.

L'ammoniaque qu'on verse en petite quantité sur une dissolution de sulfate, y occasionne un précipité d'un blanc verdâtre. Lorsqu'on l'ajoute avec excès, elle colore la liqueur et forme un précipité bleu par la dissolution qu'elle opère d'une portion de l'oxide; mais il suffit de passer de l'eau sur le précipité bleu pour enlever tout le nouveau sel qui s'est formé; on laisse intacte une portion de précipité blanc, si la dose d'ammoniaque n'a pas été suffisante pour dissoudre la totalité.

Le muriate d'ammoniaque dissous dans la dissolution du sulfate, décompose le sulfate en partie, et la liqueur prend une belle teinte bleue par la dissolution que fait l'ammoniaque d'une portion d'oxide.

L'analyse m'a prouvé que, dans tous ces derniers cas, il se formoit un sel triple composé d'oxide, d'ammoniaque et d'acide.

Ces couleurs bleues et vertes sont d'un grand usage dans les arts; on les emploie à la détrempe et à l'huile; on en colore les papiers qui servent pour tentures.

On prépare en Hongrie une quantité

considérable d'une poudre verte qu'on distribue dans le commerce. Ce sont les mines
de Herren-Grund, à deux lieues de Neussol,
qui la fournissent. Les eaux qui filtrent à travers les anciens déblais de la mine se char-
gent de cet oxide qu'elles déposent dans des
caisses dans lesquelles on les reçoit. Ces eaux
n'en tiennent point en dissolution, car l'ammoniaque n'en change pas la couleur.

Dans la même mine, et à une profondeur de 60 à 80 toises (120 à 160 mètres),
coule une eau tenant en dissolution du sulfate de cuivre; on la rapproche dans des
chaudières de cuivre, et on la fait passer
ensuite dans un réservoir où on la mêle
avec une dissolution de potasse; il se précipite un oxide vert qu'on fait égoutter sur
des toiles; on le lave dans de grandes caisses
et on le fait sécher.

Ce qu'on appelle dans les arts *vert de
frise* ou *vert de Brunswick*, se fait en arro-
sant des copeaux de cuivre avec une dissolution de sel ammoniaque, dans des vases fermés. On lave le précipité et on le fait sécher.
On emploie cette préparation à l'huile et
pour l'impression sur papier.

SECTION X.

Des Oxides d'Étain (Potée d'étain).

L'ÉTAIN est, après le mercure, le plus fusible des métaux. Quoique son brillant métallique s'altère à l'air, et que la couleur en devienne terne, il ne s'oxide pas sensiblement à la température de l'atmosphère; mais, dès qu'il est en fusion, il absorbe l'oxigène avec une telle facilité que, dans le moment, sa surface se recouvre d'une pellicule d'oxide qu'on peut aisément ramener sur les bords. A peine le métal est-il découvert, qu'il se charge d'une nouvelle couche d'oxide, de sorte qu'en peu de temps on peut convertir en oxide tout le métal fondu.

C'est ce premier oxide grisâtre que les fondeurs d'étain, qui parcourent les campagnes pour y refondre la vaisselle, appellent *crasses* : ils disent épurer le métal en enlevant ces prétendues crasses qui se forment à la surface du métal en bain; ils les fondent ensuite, pour leur compte, à travers les charbons, et ils ne laissent à l'homme crédule qu'une foible portion de l'étain qu'il leur a confié.

Cet oxide, broyé et calciné, pendant six à huit heures, sous une moufle, devient presque blanc et très-dur : on l'appelle *potée d'étain*. On a l'attention d'agiter et de remuer cet oxide avec une spatule de fer, pendant tout le temps de la calcination, pour que l'oxidation soit égale sur tous les points.

On fait entrer la *potée*, à raison de sa blancheur et de son infusibilité, dans la composition de l'émail. Cet oxide reste interposé sans être fondu, au milieu du reste de la composition qui s'est vitrifié, et il rend le verre blanc et opaque, ce qui est le caractère distinctif de l'émail.

On emploie encore la potée, à raison de sa dureté, pour polir le cristal, les verres de lunettes, l'acier et autres corps durs.

L'étain exposé à un degré de feu très-violent et soutenu, présente les phénomènes suivans : il se sublime une partie d'oxide en aiguilles brillantes et d'une très-belle couleur blanche; cet oxide recouvre, pour ainsi dire, un autre oxide rougeâtre et très-dur, par-dessous lequel on trouve une couche de verre transparent, couleur de rubis ou de grenat. Le célèbre Becher avoit déjà annoncé que l'étain pouvoit se convertir en verre sans percer ni corroder le creuset.

On peut parvenir encore à former de la potée d'étain, en décomposant l'acide nitrique sur ce métal. Ce procédé est très-expéditif : l'oxide se précipite à mesure que l'acide se décompose ; et, quoiqu'il soit d'une couleur un peu moins blanche que la belle *potée* préparée par la calcination au feu, on peut s'en servir dans beaucoup de cas.

SECTION XI.

Des Oxides de Mercure (Ethiops per se, Précipité rouge).

LE mercure, le seul des métaux qui soit naturellement fluide, s'oxide difficilement. Il est possible, à la vérité, de changer sa couleur en une couleur noire, par la simple agitation du métal dans un vase ouvert à l'air atmosphérique, et c'est alors ce qu'on appelle *éthiops per se ;* mais l'oxidation se borne à ce premier degré, et il faut employer la chaleur ou la décomposition des acides, pour obtenir une oxidation plus avancée.

Il paroît que le degré de chaleur le plus propre pour opérer l'oxidation du mercure, c'est celui de 80 à 85 au thermomètre de Réaumur. On a long-temps préparé un oxide rouge de mercure, qu'on connoît sous le nom de *précipité per se*, en plaçant une couche de mercure dans un matras dont le fond est aplati pour présenter à l'air beaucoup de surface, et dont le col est extrêmement étroit et l'orifice capillaire : on expose ce matras à un bain de sable dont on entretient la chaleur au même degré, jusqu'à ce que l'opération soit terminée ; elle dure plusieurs mois : on voit d'abord la surface se couvrir d'une poussière grise qui, peu à peu, prend une teinte rouge, et finit par devenir d'un rouge très-vif. C'est dans cet état qu'on l'appelle *précipité per se, oxide rouge de mercure.* Il ne m'a paru contenir que 0,10 d'oxigène.

Cet oxide est plus fixe au feu que le mercure : en l'exposant à un feu violent dans des vaisseaux sublimatoires, on le décompose en partie ; le gaz oxigène s'échappe, tandis que le mercure se condense dans le récipient ou se volatilise dans l'atmosphère ; il se forme, en même temps, un sublimé qui s'attache aux parois des vases, où il paroît comme fondu et souvent cristallisé. La couleur de cet oxide sublimé est d'un beau rouge.

L'acide nitrique dévore le mercure, et peut en dissoudre un poids presqu'égal au sien : cette dissolution, convenablement rapprochée, forme des cristaux qui, desséchés au feu, finissent par donner une poudre rouge semblable à la précédente, et qu'on nomme *précipité rouge*. Cet oxide provient de la décomposition de l'acide nitrique combiné au mercure : une partie s'échappe en gaz nitreux, tandis que la partie d'oxigène reste en combinaison avec le métal.

Pour donner à cette composition la beauté de couleur qu'a l'oxide préparé en Hollande et en Angleterre, je commence par dissoudre le mercure avec de l'acide nitrique très-pur, marquant 34 à 36 degrés ; j'évapore la dissolution saturée, jusqu'au degré convenable pour obtenir le nitrate de mercure en cristaux.

Je porte ce nitrate dans une cornue tubulée et au bain de sable ; je pousse la distillation jusqu'à ce qu'il ne passe plus de gaz nitreux. Je verse alors, sur le résidu de la cornue, en nouvel acide, la moitié du poids de celui qui a été précédemment employé, et je distille de la même manière. Je répète cette opération trois ou quatre fois, toujours en diminuant la proportion du nouvel aci- de : après cela, je broie le résidu avec soin, et l'expose de nouveau à une chaleur ca- pable de le convertir en rouge : ce précipité est pour l'ordinaire de couleur superbe.

M. Payssé, qui a pu suivre lui-même les opérations des Hollandais, nous a donné quelques renseignemens précieux sur cette préparation. Il prétend qu'on obtient un très-beau précipité par le procédé suivant :

On dissout, à un degré de chaleur convena- ble, 50 parties de mercure bien pur dans 70 parties d'acide nitrique pur marquant 34 à 38 degrés. On évapore par la distillation dans une cornue, et on enlève le récipient dès que le gaz nitreux commence à paroître. Du mo- ment que le gaz nitreux a disparu, on élève la chaleur et on l'entretient à ce degré jus- qu'à ce que la masse d'oxide soit d'un rouge vif. Huit heures de feu suffisent ordinaire- ment pour une opération de 4 quintaux (200 kilogrammes).

Lorsque l'oxide rouge est préparé par le

procédé ci-dessus, et qu'il est d'un beau rouge, il contient 0,18 d'oxigène. J'en ai même composé, par ma méthode, qui m'en a donné 0,20, tandis que les oxides qui ne présentent pas de brillant, ne donnent que 13 à 14 pour 100.

Les alkalis et la chaux précipitent le mercure, de toutes ses dissolutions, à l'état d'oxide. Nous devons à Bayen des faits curieux sur ces précipités : il a observé que presque tous avoient la propriété de fulminer, par leur mélange avec le soufre sublimé : tels sont, le précipité de la dissolution du nitrate par le carbonate d'ammoniaque, le précipité de la même liqueur par l'eau de chaux, le précipité de la dissolution du sublimé corrosif par l'eau de chaux, etc. Il suffit d'en triturer demi-gros (0,19121 décagrammes), avec 6 grains (3,18690 décigrammes) de soufre sublimé. Il reste, après la détonation, une poudre violette qui peut donner du beau cinabre par la sublimation.

Nous devons observer que les décompositions des nitrates et des muriates de mercure par l'ammoniaque, forment des sels triples, comme dans la décomposition du sulfate. M. Fourcroy considère ces sels comme une dissolution de l'ammoniaque dans deux acides, savoir, l'acide primitif et l'oxide de mercure; il conçoit, d'après cela, comment ces sels triples retiennent constamment plus de mercure et d'ammoniaque que l'acide qui y est contenu ne paroît devoir en saturer. (Mémoires de l'Académie des Sciences, année 1792.)

On peut encore précipiter le mercure, de la dissolution du muriate oxigéné (sublimé corrosif), par l'eau de chaux, en une poudre jaune qui se soutient en flocons légers dans la liqueur; c'est cette eau, ainsi chargée du précipité qui y reste suspendu, qu'on appelle *eau phagédénique*. Pour former ce précipité, il suffit de jeter demi-gros de sublimé en poudre dans une pinte d'eau de chaux.

Tous les oxides mercuriels sont employés dans la médecine; le *précipité perse,* ou *oxide rouge,* sert sur-tout à détruire les insectes qui s'attachent à la tête des enfans : on se contente d'en saupoudrer les parties infectées, ou bien l'on incorpore cet oxide dans de la graisse pour en former une pommade. Nous devons observer, à ce sujet, que l'oxide mal préparé peut retenir une portion d'acide nitrique très-concentré qui irrite, enflamme et corrode les parties délicates sur lesquelles on l'applique, à tel point que la tête de l'enfant qui en fait usage, se gonfle et éprouve une inflammation qui peut avoir des suites dangereuses.

L'eau phagédénique sert à laver des ulcères de mauvais caractère, sur-tout ceux qui sont vénériens.

SECTION XII.

Des Oxides d'Argent (Argent fulminant).

L'ANCIENNE chimie avoit distingué les métaux d'après la facilité plus ou moins grande qu'ils avoient pour l'oxidation. L'argent, l'or et le platine sont ceux qui présentent le plus de difficulté ; ils résistent au contact de l'air, à l'action de l'eau, au pouvoir du feu, etc. Mais, des trois métaux dont nous venons de parler, l'argent est le moins rebelle à l'oxidation : Juncker l'avoit converti en verre en le traitant par la réverbération, à la manière d'Isaac le Hollandais ; Macquer, en exposant, vingt fois de suite, de l'argent au feu qui cuit la porcelaine de

Sèvres, a obtenu un verre vert d'olive. On a aussi observé que ce métal, exposé au foyer du miroir ardent, présentoit un enduit vitreux verdâtre, sur le support sur lequel il étoit placé : des fils d'argent, foudroyés par une sorte de décharge électrique, brûlent et s'oxident.

Quoique ces expériences annoncent directement la possibilité de combiner l'argent avec l'oxigène par le moyen de la chaleur, cette oxidation n'est bien exacte que par la décomposition des acides, surtout du nitrique.

L'oxide des nitrates d'argent, précipité par l'eau de chaux, forme la poudre fulminante la plus terrible que nous connoissions.

M. Berthollet, à qui nous devons cette découverte, conseille de dissoudre l'argent pur dans l'acide nitrique : on le précipite de cette dissolution par l'eau de chaux; on décante et expose l'oxide à l'air pendant trois jours. Lorsqu'il est sec, on l'arrose d'ammoniaque; il prend alors la forme d'une poudre noire; on décante et laisse sécher à l'air cette poudre qui est l'argent fulminant.

Le simple contact d'un corps froid suffit pour déterminer la fulmination, d'où il suit que le produit, une fois obtenu, on ne peut plus le toucher, et qu'il faut le laisser dans la capsule où s'est faite l'opération. Il est inutile d'observer que la prudence veut qu'on n'opère que sur de foibles quantités.

Si l'on fait bouillir dans un petit matras de verre mince, l'ammoniaque qui a servi à cette opération, il se forme, par le refroidissement, sur la paroi intérieure, un enduit hérissé de petits cristaux recouverts par la liqueur. Il suffit de toucher ces petits cristaux à travers la liqueur, pour décider une explosion qui brise le matras.

Tous les oxides d'argent se revivifient par la chaleur; ils ne présentent point de couleur brillante; et, sous ces derniers rapports, les arts n'en ont fait jusqu'ici aucun usage.

SECTION XIII.

Des Oxides d'Or (Or fulminant, Pourpre de Cassius).

L'Or est presque inaltérable au feu et à l'air : il résulte des expériences faites au foyer du miroir ardent, qu'une portion de ce métal fondu s'élève en vapeurs sans être altéré. Homberg avoit observé ce phénomène au commencement du siècle.

Personne n'ignore que le vrai dissolvant de l'or est l'acide nitro-muriatique (l'eau régale).

Les alkalis peuvent précipiter l'or de sa dissolution ; et, lorsqu'on emploie l'ammoniaque, l'oxide est fulminant : c'est ce qu'on appelle *or fulminant :* cet oxide est jaune ; on le dessèche à l'ombre pour obtenir une préparation plus sûre.

Les expériences de quelques chimistes ont prouvé qu'en chauffant doucement l'or fulminant dans des tuyaux de cuivre dont l'extrémité plongeoit dans l'appareil pneumato-chimique, on obtenoit du gaz alkalin, et que le précipité ne pouvoit plus

fulminer. Cette observation est de M. Berthollet.

Bergmann a observé qu'en exposant l'or
fulminant à une douce chaleur incapable
de le faire fulminer, on lui ôtoit également
sa propriété fulminante.

Lorsqu'on fait fulminer l'or dans des
tubes dont l'extrémité aboutit sous une
cloche remplie de mercure, on obtient du
gaz azote et un peu d'eau.

En triturant l'or fulminant avec des
corps huileux, on lui enlève la propriété
de fulminer.

Tous ces faits prouvent incontestable-
ment que l'or fulminant est une combinaison d'ammoniaque et d'oxide d'or. Lorsqu'on chauffe cette combinaison, l'oxigène
de l'oxide se dégage et se combine avec
l'hydrogène de l'alkali ; il en résulte une
combustion qui produit de l'eau en vapeurs,
ce qui doit déterminer une explosion.

Si on met des lames d'étain dans une
dissolution d'or, elles ne tardent pas à se
recouvrir d'un précipité pourpre qui devient très-abondant et se délaie dans la
liqueur au moindre mouvement. C'est un
oxide d'étain qui se mêle à quelques atomes

III.   28

de précipité d'or foiblement oxidé, et qui lui donne cette couleur. Ce précipité est employé dans les arts sous le nom de *pourpre de Cassius*. Il sert à donner aux porcelaines et faïences la belle couleur pourpre dont on les décore. On peut former ce précipité par les alkalis, et écarter, par ce moyen, l'alliage de l'étain.

L'éther a encore la propriété d'enlever l'or à sa dissolution dans l'acide. Cette nouvelle combinaison présente ce métal dans un état de division extrême et très-voisin de l'état métallique. La liqueur est colorée en jaune; elle est connue en chimie sous le nom d'*or potable*. On a proposé d'employer cet éther pour dorer le fer : on a dit qu'en trempant le métal dans cette dissolution, la couche d'or se fixoit sur le fer; mais l'expérience a prouvé que cette manière d'appliquer l'or ne recouvroit pas assez, même en répétant quatre et six fois l'immersion et l'évaporation pour dissiper l'éther.

SECTION XIV.

Des Oxides de Tungstène (Acide tungstique).

On trouve l'oxide de tungstène combiné naturellement avec la chaux ou le fer ; et, lorsqu'on est parvenu à l'en séparer, cet oxide a, comme les acides, la propriété de former des sels neutres avec la chaux, la magnésie, les alkalis, etc. c'est ce qui a porté le célèbre Scheele à l'appeler *acide tungstique.*

Pour séparer l'acide tungstique du tungstate calcaire, plus connu sous le nom simple de *tungstène* ou de *pierre pesante des Suédois,* on prend trois parties d'acide nitrique foible, qu'on fait digérer sur une de tungstène pulvérisé ; cette poudre devient jaune. On décante la liqueur, et on verse sur la poudre jaune deux parties d'ammoniaque ; la poudre devient blanche, et on répète l'action successive de l'acide et de l'alkali jusqu'à ce que le tungstène soit dissous (il y a souvent un peu de quartz mélangé qui reste insoluble). En précipitant l'acide nitrique employé, par le prussiate de potasse, Scheele a obtenu un peu de bleu de Prusse : la potasse en précipite la chaux qui y est contenue ; et l'ammoniaque, unie à l'acide nitrique, dégage un oxide blanc de tungstène, qu'on a appelé *acide tungstique*. On peut se servir de l'acide muriatique, au lieu d'employer le nitrique.

Scheele et Bergmann ont regardé l'oxide blanc comme le véritable acide tungstique. Les frères Deluyar ont prétendu que, dans cet état, il étoit mêlé avec un peu d'acide précipitant et une portion de potasse. M. Guyton-Morveau a confirmé ces derniers résultats, et il paroît que la matière jaune, obtenue par la première impression de l'acide, est le véritable acide tungstique, et que cet acide existe tout formé dans le tungstène, puisque l'acide muriatique peut le séparer aussi bien que l'acide nitrique, en s'emparant de la chaux.

Lorsqu'on calcine pendant long-temps cet acide en contact avec l'air, la couleur jaune se fonce et peut passer au vert.

Cet acide ainsi calciné, n'est point soluble dans l'eau, et n'a aucune saveur.

Le même oxide se trouve combiné avec le fer dans le minerai appelé *wolfram.*

Pour en séparer l'oxide ou *acide tungstique*, on fait bouillir, pendant un quart d'heure, sur le wolfram en poudre trois fois son poids d'acide muriatique; il se forme une poussière jaune dès que la liqueur commence à s'échauffer. Après le refroidissement, on décante la liqueur et on lessive le dépôt; on fait digérer de l'ammoniaque sur ce dernier, et à plusieurs reprises, jusqu'à ce qu'elle ne puisse plus en dissoudre; on évapore l'ammoniaque, on calcine le résidu de l'évaporation, et on obtient une poudre jaune qui est le véritable *acide tungstique.*

Cet acide n'est encore d'aucun usage dans les arts. Les frères Deluyar, qui ont fait des recherches très-intéressantes sur cet oxide, en ont essayé les combinaisons avec tous les métaux connus; et il résulte, de leurs nombreuses expériences, qu'il se combine avec presque tous, même avec l'or et le platine. On doit présumer que, dans tous ces cas, l'oxide a été réduit à l'état de métal dans les creusets brasqués dont on s'est servi ; car, sans cela, il n'y eût pas eu alliage.

SECTION XV.

Des Oxides de Molybdène (Acide molybdique).

Le molybdène est presque toujours combiné avec le soufre ; et c'est ce sulfure qui est ordinairement employé lorsqu'on veut obtenir l'oxide acide de ce métal.

On peut oxider le sulfure par la calcination, dans un creuset recouvert d'un autre creuset : il se sublime une matière blanche, quelquefois cristallisée, qui est l'*acide molybdique*.

On peut encore décomposer le sulfure par l'acide nitrique, qui l'attaque avec force, laisse échapper une grande quantité de gaz nitreux, et donne pour résidu une poudre blanche. On emploie 3o parties d'acide nitrique, qu'on fait agir, à diverses reprises, en en employant chaque fois 6 parties. La poudre blanche chauffée dans un creuset, et bien lavée, est l'*acide molybdique* pur.

On voit évidemment, d'après ces deux procédés, les plus simples de tous pour obtenir l'acide molybdique, que cet acide n'existe pas en cet état dans le minerai, mais qu'il en prend la nature et les caractères par l'oxidation ultérieure que produisent la calcination ou la décomposition de l'acide nitrique.

M. Klaproth a retiré cet acide d'une mine de plomb jaune.

L'acide molybdique est blanc; il laisse sur la langue une saveur acide et métallique.

Sa pesanteur spécifique, selon Bergmann, est à celle de l'eau comme 3,460 est à 1,000.

Il ne s'altère pas à l'air; il se volatilise au chalumeau en cristaux aiguillés.

Il se dissout dans 566 parties d'eau, à une température moyenne.

Il enlève la barite aux acides nitrique et muriatique.

Il décompose le nitrate de potasse et le muriate de soude par la voie sèche.

Il déplace l'acide carbonique de ses dissolutions.

Il dissout plusieurs métaux, et prend

une couleur bleue à mesure qu'il leur cède
son oxigène.

SECTION XVI.

Des Oxides de Chrome (Acide chromique).

LE chrome se trouve à l'état d'acide
dans le plomb rouge de Sibérie, et à l'état
d'oxide dans l'émeraude et dans le plomb
vert.

Pour obtenir l'acide chromique, on fait
bouillir le plomb rouge, réduit en poudre,
avec deux parties de carbonate de potasse;
l'alkali se combine avec l'acide chromique,
et forme un sel de couleur jaune-orangée,
susceptible de cristalliser sans changer de
couleur. On décompose cètte nouvelle combinaison par les acides minéraux; et, par
l'évaporation, on obtient, 1°. le sel formé
par l'acide employé et l'alkali; 2°. des cristaux en prismes alongés, couleur de rubis,
ou l'acide chromique.

On peut encore employer l'acide muriatique, qui s'empare du plomb et met à nu
l'acide chromique.

L'acide chromique a une couleur rouge-

orangée , une saveur piquante et métallique.

Il se dissout aisément dans l'eau, et sa dissolution rapprochée fournit de petits cristaux en prismes alongés qui ont une couleur rouge de rubis.

Le papier, le fer, l'étain, trempés dans
cette dissolution et exposés aux rayons du
soleil , y prennent une couleur verte.

Il transforme l'acide muriatique en acide
muriatique oxigéné, à l'aide de la chaleur,
et la liqueur devient verte.

Fondu avec le verre phosphorique et avec
le borax, il communique au verre une belle
couleur émeraude.

Il paroît résulter de tous les faits connus,
1°. que l'acide chromique donne, à presque
toutes ses combinaisons , une belle couleur
rouge-rubis; 2°. que l'oxide de chrome leur
imprime une couleur vive d'émeraude.

Il n'est pas douteux que les arts, sur-tout
la peinture et ceux qui ont pour objet la
coloration du verre, des émaux et des porcelaines, ne tarderont pas à s'emparer d'un
principe colorant qui peut fournir toutes
les nuances du plus beau vert, et les rouges
les plus brillans et les plus solides. Déjà

M. Brongniart a employé avec succès l'oxide de chrome pour donner aux porcelaines un beau vert.

Le département du Var nous offre ce métal en abondance (près Gassin, à la Bastide de la Carrade). Il ne s'agit que d'en séparer l'oxide de fer, l'alumine et la silice qui y sont combinés, pour pouvoir l'employer à tous les usages et tenter les moyens de les multiplier.

CHAPITRE VI.

Des Combinaisons de l'Oxigène avec l'Hydrogène (Eau).

L'EAU est le résultat le plus connu de la combinaison de l'hydrogène avec l'oxigène; et, comme ce fluide agit dans presque toutes les opérations du globe, et que, sans lui, il n'y a ni vie ni action, son étude nous intéresse d'une manière particulière, sur-tout lorsqu'on l'envisage sous le rapport de sa formation et de sa décomposition.

Les effets de l'eau ont été successivement observés par les hommes qui étudient les opérations de la nature: mais ce n'est que

depuis la découverte de ses principes constituans, qu'on a pu en expliquer la cause
dans tous les phénomènes qui tiennent à sa
formation et à sa décomposition, et suivre
son action dans tous les faits qu'elle nous
présente.

Comme la découverte des principes qui
constituent l'eau forme une des époques les
plus brillantes de la chimie, et que c'est à
elle que nous devons rattacher, non-seulement les progrès rapides de quelques arts,
mais l'explication des principaux phénomènes de la végétation, de l'oxidation, de
l'action des acides, de la production des
sels, etc. nous croyons devoir entrer dans
quelques détails sur tout ce qui l'a préparée
et emmenée.

En 1718, Geoffroy retira 5 onces 7 gros
36 grains (18,26542 décagramm.) d'eau pure
par la combustion de 8 onces (2,44752 hectogrammes) d'alcool bien déphlegmé.

Boerhaave a vérifié et varié cette expérience avec de semblables résultats.

Junker a imprimé, quelque temps après,
que la flamme de l'alcool se convertit en
eau.

Stahl, dans son *Traité des Sels*, chap. 2,

cite et décrit une expérience de Kunckel, qui consiste à mêler et à distiller une huile volatile avec l'acide sulfurique concentré : *C'est un phénomène très-remarquable*, dit-il, *de voir que l'huile essentielle qu'on a employée soit décomposée et convertie, pour la plus grande partie, en eau.* Il ajoute qu'*on trouve une quantité d'eau plus grande qu'il n'y en avoit dans l'acide sulfurique employé.*

La comparaison du pouvoir réfringeant de l'eau avec celui de diverses substances diaphanes, avoit déjà conduit le grand Newton à regarder l'eau comme une substance mitoyenne entre les corps inflammables et les corps non inflammables ; il croit que c'est ce fluide qui fournit aux animaux et aux végétaux leur principe combustible et inflammable.

En 1776, Macquer s'est assuré que la combustion du gaz hydrogène donnoit de l'eau pure.

Waltire avoit observé que, lorsqu'on allumoit, par l'étincelle électrique, dans des vaisseaux fermés et très-secs, un mélange d'air commun et de gaz hydrogène, les parois se chargeoient d'humidité.

M. Watt, dès le 22 avril 1783, avoit écrit à Priestley pour lui annoncer qu'il croyoit que l'eau étoit composée d'air vital et de phlogistique privé d'une portion de la chaleur latente.

M. Cavendish avoit été frappé de la quantité d'eau que fournissoit la combustion du gaz hydrogène.

Mais ce ne fut que le 24 juin 1783, qu'une expérience publique et rigoureuse, faite par Lavoisier, prouva la composition de l'eau, par la combinaison directe des gaz oxigène et hydrogène.

A-peu-près dans le même temps, M. Monge établissoit la même doctrine, à Mézières, en combinant et opérant la combustion de ces deux gaz à l'aide de l'étincelle électrique.

Cette découverte, qui renversoit toutes les idées reçues, et présentoit à la physique un nouveau jour pour concevoir les phénomènes, dut trouver des partisans et des détracteurs. Mais les expériences, par lesquelles on a composé et décomposé ce fluide, sont devenues si nombreuses et si précises; les résultats se sont si rigoureusement accordés; l'observation et tous les

phénomènes que présente l'action de l'eau
sur tous les corps organiques et inorganiques, viennent si naturellement à l'appui
de cette doctrine, qu'il est aujourd'hui peu
de faits physiques aussi bien constatés ; et
nous pouvons placer la composition et la
décomposition de l'eau parmi les axiomes
fondamentaux de la science. Nous nous
bornerons à présenter ici, pour établir
cette théorie, les expériences les plus au-
thentiques. Nous pourrions suivre l'action
de l'eau dans toutes les opérations de la
nature et de l'art, si nous voulions en multiplier les preuves ; car nous verrions par-
tout les mêmes faits et les mêmes conséquences à déduire.

SECTION PREMIÈRE.

De la Décomposition de l'Eau.

1°. EN faisant passer de l'eau à travers
un tube de fer rougi au feu, et recevant
les produits qui s'échappent, dans l'appareil
hydro-pneumatique qu'on a eu soin d'adapter à l'une des extrémités du tube, on
obtient du gaz hydrogène ; et l'intérieur du

tube se trouve oxidé. L'accrétion en poids
du tube, et le poids du gaz hydrogène,
équivalent à la pesanteur de l'eau employée.

L'expérience de ce genre, la plus authen-
tique et la plus rigoureuse que nous connoissions, a été faite sous les yeux et par
les ordres de l'académie des sciences : on prit
un canon de fusil dans lequel on introduisit du gros fil-de-fer aplati sous le
marteau ; on pesa le fer et le canon ; on
enduisit le canon avec un lut, propre à
le garantir du contact de l'air : il fut ensuite placé dans un fourneau, en l'inclinant
de manière que l'eau pût y couler ; on
plaça, à son extrémité la plus élevée, un
entonnoir destiné à contenir l'eau et à ne
la lâcher que goutte à goutte par le moyen
d'un robinet : l'entonnoir étoit fermé pour
éviter toute évaporation de l'eau. A l'autre
extrémité du canon, étoit placé un récipient tubulé, destiné à recevoir l'eau qui
passeroit sans se décomposer : à la tubulure
du récipient étoit adapté l'appareil pneumato-chimique.

Pour plus de précaution, on fit le vide
dans tout l'appareil avant l'opération : enfin,

dès que le canon fut rougi, on y introduisit l'eau goutte à goutte, et on retira beaucoup de gaz hydrogène : l'expérience finie, le canon eut acquis du poids; les bandes de fer, qui étoient dans son intérieur, furent converties en une couche d'oxide de fer noir cristallisé comme la mine de fer de l'île d'Elbe : ce fer étoit dans le même état que celui qui est brûlé dans le gaz oxigéné; et l'augmentation de poids qu'avoit acquise le fer, plus le poids de l'hydrogène obtenu, formèrent exactement celui de l'eau employée.

2°. Lorsqu'on dissout du fer ou du zinc dans de l'acide sulfurique délayé par 6 à 7 parties d'eau distillée, les métaux s'oxident, et il se dégage beaucoup de gaz hydrogène. L'eau qui reste n'est pas dans la même proportion que celle qui a été employée ; la déperdition qu'elle a soufferte équivaut à la somme du poids du gaz hydrogène et de l'accrétion en pesanteur qu'a subie le métal.

Si, au lieu d'aider la décomposition de l'eau sur le fer par le mélange de l'acide sulfurique, on se borne à former une pâte avec du fer très-divisé et de l'eau très-pure, le métal s'oxide; il se dégage du gaz hydrogène; la masse se dessèche, et le poids du gaz, plus celui qu'a pris le fer, représentent le poids primitif de l'eau.

Le même phénomène se produit plus promptement, si on fait entrer dans le mélange un peu de soufre : dans ce cas, l'oxigène de l'eau se porte sur le fer et le soufre.

MM. Hassenfratz, Sthoulz et Bettancourt ont observé que l'immersion d'un fer incandescent dans l'eau, en dégage toujours du gaz hydrogène qui s'enflamme.

Tout le monde sait que la vapeur d'eau augmente l'intensité des foyers; et que ce liquide jeté sur un corps gras ou huileux, très-chaud, en produit l'inflammation.

J'ai eu occasion de me convaincre que l'air humide des trompes produit plus d'effet qu'un volume pareil d'air poussé par un soufflet avec la même force. Tous ces phénomènes dépendent de la décomposition de l'eau, dont l'oxigène se fixe sur le corps qui brûle, tandis que l'hydrogène se dissipe.

3°. Si nous observons avec attention ce qui se passe dans les opérations qui tiennent

III.   29

à la décomposition des substances végétales, animales et minérales, nous verrons, partout, l'eau comme le principal agent de ces décompositions : nous la verrons, dans les entrailles de la terre et dans les vaisseaux fermés, suppléer à la présence de l'air atmosphérique et fournir l'oxigène qui se fixe sur les corps, tandis que l'hydrogène, devenu libre, se réduit à l'état de gaz. Nous la verrons fournir le principe acidifiant, presque dans tous les cas où il se forme des acides, et préparer encore, par ce moyen, les plus puissans agens des opérations de la nature et de l'art.

4°. Indépendamment de l'action qu'a l'eau sur les corps morts ou inorganiques, elle exerce une influence très-marquée sur les êtres vivans : elle est un des élémens les plus puissans de la nutrition des végétaux; elle se décompose dans leur tissu, et fournit le principe inflammable qui abonde dans les plantes, tandis que son oxigène est poussé au-dehors ou devient principe du végétal, en concourant à former des acides, des résines, etc.

SECTION II.

De la Composition de l'Eau.

1°. En 1785, mois de février, on opéra chez Lavoisier, à l'aide des gazomètres dont il a donné lui-même la description dans ses élémens de chimie, la combustion de 2,364,$\frac{66}{100}$ grains de gaz oxigène, et de 471,$\frac{125}{1000}$ de gaz hydrogène, sur quoi il faut déduire, 1°. 456 grains pour le poids du gaz-résidu; 2°. 35,25 grains pour l'humidité enlevée à l'oxigène par la potasse; 3°. 44,25 pour l'humidité de l'hydrogène, de façon qu'il restoit, en poids total, 3188,4 grains de gaz. On recueillit 3219 grains d'eau, c'est-à-dire 31 grains de plus que le poids des gaz; ce qui provient de quelque erreur qui s'est glissée dans l'estimation des poids. Cette eau étoit acidule. Il fut constaté, par cette expérience, que 100 parties d'eau étoient formées de 85 oxigène et 15 hydrogène.

Une autre expérience, faite très en grand et sous les yeux de tous les savans de Paris, est celle que M. Lefèvre-Gineau a commencée le mardi 23 mai 1788, et terminée le samedi 7 juin, au collége de France : le gaz oxigène, extrait de l'oxide de manganèse, occupoit un espace de 35085,1 pouces cubiques à la température de 10 degrés au-dessus de zéro, et à la pression de 28 pouces de mercure; il pesoit 18298,5 grains.

Le gaz hydrogène, produit par la dissolution du fer doux dans l'acide sulfurique affoibli de 5 parties d'eau, occupoit un volume de 77967,4 pouces cubes, et pesoit 4756,3 grains.

La totalité des deux gaz formoit un poids total de 23054,8 grains, sur quoi, ôtant la portion non consommée, qui se trouva de 2831 grains, il reste, pour le poids des gaz combinés, 20223,8 grains.

L'eau produite pesa 20293.

Il y eut donc un *déficit* de 50,8 grains ou $\frac{1}{657}$ du total.

Le poids du produit qui, dans l'expérience de Lavoisier, a surpassé celui des matières employées, et le *déficit*, dans celle-ci, nous prouvent que ces légères différences tiennent à des erreurs inévitables dans des expériences aussi longues et aussi délicates. L'approximation même du poids des gaz avec celui de l'eau obtenue, est un prodige qui, ne peut pas manquer d'être senti par les hommes qui se livrent à des recherches de cette nature.

La pesanteur spécifique de l'eau produite par M. Lefèvre-Gineau, comparée à l'eau distillée, étoit dans le rapport de 1,001025 à 1; tandis que celle de l'expérience de Lavoisier s'étoit trouvée comme 1,0051 est à 1. Elle étoit acide, et contenoit 23,63 grains d'acide nitrique.

Une troisième expérience a été faite sur la composition de l'eau par MM. Fourcroy, Vauquelin et Seguin : et, quoiqu'elle ne fasse que confirmer la doctrine déjà reçue sur les principes constituans de l'eau, elle mérite d'être connue par rapport à la précision de toutes les opérations et à la rigueur des résultats. D'ailleurs, les gaz qui ont servi à la combustion étoient extraits de matières différentes de celles qui avoient fourni les premiers; et l'eau obtenue n'a donné aucun indice d'acidité. Sous tous ces rapports, cette expérience peut être regardée comme neuve, puisqu'en confirmant des résultats connus, elle agrandit et perfectionne nos connoisances.

,Le gaz hydrogène a été extrait de la dissolution du zinc dans l'acide sulfurique affoibli de six parties d'eau.

La distillation des cristaux de muriate oxigéné de potasse a fourni le gaz oxigène.

Le volume du gaz hydrogène étoit de 25963,563 pouces cubes, à la température de 13 degrés $\frac{1}{2}$ et à la pression de 28 pouces de mercure.

Le poids de ce gaz employé à la composition de l'eau, étoit de 1039,358 grains.

Le volume du gaz oxigène, à 28 pouces de pression et à une température de 14 degrés, étoit de 12570,942 pouces cubes.

Le poids du gaz qui a servi à la composition de l'eau, étoit de 6209,869 grains.

Le poids total des fluides employés à la composition de l'eau, étoit donc de 7249,227 grains, ou 12 onces 4 gros 49,227 grains.

Le poids de l'eau obtenue a été de 7244 grains, ou 12 onces 4 gros 45 grains.

Il y a donc un déficit de 4,227 grains.

Les essais eudiométriques avoient annoncé que le volume total de l'air vital ne contenoit que 415,256 pouces cubes de gaz azote; il s'en est trouvé, à la fin de l'expé-

rience, 467 ; ce qui établit une augmentation de 51,744 pouces cubes.

L'eau obtenue n'étoit point acide : elle
avoit toutes les propriétés de l'eau distillée
la plus pure. Les célèbres auteurs de l'expérience attribuent cette différence, entre
l'eau précédemment produite par la combustion des gaz et la leur, à ce que, la combustion s'étant faite très-lentement dans
leur expérience, la chaleur n'a jamais été
assez élevée pour produire la combinaison
de l'azote avec l'oxigène.

Cette opération a été continuée sans interruption pendant 185 heures.

L'expérience de M. Lefèvre nous présente
pour 100 livres d'eau,

Oxigène............. 84,8 $= 84\frac{4}{5}$
Hydrogène......... 15,2 $= 15\frac{1}{5}$

L'expérience de la décomposition de
l'eau nous présente pour 100 livres d'eau,

Oxigène......... 84,2636 $= 84\frac{1}{4}$
Hydrogène....... 15,7364 $= 15\frac{3}{4}$

L'expérience de MM. Fourcroy, Vauquelin et Seguin nous présente pour 100 livres d'eau,

Oxigène............... 85,662
Hydrogène............. 14,338

De cette dernière expérience, nous pouvons encore tirer les conséquences suivantes :

1°. Que le poids de l'hydrogène est à celui de l'oxigène comme 14338 est à 85662.

2°. Qu'une livre d'eau est composée comme il suit :

Oxigène... 13 onces 5 gros 46,67 grains.
Hydrogène. 2   2   25,33

3°. Que le volume du gaz oxigène, pour la composition de l'eau est à celui de l'hydrogène dans le rapport de 1 à 2,052.

4°. Que, pour obtenir une livre d'eau, il faut brûler,

Gaz oxigène pur..... 15837 pouc. cub.
Gaz hydrogène pur.. 32523
                     ─────
    Total......... 48360 pouc. cub.

2°. La décomposition de l'ammoniaque par l'acide muriatique oxigéné, ou par certains oxides métalliques, produit une quantité d'eau qui n'est due qu'à la combinaison

de l'oxigène de ces derniers avec l'hydrogène de l'alkali. L'azote, qui en fait l'autre
principe constituant, se dégage à l'état de
gaz.

Les détonations des précipités métalliques
par l'ammoniaque, ne produisent ces effets
terribles qu'on connoît que par la formation
et la vaporisation subite d'une portion
d'eau.

3°. Les belles expériences de Lavoisier et
de Seguin, ont prouvé qu'il se forme de
l'eau par l'acte même de la respiration ; et
que l'oxigène appliqué sur une partie quelconque du corps vivant, produit de l'eau
ou de l'acide carbonique, selon qu'il se combine avec l'hydrogène ou avec le carbone.

Les phénomènes de la végétation nous
présentent pareillement la production de
ce fluide dans plusieurs cas : la *maturation*
des fruits indique une formation abondante
d'eau.

La combustion en produit encore énor-
mément ; Lavoisier en a formé 18 onces
par la combustion de 16 onces d'alcool.

J'ai observé, plusieurs fois, que la distillation des végétaux, fortement acides, décomposoit l'acide, et qu'il en résultoit beau-

coup plus d'eau que la plante n'en contenoit
dans son état primitif.

La décomposition des acides sur la plupart des substances animales et végétales
produit de l'eau.

Les fermentations et putréfactions, en
dénaturant les corps qui subissent ces mouvemens, prennent du gaz oxigène dans
l'atmosphère et donnent lieu à la formation
d'une portion d'eau.

Connoissant une fois les principes constituans de l'eau, il nous sera facile de suivre
son action dans tous les phénomènes qui
tiennent à sa décomposition; mais, pour
avoir une idée exacte de ce fluide, il faut
le considérer dans ses principaux rapports.
On peut donc l'envisager sous les trois états
par lesquels les changemens de température
peuvent le faire passer : cette division embrasse sa manière d'être dans toutes les circonstances; et, conséquemment, elle est
très-propre à fixer nos idées sur le rôle
qu'elle joue dans toutes les opérations de la
nature et de l'art.

SECTION III.

De l'Eau à l'état de glace.

Si la température de notre planète étoit permanente au-dessous du degré *zéro* du thermomètre de Réaumur, ces amas énormes de fluide qui forment les mers et les lacs, ajouteroient de nouvelles masses solides à notre continent : les sources, les torrens, les rivières n'existeroient plus ; les animaux et les végétaux, dont la vie est entretenue par ce fluide, ne recevroient plus par leurs pores l'aliment qui leur est nécessaire. Bientôt des portions de ces masses transparentes de cristal, détachées et roulées par la main des hommes, poussées par les vents, entraînées par les nouveaux liquides qui se seroient condensés sur la surface de la terre, nous présenteroient un mélange plus ou moins confus de tous les matériaux solides qui se trouvent à la surface du globe, et la portion de notre planète formée par les cristaux de glace, nous offriroit les mêmes phénomènes que les montagnes actuelles.

Mais le froid qui est nécessaire pour re-

tenir l'eau dans un état habituel de glace,
n'est pas l'état permanent de la température
de notre atmosphère ; et ce n'est que sur
quelques points de notre globe que la glace
paroît éternelle, tandis que, presque par-
tout ailleurs, l'eau nous présente le passage
alternatif de l'état liquide, à l'état solide ou
gazeux, selon les saisons et les températures.

La congélation de l'eau nous offre quelques phénomènes qui paroissent assez constans pour mériter d'être rapportés.

1°. Farheneit, Treiwald, Baumé, de
Rattes, ont observé que l'eau peut contracter
un degré de froid plus considérable que
celui de la glace sans se congeler ; il n'a pas
échappé à l'œil observateur de ces physiciens, qu'une légère secousse, imprimée au
vase qui contient le liquide en décide souvent, dans ce cas, la congélation, et qu'a-
lors la liqueur du thermomètre plongé dans
le fluide monte au degré de la glace. Mais
nous devons au célèbre Black d'Édimbourg
d'avoir fait connoître, en 1775, que ce phénomène n'a pas lieu lorsqu'on emploie de
l'eau qui a bouilli, ce qui paroît prouver que
l'existence et l'interposition des bulles d'air

dans le liquide , en rallentit la congélation.
C'est d'après ce principe que dans les Indes
orientales , on ne met dans les vases où doit
s'opérer la congélation que de l'eau qui a
bouilli. *Trans. Philosoph.* fol. 65 , année
1775 , Mém. de Robert Barker.

Ce phénomène a quelque rapport avec
une observation très-connue sur la cristallisation de certains sels qu'on ne peut quelquefois déterminer puissamment que par
une légère agitation du liquide fortement
rapproché : et nous observerons que cette
particularité n'a lieu que pour les sels qui
se figent ou se prennent en masse, et non
pour ceux dont les cristaux se forment isolément ou séparément dans un liquide , ce
qui établit un second point d'analogie entre
la cristallisation de ces premiers sels et la
congélation de l'eau.

2°. Il conste , par les expériences de
l'Académie *del Cimento ,* que des sphères
creuses et métalliques, remplies d'eau et ex-
posées à des températures capables de déterminer la congélation du liquide , ont éclaté
avec fracas. Tout le monde sait que le tronc
des arbres se fend dès que la sève s'y gèle,
et que les pierres les plus dures se rompent

avec éclat ou se délitent dès que l'eau qui
les imprègne passe à l'état de glace. De
ces faits, on a conclu que l'eau glacée
occupe plus de volume que l'eau fluide.
Mais M. Vauquelin a observé que plusieurs
sels, en cristallisant dans des vases ouverts,
et diminuant même de volume par le passage à l'état de cristal, déterminoient la
rupture des vaisseaux; ce qui nous porte à
conclure que l'explosion, occasionnée par
la congélation : ne prouve point nécessairement l'augmentation de volume qu'on a
voulu en conclure.

Ces résultats bien constatés ne sont pas
faciles à concevoir : car, en admettant même
que la rupture des vaisseaux fût déterminée
par une augmentation de volume de la part
du corps qui se congèle, il resteroit toujours
à expliquer comment la force qui détermine la cristallisation peut vaincre une résistance aussi puissante que celle que lui
opposent les parois épaisses d'une sphère de
métal.

3°. Les phénomènes qui précèdent nous
ont déjà convaincus que la glace est l'état
de l'eau en cristaux. Mais, nous avons
observé qu'ici, comme dans la cristallisa-

tion de quelques sels, tout le liquide se fige, et que, par conséquent, il n'est pas toujours possible de distinguer la forme qui est propre au cristal; ce qui nous oblige à rapprocher les principales observations qu'on a pu faire sur ces cristaux.

De Mayran avoit vu que les aiguilles de glace s'unissoient constamment sous un angle de 60 ou de 120 degrés.

Pelletier a trouvé, dans un morceau de glace fistuleux, des cristaux en prismes quadrangulaires, aplatis, terminés par deux sommets dièdres.

M. Sage observe que, si on rompt une masse de glace qui contienne de l'eau dans son centre, celle-ci s'écoule, et l'on trouve la cavité tapissée de prismes tétraèdres terminés par des pyramides à quatre pans. Souvent ces prismes sont articulés et croisés. Sage, *Analyse chim.* tom. 1, pag. 77.

M. Macquart a observé que, quand la neige tombe à Moscou et que l'atmosphère n'est pas trop sèche, on la voit chargée de charmantes cristallisations, aplaties régulièrement et aussi minces qu'une feuille de papier. C'est une réunion de fibres qui partent du même centre pour former six principaux rayons qui se divisent eux-mêmes en petits faisceaux extrêmement brillans. Il a vu beaucoup de ces rayons aplatis qui avoient 10 lignes de diamètre.

J'ai observé bien de fois que ces houppes de cristaux qui se forment sur les végétaux et autres corps humides par l'effet d'une *gelée blanche*, n'étoient que des segmens de rhombes, quelquefois groupés, mais plus souvent isolés.

La neige nous présente une cristallisation de l'eau, plus régulière que la glace elle-même : nous avons déjà observé que la glace pouvoit être comparée à ces masses de sel qui se forment par la congélation de tout le liquide; mais la cristallisation de la neige s'opère dans un fluide qui permet à chaque cristal de s'isoler et de prendre sa figure déterminée : aussi cette cristallisation affecte-t-elle constamment la forme d'un hexagone régulier lorsque la neige tombe par un temps calme. L'agitation de l'air, la température de la surface de la terre déterminent des modifications infinies dans les cristaux, en les brisant, les déformant par le choc, ou en en produisant la fusion des angles et des pointes par le seul passage des régions de la

glace à une température plus chaude. Ces
cristaux de neige grossissent et se groupent
plus ou moins, en traversant un air plus
ou moins froid, plus ou moins chargé d'humidité, et parcourant dans leur chûte une
couche plus ou moins épaisse de l'atmosphère. *Voyez* le Mémoire de M. Monge *sur
la Cause des principaux Phénomènes de
météorologie.*

Lorsque l'air est chargé d'humidité, si
la température facilite la congélation du
liquide qui est suspendu dans l'air, et
que le vent agite l'atmosphère, il emporte
et précipite ces petits cristaux presqu'im-
perceptibles et à peine formés ; c'est ce qui
forme les *frimas*.

Ce phénomène est analogue à ce qui se
passe dans une dissolution saline dont on
trouble la cristallisation par une agitation
non interrompue ; alors les petits cristaux,
séparés et formés par le refroidissement, se
précipitent au fond du vase, et ne présentent qu'une poudre cristalline dont chaque
grain offre la forme très-prononcée du
cristal.

Comme l'eau est le véhicule ou le dissolvant de la plupart des sels, on profite de la

faculté qu'elle a de se geler pour extraire ou rapprocher ces substances salines: c'est ainsi que, dans le Nord, on concentre les eaux de la mer par la gelée, pour en extraire le sel, et que, dans nos ateliers, nous concentrons la plupart des acides végétaux, en les exposant à une température qui glace l'eau qui les délaye.

La glace, tant qu'elle existe sous cet état, exposée à une chaleur plus élevée que la sienne, conserve toujours son même degré de température, tant qu'elle est à l'état solide. On peut donc regarder le degré de température de la glace fondante comme constant, et c'est sur cette base invariable qu'on a établi la graduation d'un des termes du thermomètre. On peut encore abaisser la température de la glace, en la mêlant avec des substances salines, et en facilitant la dissolution de ce mélange dans une petite quantité d'eau, par une agitation soutenue. On peut se procurer, par ce moyen, des températures de 12 à 15 degrés, et mettre à profit ce froid artificiel pour glacer des liqueurs, des sucs, etc.

La glace broyée et fondue dans l'acide nitrique très-pur et concentré, peut donner

un froid de 30 à 32 degrés, capable de déterminer la congélation du mercure.

SECTION IV.

De l'Eau à l'état liquide.

C'est sous forme de liquide que l'eau se
présente presque par-tout à la surface de
notre globe, et c'est dans cet état que nous
la faisons servir à nos besoins.

L'eau, telle que la nature nous la fournit,
n'est jamais pure : elle contient toujours de
l'air et quelques portions de sels ordinairement terreux ; mais ces matières ne nuisent
point à ses usages, pourvu toutefois que la
proportion n'en soit pas trop forte. En général, les eaux courantes sont plus pures
que les eaux stagnantes ; et, parmi les premières, celles qui roulent sur des terres primitives, sont encore moins chargées que
celles qui parcourent des terreins secondai-
res : le sol, dans le premier cas, est insoluble et indécomposable, tandis que, dans le
second, il effleurit sans cesse, et il s'y forme
des sels que l'eau qui l'abreuve dissout et
emporte.

L'eau qui provient immédiatement de la

fonte des neiges est très-pure ; mais elle n'est pas assez aérée, ce qui la rend fade et pesante pour la boisson.

L'eau qui tombe de l'atmosphère, sous forme de pluie, est la plus pure de toutes : elle n'est pas exempte cependant de matières étrangères, et elle tient plus ou moins de sels en dissolution, comme Margraaf l'a prouvé. La première eau que fournit une pluie est, pour l'ordinaire, moins pure que la dernière ; celle qui est le produit d'un orage, l'est toujours moins que celle qui provient d'une pluie douce ; celle qui est apportée par un vent de mer, contient du muriate de soude, assez abondamment pour être très-souvent sensible au goût sur les bords de la mer.

Lorsque l'eau contient assez de principes étrangers pour produire, sur le corps, des effets médicamenteux, on la distingue alors de l'eau propre à la boisson, et on la connoît sous le nom d'*eau minérale*.

Comme l'eau est le véhicule ou le dissolvant le plus employé, par le chimiste, dans ses recherches, il s'exposeroit à trouver des erreurs dans ses résultats, s'il se servoit de ce fluide tel que la nature le lui présente :

il lui importe de le ramener au degré de pureté convenable, et il y parvient par la *distillation*. A l'aide de cette opération, l'eau réduite en vapeur, et condensée dans un récipient, se dépouille de tous les principes salins qu'elle tenoit en dissolution, et on la connoît alors sous le nom d'*eau distillée*.

Nous trouvons des traces de la distillation de l'eau, dans les siècles les plus reculés : les premiers navigateurs des îles de l'Archipel, remplissoient leurs marmites d'eau salée, et en recevoient la vapeur dans des éponges placées dessus.

La distillation est d'autant plus prompte et facile, que la pression de l'air est moindre sur la surface du liquide : il est connu que les fluides condensés par le poids de l'atmosphère, se résolvent en vapeur dans le vide de la machine pneumatique. C'est à ce principe que nous devons rapporter les observations de presque tous les naturalistes et physiciens qui ont vu que l'ébullition d'un liquide devenoit plus facile à mesure qu'on s'élevoit sur une montagne ; et c'est, par une suite naturelle de ces principes, que M. Achard de Berlin a construit un instrument pour juger de la hauteur des monta-

gnes, par la facilité de l'ébullition des liquides. Mongez et Lamanon, deux des infortu-
nés compagnons de Lapeyrouse, ont observé
que l'éther s'évaporoit avec une prodigieuse
facilité sur le pic de Ténériffe. M. de Saussure a fait une semblable observation sur les
montagnes de la Suisse; et MM. Rochon et
Lavoisier ont tiré, de tous ces faits, des conséquences pratiques pour faciliter la distillation en soustrayant, en tout ou en partie,
le poids de la colonne d'air qui pèse sur le
liquide qu'on évapore.

L'eau, à l'état liquide, exerce des affinités
puissantes sur presque tous les corps, mais
ces affinités ne sont pas égales pour tous :
elle recherche l'union de quelques-uns, tels
que l'acide sulfurique, la potasse, etc., et
elle rejette celle de plusieurs autres, tels que
les graisses, les huiles, les métaux, etc.; en
général, elle a plus d'affinité avec les substances salines qu'avec les autres.

Dans les diverses combinaisons, l'eau
nous présente des caractères qui paroissent
lui appartenir essentiellement: lorsqu'elle y
est dans des proportions exactes, elle détermine la transparence et la solidité de presque tous les sels; il suffit, pour se convaincre

de cette vérité, de voir ce qui se passe dans les cristaux qu'on prive de leur eau par le feu ou par la seule action de l'air; ils perdent, à-la-fois, leur transparence et leur solidité. Lorsque, par le moyen de la chaleur, on a dissipé l'eau des cristaux transparens du gypse, et qu'on leur a donné une consistance pulvérulente, on peut rétablir leur solidité en redonnant à cette poudre l'eau dont on l'a privée. Nous pouvons observer de semblables effets de la part de l'eau dans la formation du gluten, la fabrication des colles, la confection des mortiers, etc.

Lorsqu'on présente ce liquide en excès aux diverses substances qui ont de l'affinité avec lui, il les résout et leur donne le caractère extérieur qui le distingue. Ses divers degrés d'affinité, avec les divers corps, établissent des degrés infinis dans sa vertu résolvante.

Cette vertu résolvante, que l'eau exerce sur tous les points du globe, est la cause principale du déplacement et du transport de toutes les substances qui sont plus ou moins solubles dans ce liquide. Les sels, de quelque nature qu'ils soient, sont à peine formés que l'eau les entraîne: l'évaporation, le mouvement, ou des affinités plus fortes, en décident ensuite la précipitation. Ce même fluide, en vertu de la même faculté résolvante, porte, chaque jour, à la surface de la terre, les matières qui ont été élaborées dans ses entrailles; et c'est encore cette vertu résolvante qui fournit au chimiste le moyen d'extraire et de reconnoître les sels, en même temps qu'il trouve, dans la propriété qu'a l'eau de s'évaporer, des moyens simples pour les obtenir sous la forme la plus régulière.

Si nous examinons avec attention l'action résolvante de l'eau sur les diverses matières, nous verrons deux effets bien marqués : souvent la solution est complète, et le corps résous disparoît à la vue; mais, dans plusieurs cas, l'eau ne fait que lier les parties, augmenter le volume de la masse, et lui donner de la transparence. Nous voyons ces derniers phénomènes dans la manière dont l'eau se comporte avec l'alumine, la magnésie, les fécules, le muqueux, l'albumen, etc. Ici, c'est une demi-solution, où les molécules sont désunies et séparées dans un grand degré de tenuité par l'interposition du liquide.

Non-seulement l'eau agit comme résol-

vant sur les produits organiques et inorganiques, mais elle exerce encore une action
plus ou moins directe sur eux, par ses propres *principes constituans.*

Ce liquide, humectant des métaux très-
oxidables, se décompose sur eux, les oxide,
et son hydrogène s'échappe à l'état de *gaz.*
Sa décomposition devient plus prompte,
lorsqu'on l'unit à un corps qui exerce des
affinités très-prononcées sur ces métaux,
tels que les acides.

C'est à la décomposition de l'eau, dans
les entrailles de la terre, que nous pouvons
rapporter le plus grand nombre des changemens et des bouleversemens qui s'y opèrent : les sulfures et les phosphures, si abondans dans le sein du globe, ne recevroient
aucune altération, si l'oxigène, qui les dé-
nature et forme avec eux des acides, n'étoit
fourni par la décomposition de l'eau ; aussi
ne voyons-nous *effleurir* les sulfures que
lorsqu'ils sont abreuvés par ce liquide. Dans
tous ces cas, l'oxigène de l'eau s'unit au soufre et forme de l'acide sulfurique, tandis
que l'hydrogène, devenu libre, s'échappe,
souvent avec fracas, du foyer qui l'a produit,
et donne lieu à des tremblemens de terre

ou à des éruptions volcaniques. D'un autre côté, l'acide qui s'est produit tend à former des combinaisons avec tous les matériaux qui se trouvent dans le foyer de sa formation ; d'où résultent des sulfates de toutes les sortes. Alors, l'eau dissout ces nouveaux sels, et les porte à la surface du globe., ce qui est la cause principale de la formation des eaux minérales ; ou bien, les mouvemens convulsifs déterminés par le résultat de ces décompositions et la chaleur qui les accompagne, les subliment ou les poussent au-dehors, ce qui fait qu'on a trouvé successivement tous ces produits confondus avec les produits volcaniques, ou sublimés dans les soupiraux qui donnent issue à ces feux souterrains.

La formation des acides, l'oxidation des métaux, la décomposition des bitumes, et tous les phénomènes d'oxidation ou de combustion qui ont lieu dans les entrailles de la terre, par-tout où l'air atmosphérique ne pénètre point, ne peuvent se concevoir que par la décomposition de l'eau.

Si, du sein de notre planète, nous nous portons à sa surface, nous y verrons que tous les êtres vivans doivent encore, à la décomposition de l'eau, l'exercice de leurs principales fonctions : le végétal croît par le secours de l'eau seule, et ce liquide est un véhicule nécessaire pour tous les autres principes qui complètent sa nutrition.

CHAPITRE VII.

Des Combinaisons du Soufre.

LE soufre est un des plus puissans moyens de l'action chimique : nous le trouvons combiné avec presque tous les métaux; il se dissout aisément dans l'hydrogène, et prend, dans cette combinaison, un caractère de volatilité, à l'aide de laquelle il se porte sur tous les corps, et donne lieu à des phénomènes aussi variés qu'importans. Il s'unit encore assez facilement à l'oxigène, et forme avec lui un acide qui se combine avec les terres et les métaux, et produit cette nombreuse variété de sulfates que la nature nous présente presque partout.

Nous ne parlerons ici que de ses principales combinaisons, et sur-tout de celles qui ont le plus d'usage dans les arts.

SECTION PREMIERE.

Des Combinaisons du Soufre avec les Alkalis.

Si l'on fond la potasse ou la soude dans un creuset avec parties égales de soufre, il en résulte une masse dure et verdâtre, presque sans odeur. Ce sulfure attire fortement l'humidité et se réduit en liqueur; il exhale alors une odeur puante de gaz hydrogène sulfuré. On ne peut conserver le sulfure de potasse à l'état sec, qu'en le tenant dans des flacons bien bouchés.

Mais, si, au lieu de présenter les alkalis à l'état sec, on les dissout dans l'eau, et qu'on les fasse digérer à chaud sur le soufre, la dissolution s'opère sur-le-champ; la liqueur prend une teinte d'un jaune rougeâtre plus ou moins foncé, et elle exhale une odeur de gaz hydrogène sulfuré.

Lorsque cet hydro-sulfure d'alkali a le contact de l'air, il laisse déposer une quantité assez considérable de soufre; l'odeur disparoît, la liqueur s'éclaircit, et il ne contient plus que du sulfate de potasse en dissolution.

Dans tous les cas dont nous venons de parler, la production du gaz hydrogène sulfuré et celle de l'acide sulfurique, sont dues à l'air atmosphérique ou à la décomposition de l'eau, dont les deux principes constituans se portent sur le soufre, et forment avec lui, du gaz hydrogène sulfuré qui s'échappe dans l'atmosphère, et de l'acide sulfurique qui s'empare de l'alkali. A mesure que l'alkali se combine, la plus grande partie du soufre se précipite, parce que la formation du gaz hydrogène sulfuré et celle de l'acide sulfurique ne peuvent employer qu'une partie de celui qui étoit dissous dans l'alkali.

Le sulfure d'ammoniaque ne présente point les mêmes caractères que celui des alkalis fixes. Pour le former, on mêle avec soin dans un mortier de marbre 3 livres (1,75804 kilogrammes) chaux éteinte à l'air, une livre (0,48951 kilogramme) sel ammoniaque, et 8 onces (0,24475 kilogramme) soufre. On introduit ce mélange dans une cornue, on y ajoute 6 onces (1,83564 hectogrammes) d'eau, et on procède à la distillation. Les premières gouttes qui passent n'ont aucune couleur; mais ensuite elles deviennent citrines. Dès qu'il a passé environ 6 onces, (1,83564 hectogrammes) de liquide, il s'élève des vapeurs blanches très-élastiques et presque incoercibles ; on ménage alors le feu pour éviter l'explosion ; on l'entretient encore pendant une heure, en l'augmentant du moment que les vapeurs cessent d'être aussi abondantes. On retire, par ce moyen, environ 4 onces (1,22376 hectogrammes) de sulfure d'ammoniaque qu'on connoît dans les pharmacopées sous le nom de *liqueur fumante* de Boyle.

Hoffmann n'employoit point d'eau, et se servoit de chaux vive ; mais, par ce procédé, le sulfure est peu abondant, quoique très-fumant, et si élastique, qu'il survient souvent explosion des vases distillatoires.

M. Berthollet a fait voir que le sulfure d'ammoniaque doit la propriété d'être fumant à un mélange d'ammoniaque non combiné.

Ce sulfure d'ammoniaque peut se charger, même à froid, d'une beaucoup plus grande quantité de soufre, et il cesse alors d'être fumant. Ce sulfure saturé de soufre

à une couleur foncée et une consistance hui-
leuse; au moindre contact de l'air, il blanchit, se trouble et abandonne du soufre.

Comme l'ammoniaque seule ne dissout
pas le soufre, on voit que c'est par le moyen
de l'hydrogène sulfuré que la combinaison
triple se forme, et qu'alors elle doit recevoir le nom de *sulfure hydrogéné d'ammoniaque;* tandis que, lorsque la combinaison
est fumante, elle mérite celui d'hydrogène
sulfuré avec excès d'ammoniaque.

Les sulfures d'alkali ne sont pas beaucoup
employés : ils ont été proposés pour servir
de moyens eudiométriques. Mais l'hydrogène sulfuré, qui se mêle avec l'air dont on
veut faire l'analyse, rend cette méthode
moins exacte et d'une exécution plus difficile que lorsqu'on emploie des corps qui
prennent l'oxigène, et ne mêlent aucun
principe volatil à l'air sur lequel on opère.

SECTION II.

Des Combinaisons du Soufre avec les Terres.

APRÈS avoir bien mêlé une livre
(0,48951 kilogramme) de chaux vive en

poudre fine avec 4 onces (1,22376 hectogrammes) de soufre sublimé (fleurs de
soufre), si l'on verse de l'eau sur le mélange, comme pour éteindre la chaux et
former une pâte molle, la chaleur qui se
produit suffit pour opérer la dissolution
d'une portion de chaux par le soufre; et
on peut séparer, par le filtre, une liqueur
jaune qui a l'odeur du gaz hydrogène sulfuré.

On peut encore former un hydro-sulfure
de chaux, en délayant cette terre dans
l'eau distillée, à travers laquelle on fait
passer le gaz hydrogène sulfuré.

La magnésie pure, jetée dans l'eau
chargée d'hydrogène sulfuré, s'y dissout.

Si l'on fait évaporer une dissolution d'un
sulfure de barite récent, il se forme une
cristallisation confuse; ces cristaux, soumis à l'action d'une presse dans du papier
qui prenne le liquide dont ils sont imbibés,
présentent une substance blanche qui est
l'hydro-sulfure de barite. La liqueur qui
s'est séparée est un sulfure de barite qui
retient encore beaucoup d'hydrogène sulfuré.

Lorsqu'on prépare le sulfure de barite,

il se forme une proportion beaucoup plus grande d'hydrogène sulfuré que dans les autres sulfures, parce que l'affinité qu'a la barite avec l'acide sulfurique détermine une oxidation plus rapide du soufre et de l'hydrogène. La quantité d'hydrogène sulfuré qui se forme dans chaque espèce de sulfure, est relative à l'affinité des bases pour l'acide sulfurique.

SECTION III.

Des Combinaisons du Soufre avec les Métaux.

M. BERTHOLLET distingue, avec sa sagacité ordinaire, les combinaisons du soufre avec les métaux, d'avec celles qui se font avec leurs oxides.

Dans le premier cas, le sulfure attire l'oxigène de l'atmosphère, ou bien il demeure sans altération ni changement, selon l'affinité du métal avec l'oxigène, selon l'affinité du soufre avec le même principe, et selon la tendance qu'a le métal lui-même à se combiner avec l'acide sulfurique qui doit être le résultat de l'oxidation du soufre.

Ainsi le fer combiné à l'état métallique avec le soufre, forme un sulfure noir, très-fusible au feu ; et, lorsqu'il est combiné à l'état d'oxide, il forme un sulfure jaune, moins fusible, plus difficile à décomposer.

Le sulfure de fer noir jaunit à l'air, par suite de l'oxidation des deux principes composans, et se change en sulfate.

L'action des acides sur les sulfures métalliques est bien différente, selon que le métal est à l'état métallique ou à l'état d'oxide : dans le premier cas, les acides qui se décomposent facilement sur les métaux, et préparent ainsi leur dissolution en les oxidant, agissent promptement : dans le second cas, ce sont les acides qui ne se décomposent point, qui exercent l'action la plus énergique.

Il suit des expériences de M. Berthollet, que l'hydrogène sulfuré se combine avec quelques métaux, mais, sur-tout, avec les oxides ; et que les acides concentrés reprennent ces oxides et en éliminent l'hydrogène sulfuré.

Dans la plupart des hydro-sulfurés formés par les oxides métalliques, la tendance que l'hydrogène et l'oxigène ont à se combiner, occasionne la décomposition de l'hydrogène sulfuré.

L'hydro-sulfuré peut être décomposé, ou en donnant son hydrogène, ou bien en cédant le soufre à l'oxigène ; ce qui varie singulièrement les résultats de ces décompositions.

Lorsque les métaux sont ramenés, par cette désoxigénation, à un état voisin de l'état métallique, ils refusent de se combiner avec les acides; de-là vient que le précipité noir de mercure, celui d'argent et une portion de celui de cuivre, résistent à l'action des acides.

La désoxigénation graduelle est très-sensible lorsqu'on verse de la dissolution d'hydrogène sulfuré dans une dissolution de muriate mercuriel corrosif : d'abord, le précipité qui se forme est jaune ; la couleur se fonce, à mesure qu'on ajoute de l'hydrogène sulfuré, et elle passe au noir.

L'oxide de manganèse prend l'hydrogène sulfuré à l'eau ; il élimine l'ammoniaque de l'hydrogène sulfuré d'ammoniaque ; son action sur cette dernière substance est accompagnée d'un tel degré de chaleur,

que la liqueur entre en ébullition : par là,
il perd une partie de sa couleur ; il devient
soluble dans l'eau en prenant un excès
d'hydrogène sulfuré, et on peut le précipiter dans cet état sous forme blanche par
un alkali.

ARTICLE PREMIER.

Des Combinaisons du Soufre avec le Mercure (Cinabre, Éthiops minéral).

LA combinaison du soufre avec le mercure, forme l'*éthiops minéral* et le *cinabre*.

Le premier de ces deux composés a une
couleur noire ; mais sa cassure et la trituration des masses y développent une couleur
d'un rouge foncé.

Le second a une couleur d'un rouge
très-brillant, qui s'augmente encore par la
trituration ; c'est dans ce dernier état qu'on
l'appelle *vermillon*.

On peut former l'éthiops de diverses
manières, 1°. en triturant dans un mortier
4 onces (1,22376 hectogrammes) de mercure et 12 onces (3,67128 hectogrammes)

de soufre; 2°. en versant une once (0,30594 hectogrammes) de mercure, sur 4 onces (1,22376 hectogrammes) de soufre fondu; le mélange s'enflamme; on étouffe la flamme et on retire le creuset du feu; 3°. en mêlant de la dissolution de sulfure de potasse à une dissolution de nitrate de mercure.

Ces éthiops sublimés donnent le cinabre; mais, comme on parvient difficilement à lui donner, dans nos laboratoires, cette vivacité de couleur qui caractérise celui du commerce, nous décrirons, d'après MM. Luckert et Payssé, les procédés suivis en Hollande.

On mêle 150 livres (75 kilogrammes) de soufre et 1,080 livres (540 kilogrammes) de mercure; on met le mélange dans une chaudière de fer, plate et polie, d'un pied (3,24839 décimètres) de profondeur, sur un pied et demi (4,87657 décimètres) de diamètre, et on entretient à une chaleur douce capable de tenir le soufre en liqué-faction et de faciliter la dissolution du mer-cure.

On broie le sulfure de mercure ainsi préparé, et on en remplit de petits pots de terre de la contenance de 24 onces (0,73426 kilogramme) d'eau.

On sublime dans des espèces de creusets bien lutés, autour desquels la flamme circule. L'ouverture de chaque vaisseau sublimatoire est d'environ un pied (3,24839 décimètres) de diamètre.

Dès que ces vaisseaux sont établis sur le fourneau, on allume un feu modéré, qu'on augmente jusqu'à faire rougir les vaisseaux; alors on verse dans chaque, du sulfure de mercure; il s'élève de suite une flamme, dont le dégagement est extrêmement rapide et les couleurs très-variées, d'abord d'un blanc vif, ensuite jaune et blanc, jaune-orangé, bleu et jaune; lorsque la flamme a baissé, et que la couleur est d'un beau bleu indigo, on ferme les vaisseaux hermétiquement avec des plaques de fer d'un pouce et demi (4,5604 centimètres) d'épaisseur. Cette première opération dure trente-quatre heures.

On continue le feu pendant trente-six heures, en le ménageant de manière qu'en ôtant le couvercle, la flamme soit vive, sans s'élever à plus de 3 ou 4 pouces (un décimètre). Au-dessous et au-dessus le feu est trop foible ou trop fort. Le feu est alimenté par de la tourbe.

Pendant les trente-six heures que dure la sublimation , on remue la masse tous les quarts-d'heure , ou à chaque demi-heure , avec un triangle de fer.

Après que tout est refroidi , on retire les vaisseaux et on les casse ; on trouve dans chaque 400 livres de *sulfure de mercure sublimé* ou cinabre (200 kilogrammes).

Il est nécessaire , pour obtenir un bon résultat , d'entretenir une chaleur constante et modérée pendant tout le temps que dure la sublimation.

M. Thomson a publié le procédé suivant pour faire le cinabre. Il est dû à M. Kirchoff.

On prend 300 grains (159,34500 décigrammes) de mercure et 60 grains (31,86900 décigrammes) de soufre qu'on humecte avec une goutte de dissolution de potasse et qu'on triture dans un mortier de porcelaine pour les réduire en éthiops minéral. On y ajoute 160 grains (84,98400 décigrammes) de potasse dissous dans pareille quantité d'eau. On chauffe le vaisseau à une chaleur douce , et on continue la trituration sans interruption. A mesure que l'eau s'évapore, on en ajoute

de manière à recouvrir la matière d'un
doigt. On triture pendant deux heures. La
couleur noire devient brune ; lorsqu'une
grande partie du fluide est évaporée, alors
la couleur passe au rouge. On cesse d'ajouter de l'eau, mais on continue la trituration ; et, lorsque la masse a acquis la consistance de la gelée, la couleur rouge devient
de plus en plus brillante ; le produit prend
un degré de finesse extrême. C'est dans ce
moment qu'il faut arrêter la chaleur pour
prévenir l'altération de la couleur.

Le comte de Moussin-Pouschkin a proposé de tirer la matière du feu dès qu'elle
est rouge, et de l'exposer à une douce chaleur pendant deux ou trois jours, en y ajoutant une petite goutte d'eau et l'agitant de
temps en temps.

Le cinabre broyé forme le *vermillon* du
commerce : comme la division plus ou
moins parfaite donne un rouge plus ou
moins vif, on a l'attention de broyer le
cinabre sous l'eau, et on ne prend que les
parties qui ont été assez divisées, pour rester
en suspension dans le liquide, pendant quelque temps. Les parties grossières qui se sont
précipitées sont broyées de nouveau, et on

continue l'opération jusqu'à ce qu'on ait amené la totalité à ce degré de ténuité.

Il m'a paru que le cinabre broyé avec le même soin dans l'urine, donnoit un vermillon de plus belle couleur ; j'en ai préparé plusieurs fois par ce procédé avec un grand succès.

La Chine fournit au commerce un vermillon plus beau que celui des Hollandais ; sa couleur est telle que, jusqu'ici, on n'a pas pu parvenir à en égaler l'éclat. M. Payssé a observé qu'en tenant pendant trente jours sous l'eau, et à l'abri des rayons lumineux, le vermillon de Hollande, qu'il agitoit, de temps en temps, avec un tube de verre, la couleur y acquiert la plus grande beauté. Une lumière vive et le contact de l'air décolorent le vermillon et le font passer au rouge briqueté, tirant sur le brun.

M. Berthollet attribue la différence entre le *sulfure noir* de mercure ou *éthiops minéral*, et le *sulfure rouge* ou *cinabre*, à ce que le premier contient une quantité plus ou moins considérable d'hydrogène sulfuré, et que le second est un sulfure sans mélange. Le premier est le sulfure hydrogéné ; le second, le sulfure de mercure.

Cette opinion s'établit par l'observation de ce qui se passe dans la conversion de l'éthiops en cinabre.

Wallerius rapporte que si l'on fait bouillir le sulfure noir avec la potasse, il se change en cinabre.

M. Berthollet a obtenu le même effet par une longue ébullition en employant de la potasse pure.

Baumé a fait voir que le mercure mêlé avec une dissolution de sulfure hydrogéné de potasse ou d'ammoniaque se réduisoit en mercure noir, et que, dans un temps plus ou moins long, le sulfure se changeoit en cinabre. M. Berthollet a vu les mêmes effets en employant les sels mercuriels.

La nature nous présente des sulfures de mercure tout formés ou natifs; mais leur couleur, sur-tout celle des cinabres, est très-inférieure à celle de semblables productions faites par l'art.

On emploie le vermillon en peinture.

On se sert du cinabre en médecine.

Deux parties cinabre, mêlées et distillées avec une partie de limaille de fer, cèdent le soufre au fer, et le mercure passe dans le récipient. C'est ce mercure, très-pur, qu'on appelle *mercure revivifié du cinabre.*

ARTICLE II.

Des Combinaisons du Soufre avec l'Arsenic
(*Orpiment, Réalgar*).

LES combinaisons d'arsenic et de soufre présentent une vivacité de couleur qui en a étendu les usages dans les arts, et leur a fait donner les noms d'*arsenic jaune, orpiment* ou *orpin,* et d'*arsenic rouge* ou *réalgar.*

Presque tous les sulfures d'arsenic connus dans le commerce sont natifs : le voisinage des volcans fournit beaucoup d'orpin et de réalgar : on en trouve beaucoup à la Solfatare, près de Naples.

Les mines métalliques, arsenicales et sulfureuses, en contiennent aussi.

Le réalgar paroît plus commun à la Chine que dans les autres contrées de notre globe. Les Indiens en font des pagodes, ou le creusent en vases dont ils se servent pour se purger en y laissant séjourner, pendant quelque temps, une liqueur aigre qu'ils avalent ensuite.

Le réalgar présente souvent la forme de prismes comprimés terminés par deux sommets tétraèdres.

L'orpin ou orpiment est encore plus commun que le réalgar. Celui du commerce vient, de quelques contrées du Levant, en masses irrégulières, solides ou lamelleuses qui sont d'un beau jaune-citron; M. de Born l'a trouvé en cristaux polyèdres dans une argile bleuâtre des environs de Newsol, en Hongrie.

On peut préparer les sulfures d'arsenic en mêlant ensemble et distillant des pyrites arsenicales et des pyrites sulfureuses : les deux minéralisateurs se subliment et forment, par leur combinaison, de l'orpin ou du réalgar, selon leurs proportions et le degré de feu.

On a cru, pendant long-temps, que pour former le réalgar, il ne falloit qu'un dixième de soufre, tandis qu'il en falloit un cinquième pour former l'orpin, et c'est dans ces proportions qu'on prescrivoit le dosage des deux principes pour fabriquer l'un ou l'autre de ces produits. Mais il est connu aujourd'hui que, quelle que soit la proportion du soufre, on obtient de l'orpin ou du réalgar en variant le degré de la chaleur : le réalgar est constamment le produit d'une chaleur plus forte : cet excès de chaleur volatilise une portion du soufre et concourt à oxider l'arsenic ; et de-là vient, peut-être, que l'analyse présente 10 à 15 pour % de soufre dans le réalgar ; tandis que Westrumb a trouvé, 20 soufre, 79 arsenic, 1 fer, sur 100 parties d'orpiment : M. Thénard a démontré que, dans l'orpin, l'arsenic est au soufre comme 4 : 3 ; et, dans le réalgar, comme 3 : 1.

Les sulfures sont très-employés dans la peinture, à raison de la solidité et de l'éclat de leurs couleurs.

On s'en sert également dans la teinture, sur-tout pour l'impression des toiles de coton.

Ces sulfures ont encore l'avantage de conserver les couleurs, de les préserver de la décomposition et moisissure lorsqu'elles sont liquides, d'écarter les insectes rongeurs.

Ces sulfures peuvent servir encore de dissolvant à l'indigo.

Scheffer et Bergmann ont proposé de mêler 6 gros (24 grammes) d'orpiment à de la lessive de savonniers très-forte, dans laquelle on a mis 3 gros (12 grammes) d'indigo pulvérisé, par pinte de liqueur. On *pallie*; et, dans peu de minutes, le bain devient vert, fait de la *fleurée* bleue et forme pellicule : on cesse alors le feu, et on teint.

Le bleu d'application se prépare par un procédé à-peu-près semblable: M. Hausmann de Colmar emploie, sur 200 livres d'eau, 30 livres de potasse, 12 livres de chaux vive, 12 livres d'orpiment et 16 liv. indigo. On épaissit avec la gomme. M. Oberkampf emploie une plus forte proportion d'indigo, le huitième de l'eau employée.

Ces sulfures servent encore à rendre aigres et durs quelques métaux, tels que le plomb, le fer, etc. et on les dispose par ce léger alliage à plusieurs opérations qui exigent moins de ductilité.

ARTICLE III.

Des Combinaisons du Soufre avec l'Etain (*Or mussif*).

Pour combiner l'étain avec le soufre , il suffit de mêler le soufre avec le métal fondu. Le sulfure qui se forme , a une cassure rayonnante et très-souvent lamelleuse; le soufre s'y trouve , d'après Bergmann , dans la proportion de 20 pour 100.

Mais, pour unir à l'étain une plus grande quantité de soufre , il faut employer divers intermèdes, tels que le mercure , le muriate d'ammoniaque , le muriate sublimé corrosif. Par ce moyen , on parvient à faire entrer le soufre dans la proportion de 40 pour 100; et le sulfure est couleur d'or , doux au toucher, formé d'écailles ou paillettes légères et veloutées. C'est ce qu'on appelle *or mussif* , *or de mosaïque* , *aurum musivum.*

Pendant long-temps , les chimistes ont employé , à la préparation de l'or mussif, parties égales d'étain , de soufre , de mercure et de muriate d'ammoniaque. Mais M. le marquis de Bullion a prouvé qu'on pouvoit diminuer les proportions du soufre et du muriate, et il a adopté le procédé suivant :

On commence par amalgamer 8 onces (0,24475 kilogramme) d'étain et autant de mercure ; à cet effet, on fait chauffer un mortier de cuivre et on y met le mercure ; lorsque le métal y a acquis un certain degré de chaleur, on verse dessus l'étain fondu ; on agite et on triture cet alliage jusqu'à ce qu'il soit froid ; alors on le mêle avec 6 onces (1,83564 hectogrammes) de soufre et 4 onces (1,22376 hectogrammes) de muriate d'ammoniaque ; on met ce mélange dans un matras, on place le matras à un bain de sable, et on chauffe jusqu'à en faire rougir obscurément le fond ; on entretient le feu pendant trois heures. On trouve dans le matras une matière spongieuse, légère, jaune, quelquefois grise. On l'appelle *or mussif*, lorsque la couleur est d'un beau jaune d'or.

Si, au lieu de placer le matras au bain de sable, on le lutte avec soin, et qu'on l'expose immédiatement sur les charbons ardens, le mélange s'enflamme, et il se sublime au col du matras un *or mussif*, en larges écailles, du plus beau jaune ; j'en ai obtenu, par ce procédé, dont les écailles étoient hexagones.

M. de Bullion a prouvé que le mercure et le muriate d'ammoniaque n'étoient pas nécessaires pour former l'or mussif. 8 onces (2,44752 hectogrammes) de muriate d'étain précipitées par le carbonate de soude et mêlées avec 4 onces (1,22376 hectogrammes) de soufre ont donné un bel or mussif. Mais cette préparation n'excite point la machine électrique comme l'autre; ce qui prouve que cette propriété est due au mercure qui entre dans la première composition dans une proportion très-forte.

Pelletier a repris ces expériences, et y a ajouté des faits très-importans : 1°. parties égales, limaille d'étain, soufre et muriate d'ammoniaque, lui ont donné, à la distillation, du sulfure d'ammoniaque, du gaz hydrogène sulfuré, un peu de soufre et du muriate d'ammoniaque; ce qui restoit dans la cornue étoit de l'or mussif très-beau. 2°. Pelletier, s'étant convaincu qu'un feu trop actif ne laisse pour résidu que de l'étain sulfuré en une masse d'un gris bleuâtre, fait fondre dans un creuset 100 onces (30,59400 hectogrammes) d'étain;

il y ajoute peu à peu du soufre, jusqu'à ce
que l'étain soit saturé; la fusibilité du métal diminue, à mesure qu'on continue à y
mêler du soufre. On laisse refroidir le creuset qui contient le sulfure, qui pèse 115
à 120 onces (36,71280 hectogrammes).

Ce sulfure d'étain, distillé avec addition
de muriate d'ammoniaque, ne donne point
d'*or mussif*; mais il laisse, pour résidu,
une masse noire, irisée, boursouflée, friable, que Pelletier regarde comme un oxide
d'étain imparfaitement saturé de soufre.
Six cents grains (318,69000 décigrammes)
de sulfure d'étain mêlés, à parties égales,
de muriate d'ammoniaque et de soufre en
poudre, donnent une once (0,30594 hectogrammes) de bel or mussif: 3°. Pelletier
emploie, dans son opération, un creuset
évasé qu'il ne remplit qu'au tiers : il introduit dans le creuset un couvercle qui s'arrête à un pouce au-dessus de la matière,
et recouvre le tout d'un second couvercle
qu'il lute avec soin. Il place ce creuset dans
un creuset plus grand et remplit de sable
les intervalles : il met cet appareil sur la
grille d'un fourneau ordinaire, et chauffe
avec précaution. En général, pour avoir

un bel or mussif, il faut le préparer par une chaleur douce et maintenue, au degré nécessaire pour sublimer le sel ammoniaque, pendant huit à neuf heures.

Des nombreuses expériences publiées par Pelletier, on peut conclure : 1°. que l'or mussif n'est qu'un sulfure d'oxide d'étain : 2°. que l'oxide d'étain se charge d'une plus grande quantité de soufre que l'étain pur : 3°. qu'on peut combiner directement l'oxide d'étain avec le soufre, même par la voie humide : 4°. qu'une trop forte chaleur volatilise une portion du produit : 5°. qu'on peut rétablir l'opération en ajoutant une nouvelle dose de soufre au résidu.

La beauté et la solidité de la couleur de l'or mussif, la forme élégante de ses écailles et leur légèreté, l'ont fait employer longtemps comme ornement, et on s'en sert encore pour donner une belle couleur au bronze et autres matières.

On se sert de l'or mussif pour frotter les coussinets de l'appareil électrique et en augmenter l'intensité.

ARTICLE IV.

Des Combinaisons du Soufre avec l'Anti-moine (Antimoine cru , Foie d'anti-moine , Kermès).

L'ANTIMOINE s'unit au soufre avec une telle facilité, qu'il suffit de fondre 18 onces (5,50692 hectogrammes) de soufre et 16 d'antimoine (4,85904 hectogrammes) pour obtenir 2 livres (0,97902 kilogramme) de ce métal. Mais la nature nous offre assez abondamment cette combinaison pour que nous soyons dispensés de la préparer : en effet, l'antimoine est généralement miné-ralisé par le soufre; le premier travail qu'on exécute sur ce minerai, se borne à le fondre pour en séparer les corps étrangers; il en résulte alors un sulfure d'antimoine dont le tissu est strié et formé par un faisceau d'ai-guilles appliquées fortement les unes contre les autres, c'est ce qu'on appelle *antimoine cru.*

Ce sulfure d'antimoine a plusieurs usages dans les arts : on le décompose pour en sé-parer le métal; on le dissout avec les alka-lis pour former quelques préparations médicinales; on en dissout l'indigo pour composer un bleu d'application.

Si l'on projette dans un creuset rougi parties égales de sulfure d'antimoine et de nitrate de potasse, il en résulte un oxide d'antimoine sulfuré qu'on appelle *foie d'antimoine.* Mais si on emploie 3 parties de nitrate contre une de sulfure, le résidu est un oxide d'antimoine mêlé de potasse.

La combinaison la plus importante dont nous ayons à parler, c'est celle qui est connue sous le nom de *kermès :* nous dirons d'abord de quelle manière on fait cette préparation; nous terminerons par en donner la véritable théorie.

On a commencé par faire le kermès, en fondant dans un creuset une livre sulfure d'antimoine, 2 livres potasse pure, et une once de soufre; on fait bouillir le résidu fondu dans une suffisante quantité d'eau; on filtre, et l'on obtient, par le refroidissement, un précipité rougeâtre qui, convenablement lavé à l'eau froide, et puis séché, forme ce qu'on appelle *kermès minéral par la fonte.*

Cette méthode a été successivement abandonnée, depuis que le gouvernement a acheté et publié le procédé de faire le kermès par la voie humide , en 1720. Le kermès fut alors connu sous le nom de *poudre des chartreux*, parce que le frère Simon , apothicaire chartreux , en vendit la recette au gouvernement.

La méthode , par la voie humide , a encore reçu des perfectionnemens qui en font aujourd'hui une des opérations les plus simples de la chimie.

On prépare une lessive d'alkali caustique par les procédés connus , et on la fait bouillir pendant demi - heure sur environ un cinquième de sulfure d'antimoine pulvérisé. On filtre la dissolution bouillante à travers une toile , et l'on obtient , par le seul refroidissement , un précipité abondant qui n'a besoin que d'être séché pour former le *kermès* du commerce.

On peut faire bouillir une nouvelle quantité de potasse sur le sulfure , pour obtenir une nouvelle dose de kermès. Mais la couleur en devient plus pâle , et on ne peut lui donner le velouté et le fond de couleur du beau kermès , qu'en ajoutant une nouvelle quantité de sulfure ou de soufre à la composition.

Il suffit de bien laver le kermès à l'eau froide, pour en séparer toute la potasse qu'il retient. Cet alkali n'est point nécessaire à sa composition.

La liqueur, qui surnage le kermès qui se précipite par le refroidissement, décomposée par les acides, donne un précipité de couleur jaune qu'on nomme, *soufre doré d'antimoine.*

M. Berthollet a prouvé que le kermès et le soufre doré étoient des oxides d'antimoine combinés avec le soufre et l'hydrogène sulfuré.

Bergmann a retiré de 100 grains de kermès, par le moyen de l'acide muriatique, 15 pouces cubiques de gaz hydrogène sulfuré; et M. Thénard a prouvé que le kermès contenoit :

Hydrogène sulfuré.   20,298
Soufre.   4,156
Oxide d'antimoine marron. . . 72,760

Et que 100 parties de soufre doré donnoient :

Hydrogène sulfuré. 17,877
Soufre. 11,730
Oxide d'antimoine orangé. . . 68,300

Le même chimiste s'est assuré que le kermès absorboit le gaz oxigène, et qu'il en résultoit une décomposition et un changement de couleur qui altéroient les propriétés de cette préparation.

Le kermès est un des remèdes les plus héroïques de la médecine, et il est à desirer qu'on porte dans sa préparation l'attention la plus scrupuleuse. On doit le conserver dans des vases fermés et à l'abri de l'humidité, pour le préserver de toute altération.

CHAPITRE VIII.

Des Combinaisons de l'Hydrogène.

SECTION PREMIÈRE.

Des Combinaisons de l'Hydrogène avec l'Azote (Ammoniaque, Alkali volatil).

CETTE combinaison forme l'*ammoniaque* connue jusqu'à ce jour sous le nom d'*alkali volatil*.

L'ammoniaque a une odeur très-piquante sans être fétide; elle corrode la peau ou au moins la rougit et l'enflamme lorsqu'elle est concentrée.

Elle conserve l'état gazeux à la température de l'atmosphère ; elle se dissout aisément
dans l'eau et même avec chaleur, et c'est
cette dernière propriété qui nous donne le
moyen de la concentrer, de pouvoir la conserver, la transporter, la transvaser commodément.

L'ammoniaque jouit de toutes les propriétés qui caractérisent les alkalis, et forme
avec les acides des combinaisons connues, et
dont quelques-unes sont employées dans les
arts.

Il paroît que la formation de l'ammoniaque est due essentiellement à la décomposition des substances animales : toutes en
fournissent plus ou moins ; et, si nous l'ob-
tenons par la distillation de quelques matières terreuses ou végétales, c'est qu'elles
contiennent des produits de nature animale.

On peut donc retirer l'ammoniaque des
substances animales, et on emploie, à cet
effet, la distillation ou la putréfaction : dans
l'un et dans l'autre cas, les deux principes
qui la constituent, s'unissent en se dégageant
des corps où ils existent séparément.

Les cornes sont les parties animales qui

en fournissent le plus : le produit en est assez généralement connu sous le nom d'*esprit volatil de corne de cerf*. J'ai distillé les larves de quelques insectes, sur-tout celles du ver à soie lorsque le papillon en est sorti, avec autant d'avantage que la corne.

Mais l'ammoniaque extraite par ces moyens, n'est jamais pure; elle est mêlée d'huile et autres principes qui en altèrent les propriétés. Ce n'est que par des distillations répétées, et par l'intermède des terres, qu'on la débarrasse de ces corps étrangers.

C'est cette difficulté d'obtenir ce produit pur et exempt de toute odeur d'huile animale, qui a fait recourir à la décomposition du muriate d'ammoniaque par l'intermède de la chaux vive.

A cet effet, on mêle parties égales de chaux vive tamisée et de muriate d'ammoniaque bien pilé; on introduit de suite le mélange dans une cornue à laquelle on adapte un récipient et l'appareil de Woulf. On distribue, dans deux flacons, une quantité d'eau correspondante au poids du sel employé; on lute les jointures des vases avec le lut ordinaire, qu'on assujétit avec de la vessie

mouillée ou avec des linges chargés de lut
de chaux et de blanc d'œuf.

On a l'attention de ne chauffer l'appareil
que lorsque les luts sont bien secs.

L'ammoniaque passe à l'état de gaz par la
première impression du feu ; elle se dissout
dans l'eau avec chaleur, et la sature.

C'est cette eau imprégnée de gaz ammoniacal, qu'on nomme *ammoniaque, alkali
volatil, esprit volatil de sel ammoniaque.*

Dans quelques fabriques où l'on prépare
ce sel en grand, on mêle le muriate avec la
chaux et l'eau nécessaire; on condense la
vapeur ammoniacale dans des récipiens en-
tourés de réfrigerans. Ce procédé exige moins
de soin, et expose à moins de danger que
le précédent : ces vapeurs sont infiniment
moins expansibles que le gaz lorsqu'il est sec.

L'eau saturée de gaz ammoniacal peut
marquer 28 degrés au pèse-liqueur de
Baumé; mais l'alkali du commerce n'est
concentré qu'au 22 ou 23 degrés.

La chaleur et les secousses déterminent
l'explosion des vaisseaux, lorsque l'ammoniaque est plus concentrée.

Les principes constituans de l'ammoniaque nous sont aujourd'hui très-connus. Déjà

les expériences de Priestley qui, par le moyen
de l'étincelle électrique, avoit converti le
gaz ammoniacal en gaz hydrogène, avoient
fait présumer que l'hydrogène en étoit un
des élémens; mais il étoit réservé à M. Berthollet de convertir nos présomptions en
certitude, et de nous prouver que l'hydrogène étoit uni à l'azote dans l'ammoniaque.
Nous allons réunir les différentes preuves
que nous a fournies cet habile chimiste, et
y ajouter celles que M. Fourcroy a tirées de
ses propres expériences, pour étayer cette
importante découverte.

1°. Si on mêle de l'acide muriatique oxigéné, avec de l'ammoniaque bien pure, il
y a effervescence, dégagement de gaz azote,
production d'eau, et conversion de l'acide
oxigéné en acide muriatique ordinaire.

Ici, l'hydrogène de l'alkali s'unit à l'oxigène de l'acide pour former de l'eau, tandis
que l'azote et l'acide muriatique deviennent
libres.

Le gaz acide muriatique oxigéné, qu'on
fait passer à travers l'ammoniaque liquide,
se décompose.

Si, au lieu d'employer la solution de l'ammoniaque dans l'eau, on fait passer le gaz

ammoniacal sous une cloche renversée sur du mercure, et qu'on y introduise du gaz acide muriatique oxigéné, il se produit tout-à-coup une flamme blanche, éclatante; une fumée très-épaisse obscurcit en même temps toute la capacité du vase; il se dégage une quantité très-considérable de calorique; et, au bout de quelques minutes, les parois de la cloche, auparavant très-sèches, sont chargées de stries d'eau qui coulent et se rassemblent sur la surface du mercure.

Lorsque, dans cette dernière expérience, les proportions sont convenables pour décomposer complètement l'acide muriatique oxigéné, on ne retrouve que du gaz azote et quelques atomes d'acide muriatique, dans l'eau qui s'est formée.

2°. La distillation du nitrate d'ammoniaque fournit du gaz azote et de l'eau. L'oxigène de l'acide et l'hydrogène de l'alkali, produisent ce liquide.

3°. Lorsqu'on verse de l'ammoniaque sur une dissolution de sulfate de manganèse, l'oxide de ce métal se précipite sous la forme de flocons bruns qui se séparent bientôt les uns des autres, et sont agités par des bulles d'un fluide élastique qui les élève à la sur-

face de la liqueur. Le gaz qui se dégage est
de l'azote.

4°. Le mercure précipité du nitrate, par
le même procédé, présente le dégagement
d'un pareil gaz.

5°. Le nitrate de fer, décomposé par l'ammoniaque, offre un oxide noir d'où se dégage peu à peu une foule de petites bulles
de gaz azote. L'oxide passe au brun.

6°. Si on arrose d'ammoniaque l'oxide
de manganèse, il se produit une légère effervescence, à la température de 10 à 12 degrés, et l'oxide passe lentement à la couleur
grise ou blanche. L'effervescence est due au
gaz azote; on peut en augmenter et accélérer la production en élevant la température.

Le même effet a lieu entre l'oxide de fer
brun et l'ammoniaque: l'effet est plus prompt
avec les oxides de mercure.

Lorsque, par le seul contact du gaz acide
muriatique oxigéné, la surface du mercure
a été oxidée, il suffit de promener sur cet
oxide une plume trempée dans l'ammoniaque, pour le ramener à l'état métallique.

Les oxides de plomb, de zinc, de cobalt,
de bismuth, d'antimoine, sont moins propres à décomposer l'ammoniaque : néan-

moins, si on fait digérer sur de la litharge, de l'ammoniaque liquide, il se dégage du gaz azote ; et les oxides de bismuth et de cobalt éprouvent quelques changemens par l'action de cette substance.

J'ai observé, moi-même, que l'ammoniaque mise à digérer sur l'oxide blanc d'arsenic, s'y décompose, et que l'oxide est réduit à l'état de métal qui cristallise en octaèdres.

La décomposition de l'ammoniaque annonce déjà bien suffisamment qu'elle est composée d'hydrogène et d'azote ; mais les preuves qu'on peut tirer de sa formation, mettent cette doctrine hors de tout doute.

1°. M. Berthollet a fait voir que là où il y avoit de l'azote et de l'hydrogène, là se produisoit constamment de l'ammoniaque ; que les parties animales en fournissoient d'autant plus, qu'elles étoient plus pourvues d'azote, et, qu'en les privant de ce principe, on leur ôtoit la faculté d'en fournir ; que cette formation n'avoit lieu qu'au moment où ces deux principes devenoient libres par la putréfaction ; que l'ammoniaque n'existoit point toute formée dans les animaux vivans et sains.

2°. M. Kirwan a vu se former de l'ammoniaque par le mélange, sur le mercure, du gaz hydrogène sulfuré et du gaz nitreux.

3°. Lorsqu'on décompose de l'acide nitrique sur le cuivre, le fer ou les huiles, on distingue, à l'odeur, la formation d'un peu d'ammoniaque, sur-tout lorsque la décomposition est rapide.

4°. En 1788, William Austin a communiqué à la Société royale de Londres, une suite d'expériences intéressantes sur la formation de l'ammoniaque, desquelles on peut conclure que la combinaison de l'hydrogène et de l'azote ne peut pas avoir lieu tant qu'ils sont l'un et l'autre à l'état de gaz; que, si on décompose l'eau sur le fer, dans des flacons remplis de gaz azote, à mesure que l'hydrogène se dégage, il s'unit à l'azote et forme de l'ammoniaque; que si, au lieu d'employer le gaz azote, on emploie le gaz nitreux, la formation de l'ammoniaque est plus prompte, et, dans ce cas, le gaz nitreux est tellement dépouillé d'azote, qu'une bougie peut y brûler avec plus de facilité que dans l'air commun, ainsi que Priestley l'avoit déjà remarqué.

Suivant M. Berthollet, la proportion de l'azote à l'hydrogène, est comme 121 à 29, et, d'après les calculs d'Austin, comme 121 à 32.

L'ammoniaque sert, dans la médecine, comme stimulant, et c'est un des plus éner-giques qu'on connoisse. On l'emploie encore en boisson, à la dose de quelques gouttes délayées dans l'eau, dans les cas où l'on veut pousser vers la peau.

L'ammoniaque est encore employée dans les arts où, depuis quelque temps, on la fait servir pour aviver quelques couleurs, sur-tout celles qu'on porte sur le papier, et pour nuancer ou *tourner* quelques prin-cipes colorans de la soie.

Elle dissout l'oxide de cuivre précipité des sulfates, des nitrates, des muriates, etc.; et cette dissolution, qui n'est qu'un sel tri-ple, prend une belle couleur bleue qui, convenablement rapprochée, donne une belle teinte au papier.

La principale combinaison de l'ammo-niaque, est celle qu'elle contracte avec l'a-cide muriatique; nous en parlerons par la suite.

SECTION II.

Des Combinaisons de l'Hydrogène avec le Phosphore.

Le phosphore peut se dissoudre dans le gaz hydrogène ; et il s'enflamme, à la température de l'atmosphère, dans cet état de dissolution.

M. Gengembre a lu à l'Académie des Sciences, le 3 mai 1785, un Mémoire, dans lequel il propose d'extraire le gaz hydrogène phosphuré, en faisant digérer les alkalis sur le phosphore.

M. Raymond nous a fait connoître, quelque temps après, qu'en mêlant 2 onces (0,61188 hectogrammes) de chaux éteinte à l'air, avec un gros (0,38243 décagrammes) de phosphore coupé par petits morceaux, et demi-once (0,15297 hectogrammes) d'eau, formant du tout une pâte molle, qu'on met promptement dans une cornue de grès, à laquelle on adapte un tube recourbé qui plonge sous une cloche pleine d'eau, et procédant à la distillation, à peine la cornue commence-t-elle à s'échauffer, qu'il s'en dégage du gaz hydrogène phosphuré, et qu'on peut en extraire trois pintes des matières employées.

On peut substituer à la chaux l'oxide de zinc et l'oxide noir de fer; mais il faut alors un degré de chaleur violent, sur-tout pour la composition où entre le dernier de ces oxides.

L'hydrogène phosphuré a beaucoup d'analogie avec l'hydrogène sulfuré; mais ils diffèrent essentiellement par la propriété qu'a le premier de se combiner avec les alkalis, et de former des hydro-sulfures et des sulfures hydrogénés, tandis que le dernier refuse obstinément toute combinaison avec ces bases, et ne forme ni des hydro-phosphures, ni des phosphures hydrogénés. M. Berthollet dérive cette différence des qualités propres au soufre et au phosphore; le soufre se combinant aisément avec les alkalis, tandis que le phosphore ne s'unit qu'à la chaux par une combinaison très-foible.

Lorsque le phosphore est conservé dans l'eau en vaisseaux clos, il se forme de l'hydrogène phosphuré, jusqu'à ce que l'eau en soit saturée : il décompose donc l'eau à froid.

L'hydrogène phosphuré s'enflamme par le simple contact de l'air. Ce phénomène est dû à la division extrême du phosphore dissous dans le gaz , et à l'affinité de l'oxigène pour l'hydrogène et le phosphore lui-même. Son affinité pour l'hydrogène paroît plus forte que celle qu'il a pour le phosphore ; car s'il n'est pas en quantité suffisante pour former les deux combinaisons , l'eau se forme d'abord , et le phosphore est précipité. On observe le même résultat, si, au lieu d'employer l'oxigène de l'air atmosphérique, on opère avec le gaz acide muriatique oxigéné.

Le phosphore paroît avoir plus d'affinité avec le gaz hydrogène que n'en a le soufre ; car, si on combine sans eau le soufre au phosphore, et qu'on jette la combinaison dans ce liquide, elle se gonfle, et il s'en dégage du gaz hydrogène phosphuré , ce qui prouve que c'est le phosphore qui décompose l'eau. Il n'est pas douteux que, dans cette opération, la décomposition de l'eau est favorisée par l'affinité du soufre avec l'oxigène ; de sorte que les deux principes de l'eau sont à-la-fois attirés par deux bases, avec lesquelles ils forment un corps inflammable et un acide.

Quoique le phosphore, exposé à l'air, se dissolve dans le gaz azote, ainsi que M. Berthollet l'a fait voir, au lieu de se combiner avec l'oxigène, il a néanmoins une affinité très-marquée avec cette dernière substance, sur-tout lorsqu'elle est dans un état de condensation convenable; il l'enlève aux oxides métalliques, d'après l'observation de M. Sage.

M. Gengembre attribue au gaz hydrogène phosphuré une pesanteur spécifique à-peu-près double de celle du gaz oxigène.

Il avoit observé, ainsi que M. Kirwan, que ce gaz se dissolvoit dans l'eau; M. Berthollet avoit évalué à un dixième la quantité de gaz qui pouvoit s'en dissoudre; M. Raymond a prétendu, après tous ces chimistes, qu'il pouvoit se dissoudre en entier dans quatre parties d'eau privée d'air; mais il ajoute que cette dissolution se décompose par le contact de l'air, en laissant précipiter un peu de phosphore, tandis qu'elle se conserve sans altération si on la prive du contact de l'air.

Comme ce gaz s'enflamme par le contact

de l'air, on a déjà tiré parti de cette propriété pour se procurer, à volonté, et en tout lieu, de la lumière; il ne s'agit que de le conserver à l'abri de l'air pour l'y exposer au besoin, et déterminer l'inflammation des bulles qu'on met en contact avec lui.

SECTION III.

Des Combinaisons de l'Hydrogène avec le Soufre.

LE célèbre Scheele, avant 1775, avoit obtenu du gaz hydrogène sulfuré en faisant digérer du soufre dans une cornue remplie de gaz hydrogène. Il conclut de cette expérience que *cet air inflammable sulfureux paroît être un composé de chaleur, de phlogistique et de soufre*, ou, en d'autres termes, de soufre et d'hydrogène, parce qu'il regardoit le gaz hydrogène comme composé de phlogistique et de chaleur (1).

M. Gengembre a confirmé ce fait, et a

_____

(1) Seconde édition du *Traité chimique de l'Air et du Feu*. Chez Cuchet, pag. 253 et 243.

obtenu le gaz hydrogène sulfuré en dissolvant dans l'hydrogène, à l'aide du miroir
ardent, du soufre renfermé sous une cloche
remplie de ce gaz. Ce chimiste a prouvé
que le phosphore étoit susceptible d'une
semblable dissolution ; et que, dans tous
les cas où l'on formoit cette combinaison
par le mélange d'un alkali avec le soufre
ou le phosphore, la production du gaz
étoit due à la décomposition de l'eau dont
l'hydrogène dissolvoit une portion de soufre
ou de phosphore, tandis que l'oxigène en
saturoit une autre portion et formoit un
produit qui se combinoit avec l'alkali.

On peut encore obtenir le gaz hydrogène
sulfuré par d'autres moyens :

1°. En distillant le soufre avec du charbon ou d'autres substances végétales, telles
que le sucre, les huiles, etc. le soufre se
combine avec l'hydrogène qu'il trouve tout
formé dans ces matières.

2°. En faisant passer le gaz hydrogène à
travers le soufre fondu.

3°. En décomposant les sulfures métalliques par l'action combinée de l'air et de
l'eau.

4°. En dissolvant dans l'eau ou en humectant, avec ce liquide, un sulfure alkalin.

5°. Mais le procédé le plus usité dans nos laboratoires, pour obtenir ce produit aussi pur qu'abondant, consiste à faire fondre une partie de soufre dans une cuiller de fer, et à y mêler avec soin trois parties de limaille de fer lorsqu'il est fondu. On remue avec soin le mélange, qui finit par s'enflammer; on retire alors la cuiller de dessus le feu, et on continue à agiter avec une spatule de fer, jusqu'à ce que la flamme soit éteinte : il reste une poudre noire, vrai sulfure de fer, qui, décomposée par de l'acide sulfurique affoibli, dont on peut aider l'action par quelques degrés de chaleur appliqués au vase qui contient le mélange, produit beaucoup de gaz hydrogène sulfuré.

J'ai observé que, dans quelques circonstances, le gaz extrait par ce procédé n'exhaloit point cette odeur puante d'œufs pourris qui le caractérise, quoique, d'ailleurs, il eût toutes les autres propriétés caractéristiques qui lui appartiennent. Il m'a suffi, plusieurs fois, d'aider son extraction par le secours d'une chaleur plus forte pour lui faire prendre son odeur puante.

Le gaz hydrogène sulfuré a une pesanteur spécifique, qui est à celle de l'air, selon M. Kirwan, comme 10,000 à 9,030. M. Thénard a trouvé qu'il contenoit, sur 100 parties, 70,857 soufre, et 29,143 d'hydrogène.

L'eau saturée d'hydrogène sulfuré rougit la teinture de tournesol, le papier qui en est teint et la teinture de raves.

L'hydrogène sulfuré se combine avec les alkalis, et forme des *hydro-sulfures*, dont quelques-uns peuvent cristalliser ; M. Berthollet a fait connoître la cristallisation de l'hydro-sulfure de barite, et M. Vauquelin a décrit celle de l'hydro-sulfure de soude.

Les combinaisons qu'il forme avec les substances terreuses et alkalines, changent de base avec les dissolutions métalliques.

L'hydrogène sulfuré décompose le savon et s'unit à l'alkali. Il précipite, en grande partie, le soufre des dissolutions de sulfures de potasse et de chaux, et tend à former, avec ces bases, des combinaisons triples.

Ces propriétés de l'hydrogène sulfuré le rapprochent tellement des acides, qu'on pourroit le comprendre dans cette classe ; et, dès-lors, la dénomination de *corps brû-*

lés ne conviendroit plus à tous les corps acides.

Le gaz hydrogène sulfuré, dissous dans l'eau, n'est pas décomposé par l'air vital à la température de l'atmosphère et à l'état de gaz : c'est ce qui résulte des expériences de MM. Berthollet et Kirwan ; dans ce cas, le gaz oxigène le dissout et le partage avec l'eau : mais il n'en est pas de même, lorsque ce gaz est combiné dans un hydro-sulfure, parce qu'alors il n'oppose plus au gaz oxigène la résistance de son élasticité.

Les hydro-sulfures n'ont aucune couleur ; mais ils prennent une couleur jaune par le contact de l'air : si l'on décompose un hydro-sulfure incolore par un acide, le gaz se dégage sans qu'il se dépose aucune molécule de soufre ; tandis que, si l'hydro-sulfure a acquis de la couleur, il se fait un dépôt de soufre qui est proportionné à l'altération qu'a éprouvée l'hydrogène sulfuré.

Il paroîtroit donc que, dans l'acte de décomposition de l'hydrogène sulfuré, principe constituant d'un hydro-sulfure, l'oxigène agit d'abord sur l'hydrogène ; et que, bientôt après, une portion de soufre se change en acide, attendu que l'affinité entre les deux bases qui le constituent, augmente à mesure que l'hydrogène est soustrait. C'est ainsi que nous voyons les sulfures de fer résister à l'action des acides, même à celle du gaz oxigène, tant que le soufre est sur-abondant; mais, du moment que, par la combustion, on a diminué la proportion du soufre et augmenté l'oxidation du fer, l'oxigène s'unit au soufre qui reste et forme un acide qui dissout le métal.

Le gaz hydrogène sulfuré est susceptible de prendre du soufre en surabondance, et de former du *soufre hydrogéné*.

Lorsqu'on mêle beaucoup d'acide muriatique à la dissolution d'un sulfure hydrogéné d'alkali; et, sur-tout, lorsqu'on verse, peu à peu, la dissolution du sulfure hydrogéné dans l'acide, il se dégage peu de gaz hydrogène sulfuré; mais, pendant que la plus grande partie du soufre se sépare, il y en a une portion qui se combine avec l'hydrogène sulfuré, prend toutes les apparences d'une huile, et se dépose peu à peu au fond du vase. C'est ce que M. Berthollet a appelé *soufre hydrogéné*.

Ce soufre hydrogéné laisse dégager un peu de gaz hydrogène sulfuré, dès qu'il éprouve un peu de chaleur ou le contact de l'air; et, peu à peu, le soufre hydrogéné perd sa fluidité et finit par n'être que du soufre.

Lorsqu'on mêle de la potasse au soufre hydrogéné, il se produit un peu de chaleur; et il se dégage, de la partie qui ne se combine pas avec l'alkali, une petite quantité de gaz hydrogène sulfuré. Le reste se combine avec l'alkali, et forme un sulfure hydrogéné de potasse.

Lorsqu'on brûle le gaz hydrogène sulfuré, presque tout le soufre se précipite de sa dissolution sans être décomposé.

Le même phénomène a lieu dans les eaux sulfureuses dont la surface et les conduits se couvrent de dépôts de soufre, parce que le mélange du gaz hydrogène sulfuré avec l'air atmosphérique, éprouve une véritable combustion, d'où doit s'ensuivre une formation d'eau et précipitation de soufre.

On peut reconnoître, par l'hydrogène sulfuré et par les hydro-sulfures alkalins, la plus petite quantité de métal qui se trouve dans une dissolution. Car, comme tous les métaux, excepté l'oxide d'arsenic, sont précipités par un hydro-sulfure, pendant que les terres ne le sont pas, si ce n'est l'alumine qui peut être reprise par la potasse, on peut, après avoir dissous par un acide tout ce qui est soluble dans une substance composée minérale, opérer immédiatement la séparation des parties terreuses et métalliques.

Le gaz hydrogène sulfuré attaque les métaux avec une extrême facilité; il les fait passer à l'état de sulfure, dont ils prennent tous les caractères.

Lorsque les métaux sont à l'état d'oxide, leur *sulfuration* est encore plus prompte par le seul contact du gaz hydrogène sulfuré. Les oxides blancs deviennent noirâtres en un moment.

Il paroît que la facilité avec laquelle l'hydrogène dissout le soufre, est le principal moyen qu'emploie la nature pour déplacer ce corps minéral, le porter dans de nouvelles combinaisons, minéraliser, et, pour ainsi dire, fixer les métaux altérés ou passés à l'état d'oxide, etc.

SECTION IV.

Des Combinaisons de l'Hydrogène avec le Carbone.

Le carbone est presqu'inséparable de l'hydrogène : celui qui a reçu le degré de feu le plus violent en contient encore, et l'expérience nous a prouvé qu'il étoit presqu'impossible de l'en dépouiller complètement : en attisant, par un jet d'air atmosphérique ou de gaz oxigène, le charbon le plus fortement et le plus long-temps chauffé, on produit une flamme qui annonce dégagement et combustion d'hydrogène.

Lavoisier a évalué à un huitième la quantité d'hydrogène que contient le charbon ordinaire.

La calcination prive le charbon d'une partie de son hydrogène ; mais on ne connoit pas le terme de chaleur qui seroit nécessaire pour l'en priver entièrement : M. Hassenfratz, en faisant passer de l'oxigène à travers un tube rougi dans lequel on a placé du charbon fortement calciné, a vu se former de l'eau ; et l'acide carbonique, qui se produit en même temps, dépose une autre portion d'eau qu'il avoit entraînée.

M. Cruiskchank a remarqué, que lorsqu'on poussoit au feu un mélange d'un oxide métallique avec du charbon fortement calciné, il se dégageoit toujours un peu d'eau.

Tant que le carbone se trouve en proportion suffisante pour donner son caractère à la combinaison, le composé est noir, solide, infusible, très-fixe, et conserve la forme du charbon; mais, lorsque la proportion du carbone ne forme plus que les deux tiers de la combinaison, alors le composé prend le caractère des gaz, et devient inflammable, très-élastique, etc.

Il y a donc deux états bien distincts dans la combinaison du carbone avec l'hydrogène : l'un, dans lequel elle forme un composé fixe; l'autre, dans lequel elle présente un composé volatil. Dans l'un, le carbone donne son caractère à l'hydrogène; dans l'autre, c'est l'hydrogène qui le donne au carbone.

Entre la substance, la plus fixe, la plus infusible et la moins altérable en vaisseaux clos, qui est le charbon; et la matière la plus légère, et une des plus expansibles, qui est le gaz hydrogène carburé, il n'y a donc qu'une différence de proportions entre les principes.

L'intervalle immense qui se trouve entre le carbone et le gaz hydrogène, est rempli par des nuances infinies ou des degrés intermédiaires dont le nombre ne sauroit être calculé.

C'est cet état variable dans les proportions qui fait différer entr'eux les effets produits par les gaz hydrogènes carburés.

La putréfaction des végétaux, la vase des marais, la distillation des plantes et des matières animales, sont autant d'opérations qui produisent du gaz hydrogène carburé.

M. Berthollet a déterminé les proportions des principes constituans de quelques-uns, en négligeant toutefois les différences qui peuvent provenir des variations de température et de pression, et en prenant 100 pouces cubes (1983,63800 centimètres cubes) de chacun.

1°. Le gaz qu'on retire en distillant 4 parties d'acide sulfurique et une d'alcool,

et que les chimistes hollandais ont nommé
gaz oléfiant, contient :

> 1,560 de carbone.
> 0,520 d'hydrogène.

Si on le fait passer à travers un tube
rougi, il dépose un peu de son carbone et
n'est plus composé que de :

> 0,572 de carbone.
> 0,312 d'hydrogène.

2°. Le gaz qui provient de l'alcool qu'on
fait passer à travers un tube rougi, donne

> 0,780 de carbone.
> 0,260 d'hydrogène.

3°. Les divers gaz qu'on retire par la distillation des huiles varient selon que la distillation est plus ou moins avancée ; celui
qui passe le premier est moins chargé de
carbone, et il contient :

> 1,144 de carbone.
> 0,260 d'hydrogène.

4°. Le gaz fourni par la décomposition
de l'eau sur le charbon contient :

III.   34

0,260 de carbone.

0,208 d'hydrogène.

Thomson, dans son excellent *Systéme de Chimie*, nous fait connoître la proportion de l'hydrogène et du carbone dans les principaux hydrogènes carburés.

1°. Celui qu'on retire des eaux stagnantes, de l'éther, du camphre et des végétaux, contient le plus de charbon.

Sa pesanteur spécifique est à celle de l'air commun, comme 2 à 3 ; et 100 parties, selon Cruicshank, contiennent :

52,35 de carbone,

9,60 d'hydrogène.

38,05 d'eau en vapeurs.

2°. L'hydrogène carburé qu'on retire par la distillation du charbon mouillé, est le plus riche en carbone.

Cent parties donnent :

28 de carbone.

9 d'hydrogène.

63 d'eau.

5°. L'hydrogène carburé de l'éther fournit :

45 de carbone.

15 d'hydrogène.

40 d'eau.

4°. Celui de l'esprit-de-vin,

44,1 de carbone.

11,8 d'hydrogène.

44,1 d'eau.

FIN DU TOME TROISIÈME.

EXPLICATION

EXPLICATION DES FIGURES

DU TOME TROISIÊME.

PLANCHE PREMIÈRE.

Explication de la figure 1, planche 1, représentant une fiole à médecine armée d'un tube recourbé.

aa. Fiole à médecine.
 b. Tube recourbé.
 c. Bec recourbé.
 d. Tubulure.

Explication de la fig. 2, pl. 1, représentant une coupe verticale de l'appareil de Jouy, destiné à préparer l'acide muriatique oxigéné.

 a. Matras placé sur un bain de sable.
bb. Bain de sable porté au milieu du fourneau par des supports.
cc. Coupe du foyer.
dd. Grille du fourneau.
ee. Col alongé du matras.
ff. Tube communiquant du matras au flacon.
 g. Ouverture du tube dans le flacon.
hh. Tube plongeant dans l'eau du flacon et s'ouvrant dans les airs par son extrémité supérieure.

ii. Tube sortant du flacon et plongeant dans le fond de la cuve.

l. Extrémité recourbée du tube *ii.*

mm. Parois de la cuve.

nn. Calottes renversées destinées à recevoir le gaz acide.

ooo. Siphon destiné à soutirer l'acide du fond de la cuve.

pp. Flacon intermédiaire entre le fourneau et la cuve.

qq. Support du flacon.

FIN DE L'EXPLICATION DES FIGURES DU TOME III.

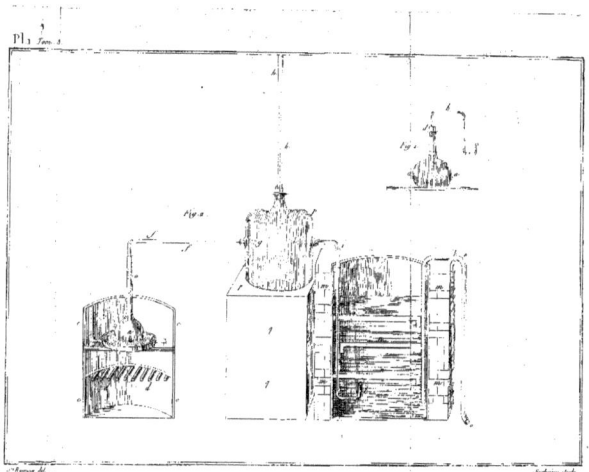

Pl. 7 Tom. 2

Fig. 2

Fig. 1

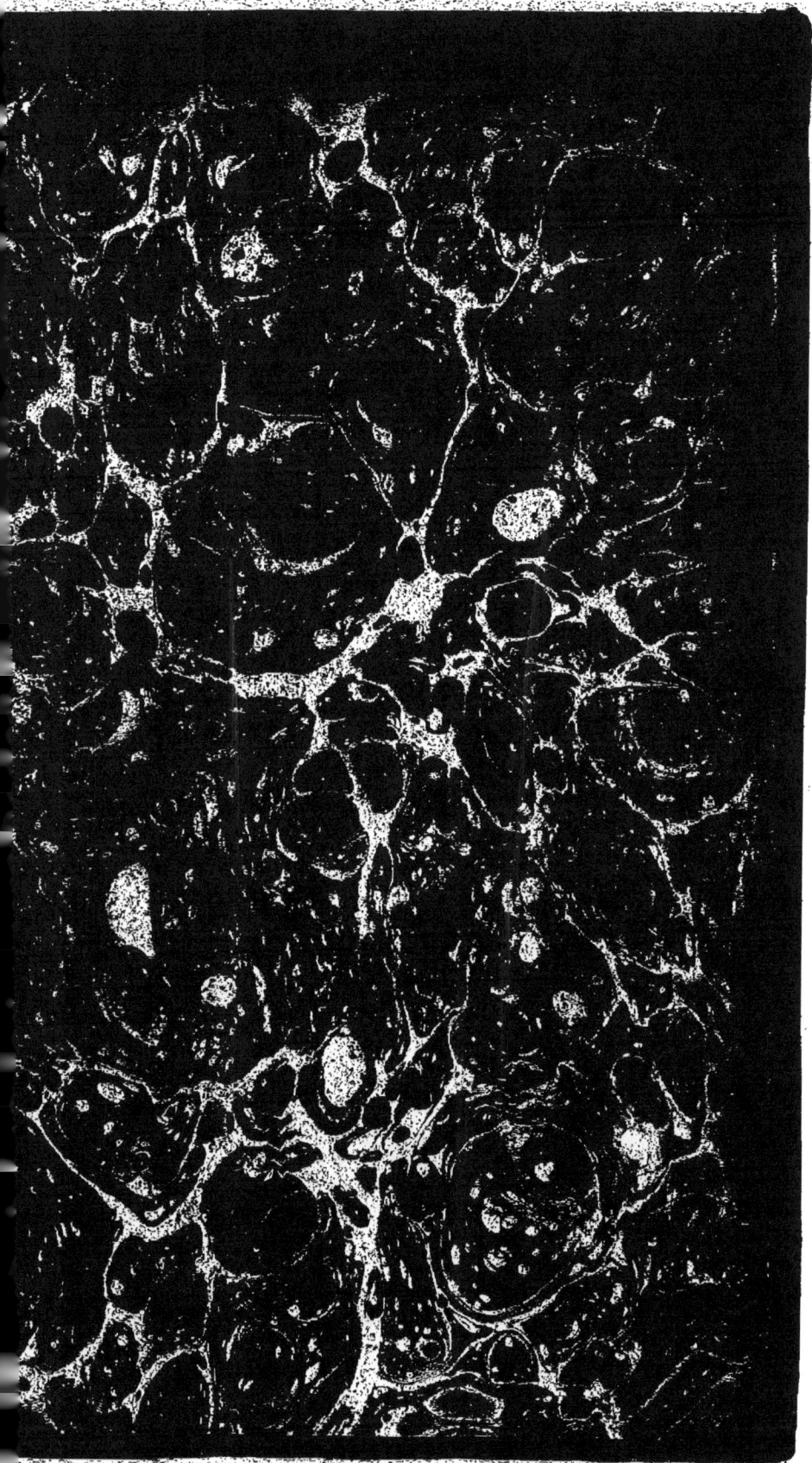